盖娅时代

地球传记

〔英〕詹姆斯·拉伍洛克 著

肖显静 范祥东 译

商务印书馆
The Commercial Press

2017·北京

从月球的角度来看，地球令人吃惊同时也吸引人的地方，在于它是有生命的。照片显示，近景中月球干燥的、遭受过撞击的表面，像枯骨一般死气沉沉。在高空，自由浮动在蓝天这层潮湿的、闪闪发光的薄膜下的，是正在成长中的地球。它是这部分宇宙中唯一有生气的东西。如果你能看得足够久远，你会看到大块漂浮的白云旋转不息，半藏半露的土地时隐时现。假如你看到了非常遥远的地质时期，那么你会看到大陆本身在运动，在地火的推动下随着地壳板块漂移。地球有着像其他活的生物体所具有的有组织的、独立的外观，包含着各种信息，并以惊人的技巧把握着太阳。

路易斯·托马斯（Lewis Thomas），
《细胞的生命》（*The Lives of a Cell*）

目录

前言

　　尽管大多数在职科学家都意识到并重视他们所研究的专业领域的历史，但是他们大脑中普遍有的想法根本不是基于对专业学者的要求——投入更长的时间和工作去恰当地把握科学史，而只是竭尽所能地把保存在图书馆里的专业期刊中的内容串联起来。

　　这并不意味着研究人员只有短期记忆，而是意味着他们从一开始学习和记住的，就只有那些震撼他们自己研究领域的事情。当下，许多科学，也许是所有科学——至少看上去是这样——在本世纪（20世纪）已经开始有了巨大变化，这也开启了人类认识的巨大转变。譬如，在分子生物学实验室忙碌的现代的博士后，已经感觉不到要依赖20多年前的先驱们。当代物理学家的思想可能要追溯到差不多一个世纪前量子理论的开端，但是只有那些仅在过去10年里兴起的思想才被看作真实的历史。宇宙学家们站在全新的基点，惊奇地看着陌生的、意料之外的时空类型，对超出太阳系边缘或局域银河系的宇宙现象进行专业性的、有根据的猜测，甚至对超出这一边界的宇宙膨胀做出推测。

　　我们确实处在一个崭新的世界，一个比几个世纪前似乎更奇特的地方。这一世界更难理解，推测起来也更有风险。同时，我们的世界也充满了更易理解和令人眼花缭乱的信息。常有的情况是，我们不仅需要学习更多的东西，而且要获知所有的东西。

这非常不同于报纸和杂志上关于科学的版面中所反映的普通大众的看法。科学领域的门外汉试图把技术与科学紧密地关联，以使它成为事业的中心。科学和技术的进步似乎是一个整体——机械、电子、计算机芯片、火星登陆、不能生物降解的塑料、臭氧空洞、炸弹，以及所有现在看来属于20世纪文化的那些东西。

科学信息本身的崭新、奇特，以及从中可以识别的意义，并非一清二楚、显而易见。现代科学的精神产品和那些有时从这些产品中衍生出来的各种各样技术——衍生的频率丝毫不像大众可能猜测的那样高——之间，有着很大的差异。

由联邦基金资助出版的这套丛书，代表了澄清这一区别的尝试，并提供一种近距离的观察，来考查科学家们在开展工作的时候，头脑中到底在想什么。

这本由詹姆斯·拉伍洛克（James Lovelock）撰写的著作，对有关我们星球上生命的一系列观察进行了描述。将来有一天，这也许会被认为是人类思想的一个重大分水岭。如果拉伍洛克关于事物的看法是正确的，正如我相信的一样，那么我们将把地球视为一个浑然一体的生命系统，一个自我调节、自我变化的巨大有机体。在我看来，这不会直接或间接地导致任何特定新技术的投入使用，尽管它可能以新的、温和的方式，开始对我们未来会选择使用的其他类型的技术产生很大影响。

联邦基金图书计划中选择这本著作以及其他著作，是由一个出版顾问委员会负责的，人员包括：医学博士亚历山大·拜厄（Alexander

G.Brarn）、唐纳德·弗雷德里克森（Donald S.Fredrickson），林恩·马古利斯（Lynn Margulis）博士，医学博士马克林·马克卡提（Maclyn McCarty），琼·梅达沃（Jean Medawar）女士，伯顿·卢薛（Berton Roueche）、弗雷德里克·塞茨（Frederick Seitz）博士，医学博士奥托·韦斯特法尔（Otto Westphal）。出版商代表为诺顿出版社（W. W. Norton & Company）高级副总裁埃德温·巴伯（Edwin Barber），安东尼娜·布伊（Antonina W.Bouis）担任丛书总编辑，斯蒂芬妮·赫墨特（Stephanie Hemmert）担任秘书。联邦基金主席玛格丽特·马奥尼（Margaret Mahoney）对顾问委员会的每一步工作给予了积极支持。

路易斯·托马斯（Lewis Thomas），医学博士

英联邦基金图书编辑

序

我很好奇，现在有多少作家为了这样一种情况而大伤脑筋：他们需要小心说话，防止自己无意间冒出种族主义、性别歧视、年龄歧视或者其他的冒犯性语言。如果他们这样做了，我认为他们没有什么可抱怨的，因为过去的粗心大意以及需要纠正的失礼，会导致很多令人心烦的东西。我尝试撰写有关如"盖娅"这样的科学概念的著述，摆在像我这样的科学家面前的非难是完全不同的。如果我使用代词"她"代指"盖娅"，没有女权主义者会抱怨。但是，如果我这样做了，没有杂志会发表我的作品。政治方面的纠正可能是一个约束，而科学方面的纠正就像一件紧身衣，如同语言那样束缚思想的流动。也许你认为我夸大其词？我来讲述一下最近在牛津召开的会议上的一次交流。这是一次从气候学到群落生态学领域的从业科学家的跨学科会议，主题为"自我调节的地球"。会议气氛异常友好，可以跨越学科界限自由交换想法和信息。在那次会议上，我做了演讲，尽力表明陆地和海洋生态系统现在不能达到内稳态（thermostasis），而在过去冰河时期却可以更有效地实现这种状态。在讲话的结尾，我说："也许盖娅喜欢寒冷。"这样表述只是意在对一些冗长的技术短语，如"证据显示，包含海洋藻类生态系统和陆地植物生态系统的整个系统，连同大气和气候一起，只有在全球平均气温大约低于12℃时，才能保持内稳态"，做简略的口头表达。在我的讲话中，我不止一次使用简略表达。我觉得需要隐喻，而且在我看来，"盖娅喜欢寒冷"可能是一个概括，也是结束我的谈话的简洁语句。令我惊讶的是，一个科学家朋友后来找到我说："詹姆斯，你不能那样说，这会把我们带到'作为地球女神的盖娅'时代。坐在我附近的科学家听到你以这样的术语说话都感到震惊。"他们可能感到震惊，但是程度远不及我被他们的反应所震惊的程度。我最为震惊的是相比我说话的内容，他们更感兴趣的是我对词语的选择。更糟的是，出席牛津会议的科学家，是从那些为数不多的、准备参加关于"地球自我调节"这样一个非传统主题的跨学科会议的科学家中挑选和自荐出来的。如果他们都这样想，"盖娅"被大多数科学家视为不科学也就不足为奇了。

在修订本书的第2版时，我身处困境。我是要改变它，以便使它变成"科学意义上正确的"，并为科学家和学生所认可的读物呢，还是保留对"盖娅"的隐喻陈述，以使对地球的"盖娅"观点感兴趣的大量科学家和将来有可能成为科学家的人更容易阅读呢？著名的环境问题专家乔纳森·波立德（Jonathon Porritt）出席了那次会议，并强有力地宣称，有生命的地球"盖娅"的观点，就其在绿色运动中的象征意义以及统一不同利益团体的能力而言，太重要了，因此不能抛弃。他继续说，这肯定不应该被挑剔的科学家禁止使用。当我就这一主题撰写我的第一本书 [出版于15年前，名字是《盖娅：地球生命的新视野》（*Gaia: A New look at Life on Earth*）] 时，我意识到可能会有这样的问题。在我写的序言中，我做了如下免责声明：

我经常使用"盖娅"这个词，是把它作为假说本身的简略表达方式，也就是说，生物圈是一个自动调节的实体，有能力通过控制物理和化学环境使地球保持健康。有时，要想避免赘言而不谈论众所周知的有感觉的"盖娅"，还真困难。称呼地球为"她"与在一艘船上航行的人称呼此船为"她"的做法一样认真。这是一种认知：即使一片木头或金属，当被专门设计和组装时，也可以获得具有自身独特标记的综合性的身份特征，这种身份特征不同于"单纯其部分之和"。

　　从更多直言不讳的批评者的反应来判断，他们要么从未阅读过这份"免责声明"，要么就是忽视了。他们谴责"盖娅"是目的论的，并且根本不是科学。我想"免责声明"的作用就像香烟盒上的健康警告一样。像那些沉迷于某件东西的人一样，尼古丁成瘾者习惯于忽略那些令他们不快的事实。

　　为了鼓励通过系统科学来思考地球，我们必须首先将地球生理学作为总的科学思想的一部分来接受。这对我们努力理解人类对地球作用的后果是至关重要的。让所有的气候学家、地球科学家、海洋科学家、群落生态学家和大气化学家在不同的学科和彼此隔开的建筑物中工作，没有什么用处。甚至更糟糕的是，他们之间没有共同语言。地球生理学，也就是"盖娅科学"在科学意义上恰当的用法，开始以理性的环境主义（rational environmentalism）的常见理由联合科学家。我无法拒绝这个过程，因为科学方面的纠错刺激着我。此时此刻，仅仅印一份"免责声明"已经被表明是不充分的。因此，在这一版，我修改了文本并删除了令人不愉快的部分。我希望非科学家们不会有被背叛的感觉，我也希望我们将会发现纠偏思想的专横只是短暂的。谁知道呢？或许有一天，有生命的地球"盖娅"，作为一种隐喻，也可以像"自私的基因"隐喻一样，被科学界所接受。至于那些认为盖娅对科学之外的世界有统一影响的人们，还是可以去看我的第一本书《盖娅：地球生命的新视野》，我就不必对它进行"去隐喻"处理。

这是一本关于地球生理学和盖娅科学的书。无论如何它绝不是一份新时代邪教（New Age cult）手册。但是，它不同于大多数教科书，因为它仍然打算供一般读者以及专家阅读。我所做的是去修改它，并且以计算机语言文本"备注形式"的方式使用隐喻和明喻。这有助于理解，但绝不是程序本身的一部分。这样做对第1版的触动不大，但是又分离出了对"科学意义上正确的东西"有所冒犯的部分。

第1版是我6年前写的。现在我仍然在这间房子里写作，这是一间在从前的水磨前加盖的房子。水磨从汇入泰马河（Tamar）和大海的凯里河（River Carey）中汲取动力。库姆磨坊（Coombe Mill）那时还是一处工作场所，但现在成了实验室、书斋和开会场所，我的大量时间是在那儿度过的。透过房间，窗外就是面积很小的田野、灌木丛和溪谷，这是德文郡（Devonshire）典型的乡村景色。

对写作本书的场所进行描述，有助于理解书中的内容。我在这里工作，它是我的家。对于"盖娅"这样一个非传统主题进行探讨，没有其他的工作方式。研究并且探索发现"盖娅"已经花费了我25年时间，并且花费了我发明开发科学仪器所获得的报酬。我非常感谢我的妻子桑迪·拉伍洛克（Sandy Lovelock），她就像我的第一任妻子海伦（Helen），让我以这种方式使用我们的大部分共同收入。我还必须牢记惠普公司

（Hewlett Packard Company）对我的信赖和支持，一直以来它是我的发明最好的客户，这才使我的研究成为可能。在过去的两年里，挪威船舶制造商克努特·克洛斯（Norwegian Ship Builder, Knut Kloster）一直是我的赞助商，这使我几乎能够利用全部的时间研究"盖娅"。

科学不像其他的智力活动，它几乎从不在家里完成。现代科学已成为广告业那样的专业。并且，科学也像广告业一样，依赖于昂贵和精致的技术。外行在现代科学中无所作为。然而作为专业上常见的方式，科学更为经常地把专业知识应用到平常的而不是神秘的事情上。科学不同于媒体的地方是它缺乏与独立个体的合作。画家、诗人和作曲家可以轻易地从他们自己的领域进入广告业，并再次返回老本行。从而让这两个领域都得到了丰富。但是，独立科学家（independent scientists）的位置在哪里呢？

你可能认为学院科学家（academic scientists）和独立艺术家是类似的。事实上，几乎所有的科学家都受雇于一些大型组织，如政府部门、大学或跨国公司。他们很少能够自由地表达关于科学的个人看法。他们可能认为他们是自由的，但在现实中，他们几乎所有人都只是雇员，他们以其思想的自由为代价换取良好的工作条件，以及稳定的收入、任期和养老金。他们也受到如从基金机构一直到卫生组织和安全组织这样的官僚势力团体的限制。他们也受到他们所属的学科共同体规则的限制。物理学家会发现很难去做化学研究，生物学家会发现几乎不可能去做物理学研究。更糟的是，近年来科学的"纯度"被"称作同行评审的自我强加的审查"更加严密地捍卫着。这一善意但狭隘的体制性的"保姆"，确保科学家依据传统的常识，而不是受好奇心或灵感的驱动去工作。由于缺乏自由，他们或者处于屈从一种繁文缛节的危险境地之中，或者处于像中世纪神学家那样成为受教条支配的人的危险之中。

作为一个大学的科学家，我发现，要专职研究"具有生命的行星地球"几乎是不可能的。首先，没有资金会拨付给这样一种高度推测性的研究。如果我坚持在午餐时间或者空闲时间工作，要不了多久，我就会收到实验室主任的传唤。在他的办公室，我将因为把我的职业生涯放在如此不合时宜的研究课题上而受到危险警告。如果这次警告不起作用，我还固执己见，那么我会第二次被召见，并被警告说我的工作已经危及部门的声誉和主任的职业生涯。

科学宣称已经替代神学成为知识的源泉，这些知识与宇宙、宇宙和我们自身的演化，以及生命的特征相关。为了推进这一主张，科学就必须力求全面，这不仅是对从事这一工作的专家而言，而且是对想要知道这些知识的所有人而言。我当时写的是第一本"盖娅"专著，因此字典是我唯一需要的助手。我也试图将这种方式用在目前这本书的写作上。我对我的某些科学同行的反应感到困惑，他们责备我以这种方式提出科学理论。近年来，出现了一种奇怪的转变，几乎成了著名的"伽利略与神学体制做斗争"的大逆转。如今，科学体制把自己变成了神秘教义，并由此造成"异端的苦难"（the scourge of heresy）。

情况并不总是这样。你可能会问，是什么造就了这些五彩缤纷、情怀浪漫的疯狂的教授和"神秘博士"[1]呢？是那些自由涉足于所有科学学

---

1 ——《神秘"博士"》（Doctor Who）是英国 BBC 于 1963 年开始制作的英国科幻电视剧，讲述名为"博士"的神秘外星人，乘着时空机器 TARDIS 穿越时间和空间进行冒险的故事。——本书中脚注无特殊说明，均为译者注。

科而没有障碍的科学家吗？他们仍然存在，在某种程度上，正在写作的我，也是他们这种稀有和濒危物种中的一员。

更严重的是，我不得不成为一名激进的科学家，是因为科学界不愿意把新的理论作为客观事实接受，并且认为他们这样做是对的。"热是分子运动速度的度量衡"这个观念花了近150年才成为科学事实，板块构造学说花了将近40年才被科学界接受。

现在，也许你明白了我为什么要在家工作，靠任何方便的手段来养家糊口。这不是苦行僧式的修炼，而是一种愉快的生活方式。画家和小说家一向习惯于这种生活方式。如果有同类的科学家加入我的行列，除了研究基金的损失外，他（或她）不会有其他损失。

这本书的主要部分是第2章至第6章，讨论的是有关演化的一种新理论，这一理论并不否认，而是补充了达尔文的伟大远见，提出生物的物种演化并不是独立于它们的物质环境之外。事实上，物种及其环境是紧密耦合并作为一个系统演化的。我所要描述的是巨大的、活的有机体"盖娅"的演化。

在我首次思考"盖娅"时，我正在诺曼·霍洛维茨（Norman Horowitz）的喷气推进实验室（the Jet Propulsion Laboratory）的生物科学部门工作。在那里，我们关心的是探测其他星球上的生命。这些初步想法我在1968年美国航天协会举办的会议上做了简要的表述，更明确的表达是在1971年给《大气环境》（Atmospheric Environment）的一封信中。但是直到两年后，通过与生物学家林恩·马古利斯紧张深入而富有成效的合作，框架式的"盖娅"假说才变得有血有肉，富有生命力。最初的论文发表在《忒勒斯》(*Tellus*)[1]和《伊卡洛斯》(*Icarus*)[2]上，这两种杂志的编辑对我们的观点表示赞同，并且准备好看到我们的观点受到争论。

林恩·马古利斯是我最坚定的支持者，也是我最好的同事。我很庆幸，她是生物学家中唯一一个对广泛生命世界及其环境持理解态度的人。生物学本身被分为30多种乃至更多种狭窄的专业，忽视了其他科学，甚至是其他生物学学科且因此自鸣得意。在这种情况下，就需要有像林恩这样具有罕见广阔视野的人，为"盖娅"确立一种生物学的语境。

有时，当我看到人们带着过度的情绪对待地球上的生命时，我效仿林恩，为微生物和更少得到发言权的生命形式充当工人代表（shop steward）和工会代表（trade union representative）的角色。这些微生物和生命形式一直以来致力于使这颗行星适合生命生存，历时已经有35亿年了。可爱的动物、野花以及人类，都是值得崇敬的，但是，如果不是微生物作为巨大的基础结构，它们将什么也不是。

"作为一个活的有机体的地球理论"——物种的演化和它们的物质环境是紧密耦合的，但仍通过自然选择来演化——在经过近20年的发展之后，要想再无视人类引起的污染问题和自然环境恶化问题，是困难的。

1 —— "Tellus"的含义是"大地女神"，即地球科学期刊 *Tellus,* 分为 Tellus A（动力气象学和海洋学）和 Tellus B（化学和物理气象学）。

2 —— 伊卡洛斯是希腊神话中代达罗斯的儿子，与代达罗斯使用蜡和羽毛造的翼逃离克里特岛时，因飞得太高，双翼上的蜡遭太阳融化跌落水中丧生，被埋葬在一个海岛上。为了纪念伊卡洛斯，埋葬伊卡洛斯的海岛被命名为伊卡利亚。科学期刊 *Icarus* 针对行星科学领域，创立于1962 年。

"盖娅"理论推动人们从行星的角度来看问题。最为重要的是地球的健康，而不是某些个别生物物种的健康。这就是"盖娅"和环境运动产生分歧的地方，环境运动首要关注的是人的健康。地球健康的最大威胁来自于自然生态系统的重大变化。农业、林业以及较小范围的渔业，被视为这种破坏的最严重来源，因为它们导致二氧化碳、甲烷和其他几种温室气体不可阻挡地增加。地球生理学家没有忽视平流层中臭氧层的损耗，以及与之相伴的日益增加的短波紫外线辐射风险或酸雨问题。这些被视为真正的和潜在的严重危害，但这主要是针对第一世界（the First World）中的人们和生态系统——从"盖娅"的角度看，第一世界这一区域显然是可以被牺牲的。仅仅 1 万年之前，这一区域还被埋在冰川之下，或者是冰冷的冻土地带。至于看上去最令人担忧的东西——核辐射，尽管对于个体性的人类来说是可怕的，但是对于"盖娅"却是小事一桩。对许多读者来说，我好像是在嘲笑那些毕生关注人类生命面临的这些威胁的环境科学家。然而，这不是我的意图，我只是希望为"盖娅"说话，因为，与众多为人类说话的人相比较，为"盖娅"说话的人就只有那么点儿。

　　作为毕业仪式的一部分，医生必须接受"希波克拉底誓言"（the Hpippocratic Oath）。它包含不做任何伤害病人的事情。如果想要那些会改变地球面貌的人们避免"因治疗而引起疾病"的错误，就需要一个类似的誓言。这一誓言防止过度热心而实施"弊大于利"的"治疗"。环境科学家、土木工程师、农民和林业工作者都需要理解，如果他们因为这么做而伤害了地球，那对人类的帮助就很少了。例如，思考这样一种工业灾害，它以剂量很容易测量出来的致癌物污染了整个地理区域，并对这一地区的人们造成了可估算的风险。当局应该销毁所有粮食作物和牲畜，以避免食用它们带来的程度虽小但性质确定的患癌风险，还是应该顺其自然？或者我们应该在二者之间做出一个灵活的选择。最近的灾难说明，在没有"行星医生"（the planetary physician）发出声音的情况下，进行施治带来的后果比毒药更严重。我指的是在切尔诺贝利（Chernobyl）事故之后瑞典拉普兰（Lapland）的悲剧，政府当局猎杀了成千上万的驯鹿（它们是拉普兰人的食用猎物），因为他们认为这些驯鹿因含有太多放射性物质而不能食用。对一种脆弱的猎物以及它所依赖的生态系统遭受的轻度放射性污染，采取这种严酷的处理方法正当吗？与理论上来说只是少部分居民遭受患癌的风险相比，这种"治疗"的后果是否会更糟糕？

除了有关这些环境事务的一个章节，本书最后一部分还提到了关于火星能否成为宜居星球的一些猜测。我们第一本关于"盖娅"的著作也激起了宗教方面对"盖娅"的兴趣。在最后一章，我尝试回答人们提出的一些艰难问题。在这个陌生的领域，我受益于林迪斯法恩联谊会（Lindisfarne Fellowship），特别是它的创始人威廉·欧文·汤普森（William Irwin Thompson）和詹姆斯·莫顿（James Morton）强有力的道德支持；也受益于同其他会员的友谊：《共同演化季刊》（*CoEvolution Quarterly*）的资深编辑斯图尔特·布兰德（Stewart Brand），还有玛丽·凯瑟琳·贝特森（Mary Catherine Bateson）、约翰·托德（John Todd）和南希·托德（Nancy Todd）。

从第一次开始写作和思考"盖娅"时起，就一直有人提醒我：以前已经多次有人提出过这种完全相同的一般性的想法。我感到我与生态学家尤金·奥德姆（Eugene Odum）的著述有一种特殊的共鸣。如果我因无法相信前人的著作而无意中冒犯了以前的"地球生理学家们"，我请求他们原谅。我知道一定还有一些思想家，如保加利亚哲学家斯蒂芬·日瓦丁（Stephen Zivadin），在我之前已经说了很多关于"盖娅"的话。

我感到幸运的是，在本书各章节的编写过程中，一些朋友阅读并提出了批评意见。彼得·费尔盖特（Peter Fellgett）、盖尔·弗莱施卡（Gail Fleischaker）、罗伯特·加雷尔斯（Robert Garrels）、彼得·利斯（Peter Liss）、安德鲁·拉伍洛克（Andrew Lovelock）、林恩·马古利斯、尤安·尼斯贝特（Euan Nisbet）、安德鲁·沃森（Andrew Watson）、彼得·韦斯特布鲁克（Peter Westbroek）和迈克尔·维特菲尔德（Michael Whitfield），都毫无保留且深思熟虑地提出了他们对这种科学理论的建议。我同样感谢针对这本书的可读性提出批评的一些朋友：亚历克斯·安德鲁（Alex Andrew）和乔伊斯·安德鲁（Joyce Andrew）、斯图尔特·布兰德、彼得·布尼亚德（Peter Bunyard）、克里斯汀·柯托伊斯（Christine Curthoys）、简·吉福德（Jane Gifford）、爱德华·戈德史密斯（Edward Goldsmith）、亚当·哈特－戴维斯（Adam Hart-Davis）、玛丽·麦高文（Mary McGowan）以及伊丽莎白·萨托利斯（Elizabeth Sahtouris）。自1982年以来，联合国大学通过其项目官员沃尔特·希勒（Walter Shearer）对"行星医学"的想法提供了精神上和物质上的特别支持。

对我来说，我打算写的是文本块，就像马赛克图案一样，只有远眺才能理解它的含义。杰基·威尔逊（Jackie Wilson）在编辑手稿时用了善意的技巧，重新整理了我的文字并使它具有可读性，对此我表示衷心的感谢。

英联邦基金图书项目的慷慨支持，使我有机会预留所需的时间去思考本书中的各种想法并开展写作。我尤其感谢路易斯·托马斯，以及两位编辑海伦娜·弗里德曼（Helene Friedman）和安东尼娅·布伊（Antonia Bouis），感谢他们温暖的鼓励和精神上的支持。

但是，没有海伦·拉伍洛克（Helen Lovelock）和约翰·拉伍洛克（John Lovelock）无私的支持和爱，就不可能写作这本书的第 1 版；同样，没有亲爱的桑迪（Sandy），第 2 版也无法完成。

盖娅时代——地球传记

1 导论

在我的整个童年时期，我都坚信自己一无是处，浪费了自己的时间，磨灭了自己的天资，总是做出怪异荒唐、顽皮恶劣甚至忘恩负义的事情——所有这一切似乎都是不可避免的，因为我生活在如万有引力定律一样的绝对定律之中，但是我却不可能遵守这些规律。

——乔治·奥威尔（George Orwell），

《乔治·奥威尔文集》（*A Collection of Essays*）

50 余年的生活经历带给我的最好的奖励，就是让我能够自由地成为一个特立独行的人，让我能够安全舒适地探索物质和精神存在的界限，而无须担心我看起来或听起来是否可笑，这是何等的快乐。年轻人时常发现，世俗的规制，除非作为宗教信仰的一部分来理解，否则会过于沉重，难以逃脱；中年人忙于生活琐事，而无闲暇时间；唯有老年人才可自娱自乐，自得其乐。

"地球是活的"，这个理念在科学上是不确定的。50 岁出头的时候，我就开始思考这个问题并进行写作。我的年龄够大了，虽然观点激进，却一点没有老年人错误百出的毛病。小说家威廉·戈尔丁（William

Golding）是我的同时代人，也是同乡人。他认为，任何可被鉴定为超级有机体的东西，都应该享有一个名称，还有什么名称比盖娅（Gaia）更好的呢？希腊人曾用这个名称指代大地女神（the Earth Goddess）。

地球表面存在生物体，因此能够主动地进行自我调节。这一观念源于对火星生命的探索。这一切都开始于 1961 年春天的一个早晨。当时邮递员给我送来一封信。对我来说，它就像第一封情书那样充满了希望和激情。这封信是美国国家航空航天局（NASA）的一封邀请信，邀请我担任他们第一个登月计划实验的工作者。信件来自宇航局太空飞行部的主管阿伯·西尔弗斯坦（Abe Silverstein）。我依然记得当时兴高采烈并且久久难以相信的心情。

太空距离地球仅有数百英里，现在已经成为大家共同开发的空间。但在 1961 年，仅仅是在苏联发射第一颗人造卫星"伴侣号"（Sputnik）之后第四年，我听着它哔哔地发送简单的信息，说明我们有可能逃离地球。在此六年之前，当被问到人造地球卫星的可能性时，一位著名天文学家的回答是："一派胡言。"接到一封参加首次对月探索的正式邀请函，正式邀请函说明我个人的奇异幻想得到了承认和重视。我孩提时代的阅读曾经沿着一条为人熟知的路径，从《格林童话》（*Grimm's Fairy Tales*）到《爱丽丝梦游仙境》（*Alice's Adventures in Wonderland*），再到儒勒·凡尔纳（Jules Verne）和威尔斯（H. G. Wells）的科幻小说。我常开玩笑说，把科幻带向现实，这是科学家们的任务。有人听了我的这句话后，说我是个骗子。

我第一次接触美国宇航局的空间科学，是去访问那个呈开放式布局的科学与工程的大教堂——喷气推进实验室。它就在加州帕萨迪纳

（Pasadena in California）郊区的外围。我为宇航局探月工程工作后不久，就被调去从事更加令人激动的工作：设计用于分析星球表面和大气的灵敏仪器。尽管我的专业背景是生物学和医学，但我对探索其他星球生命的实验日益好奇。我期望找到生物学家来参与实验和设备的设计，以达到同航天飞行器自身的构造一样完美。但是，最后的现实令我失望，这也标志着我的兴奋随之终结。我觉得他们的实验几乎没有任何机会探测到火星上的生命，即使那个星球上挤满了生物。

当一个大型组织面临一个难题时，按标准的程序，他们会雇用几个专家。美国宇航局也的确这么做了。如果你只需要设计一个更出色的火箭发动机，这么做当然没问题。但是，现在的目标是探测火星上是否存在生命，而世界上没有这一领域的专家。没有火星生命方面的教授，所以美国宇航局只能退而求其次，找几个地球生命方面的专家。这些专家大多是生物学家，他们熟悉的是那些他们在地球上的实验室里研究的有限种类的生物。因此，即使火星上生机勃勃，也没有理由去设想这样的生命形式会存在于火星之上。

自始至终，火星生命探测实验本身都带有一种明显的不切实际的意味。让我用一个虚构的故事来说明这一点。一位杰出的生物学家——我们姑且叫他 X 博士——向我展示了他的火星生命探测仪：这是一个制作精良的方形不锈钢笼子，边长约为 1 厘米。我问他这个装置是怎么工作的，他回答说："这是一个抓跳蚤的陷阱。跳蚤被里面的诱饵吸引，一跳进去就不能跳出来了。"我接着又问："你怎么能确定火星上有跳蚤呢？"他回答说："火星是太阳系中最大的沙漠——一个遍布沙漠的星球。有沙漠的地方就有骆驼，而骆驼身上的跳蚤比任何动物身上的都多。所以，我的探测仪一定会在火星上发现生命的迹象。"我想，在喷气推进实验室工作的其他专家，一定把我当作恶魔的拥护者。他们在极大的压力下开展这项工程，因此没有时间去细想这个工程的本质。他们把我对火星跳蚤提出的疑问看作一种好笑的怀疑论。

我坚信会有更好的方法来处理这个问题。那时候，受雇于美国宇航局的哲学家戴安·希区柯克（Dian Hitchcock）访问了喷气推进实验室。她在宇航局的任务是评估火星生命探测试验的逻辑一致性。我们一致认为，要在行星上探测到生命迹象，最准确可行的方法，是分析它们的大气层。我们发表了两篇论文，认为一个行星上的生物，必然会把大气层和海洋作为原材料的输送带和新陈代谢产物的储藏室，这样就会改变大气层的化学成分，从而使其表现出与无生命星球大气层的显著不同。即使是在地球上，如果"海盗号"登陆器（Viking lander）降落在南极的冰层上，它也一样找不到生命迹象。相反，完整的大气层分析——"海盗号"没有装备去做这样的事——本可以提供一个明确的答案。确实，即便是在 20 世纪 60 年代，对火星大气层的分析也可以通过望远镜完成，这种望远镜使用红外线而不是可见光来观察火星。它们发现，火星的大气层主要由二氧化碳组成，并且趋向于化学平衡状态。另一方面，地球大气层中的气体一直都处于不平衡状态。这强烈地提醒我们，火星上没有生命。

美国宇航局的资助者们并不喜欢这个结论。他们迫切需要理由来表明支持这次价值不菲的火星远征是值得的，还有什么能比在火星上发现生命更诱人的呢？某位坚定捍卫国库经费的普罗科斯迈尔议员（Senator Proxmire）也许有兴趣知道，当美国宇航局正不惜重金、紧锣密鼓地准备火星着陆时，宇航局内部的科学家们其实无法确定火星上是否一定有生命存在。如果普罗科斯迈尔议员发现，作为由美国宇航局提供经费支持研究的一部分，我和戴安·希区柯克已经将一个假想的望远镜转向我们自己的星球，以证明地球上的生命丰富多样，那么他一定会勃然大怒的。

在那些激动人心的日子里，我们经常就火星上可能存在生命以及它们在火星表面的覆盖程度展开争论。在20世纪60年代末，美国宇航局发射了"水手号"航天器（Mariner spacecraft）。它从环绕火星的轨道上对火星表面进行观测。观测图片显示，火星和月球一样，表面遍布陨石坑。这也从侧面证实了我和戴安·希区柯克通过分析火星大气层成分得出的令人沮丧的预测——火星上很可能真的没有生命存在。我记得在我和卡尔·萨根（Carl Sagan）的一次温和的讨论中，萨根认为，火星上的生命依然有可能存在于绿洲中，因为那里的条件更利于生命生存。在"海盗号"启程之前很长一段时间，我就有预感，生命不可能稀稀拉拉地存在于一个星球上，除非是在生命刚开始或即将结束的时候，否则它们不可能在几个绿洲中坚持下去。随着"盖娅"理论的形成，这种预感愈发强烈。现在，我将其视为事实。

对于"是否有必要将航天器彻底灭菌后再送往火星"这个问题，当时争议颇多。我一直不明白，这种意外地、风险很小地将生命带到火星上的行为，为什么被看得如此严重，以致不能贯彻。毕竟这也许是我们把生命传播到另一个星球的唯一机会。有时候，关于这个问题的争论激烈无比，充满了青春期血气方刚的大男子气。无论如何，就像我所认为的那样，火星是个了无生息的星球，我们所进行的探测并不能够持续下去；说得难听点，我们这样做就像是孤独凄凉的恋尸狂的行为。更重要的是，作为一个仪器的设计者，我知道灭菌这一程序会使得制造"海盗号"这件原本就十分艰难的任务几乎难以实现，并且这也会威胁到航天器内部精密设计的整体平衡。

直到今天，我还是十分感激我在喷气推进实验室和美国宇航局的同事们的容忍和慷慨，尤其是当时太空生物学家小组的负责人诺蒙·霍洛维兹（Norman Horowitz）的善意。尽管我给他们带来了"坏消息"，但是他们还是继续支持我的研究，直到"海盗号"火星探测任务万事俱备。1975 年，两个结构复杂、高度智能化的机器人在火星上成功软着陆[1]。它们的任务是在火星上寻找生命。但是，在它们通过无线电信号发回地球的信息中，只有令人扫兴的消息：火星上没有生命。除了夏季白天的时间，火星一直都是寒冷无情的，并且对地球上那些温暖湿润的生命毫不留情。现在，那两个"海盗号"机器人在原地黯然等待，悄无声息，再也不被允许从火星发回消息。它们蜷缩着，等待着火星上混杂着粗糙的沙尘和腐蚀性酸的大风席卷而过，给它们带来最后的毁灭。我们接受了"太阳系的荒芜"这个事实，"到别处寻找生命"再也不是一个急迫的科学目标。但是，"海盗号"的确证实了火星上寸草不生，而这一事实就好比是一块黑色幕布，衬托出地球的新模型和新形象。我们现在知道，我们的星球和她那两个了无生气的邻居火星和金星，有着天壤之别。

这就是那时"盖娅假说"的来由。我们通过想象力去审视地球。

---

1 —— 软着陆，指通过减速使航天器在接触地球或其他星球表面瞬时的垂直速度降低到最小值（理想情况为零），从而实现安全着陆的技术。

这种崭新的眼光让我们发现了很多东西，包括来自地球的具有红外信号特征的辐射。这种红外信号是地球大气层中异常化学成分的表现。只需要一个接收器，即使远在太阳系之外，任何人也都能听到这永不消逝的生命之歌。在下面的章节里我会试着说明，只有生物在一个星球上广泛分布，并作为一个独立的系统随之演化发育，它们在这个星球上生存下去的条件才能得到满足。这个由生物和它们的星球所组成的系统简称"盖娅"，它必须能够调节自身的气候和化学状态。有一种难以逆转的力量，不断驱使一个星球上发生物理和化学演变，使之与适宜生命生存的状态背道而驰；而生物对于一个星球的短时间或不完整的占据，或仅是偶尔的访问，都不足以扭转这种力量。在第8章中，我将讨论那些"在火星上播种生命，或者甚至让火星上的生命复苏"的猜想性的话题。这个问题的关键之处在于我们怎样做才能让火星进入一种适合生命生存的状态，并让它一直保持这种状态，直到生物体与星球本身相互融合。第8章将表明，地球上大部分环境对于生命的生存来说，已经达到令人敬畏的完美和适合程度。

"盖娅假说"起初是在"超级有机体是活的"这个意义上假定"地球是活的"，并考察了那些支持和反对这个假说的证据。1972年，在一篇名为《透过大气层看"盖娅"》的报告中，我第一次在同辈科学家面前提出这个观点。这是一篇很短的文章，只占了《大气环境》杂志的一个页面。文中的证据大多来自地球大气层成分及其化学非平衡状态。具体数据详见表1.1。表格中还比较了现代探测到的火星和金星的大气层成分，还有一组数据是猜想的没有生命存在的情况下目前地球大气层的状态。经过长久而激烈的讨论，我和林恩·马古利斯在《忒勒斯》和

《伊卡洛斯》这两份杂志上发表论文，进行了内容更加丰富、表述更加简洁的论述。后来在 1979 年，牛津大学出版社出版了我的《盖娅：地球生命的新视野》。该书收录了到该书出版为止我们所有的观点。我从1976 年开始写作该书，当时美国宇航局的"海盗号"航天器即将在火星上着陆。我把"海盗号"在火星上登陆看作星际探险者们为发现"盖娅"而做的准备，而"盖娅"在某种程度上是太阳系中最大的生物有机体。

表1.1　行星大气层的成分

气体	金星	无生命的地球	火星	现在的地球
二氧化碳	96.5%	98%	95%	0.03%
氮气	3.5%	1.9%	2.7%	79%
氧气	极微量（trace）	0.0	0.13%	21%
氩	70ppm	0.1%	1.6%	1%
甲烷	0.0	0.0	0.0	1.7ppm
表面温度（摄氏度／℃）	459	240~340	−53	13
总压强（巴[1]）	90	60	0.0064	1.0

10 年过去了，到了再次写作的时候了。这次著述的主旨是了解"盖娅"，而且发现它到底是怎样的一种生命。探索"盖娅"最简单的方法就是实地考察。不这样的话，又怎么能够轻易地融入它呢？你又怎么能

---

1 —— 巴（Bar）是压强单位，1 巴等于 10 万帕。

够动用你全部的感官去感受和探索它呢？因此，当我几年前读到另外一个人的著述，发现他也喜欢漫步乡间，并且和我一样相信地球是一个超级有机体时，我兴奋异常。

叶夫格拉夫·马克西莫维奇·柯罗连科（Yevgraf Maksimovich Korolenko）一百多年前生活在乌克兰的哈尔科夫（Kharkov）。他是一个独立的科学家、哲学家。他也是在 60 岁之后才开始表达、谈论那些对于中年人来说过于激进的想法。柯罗连科是一个博学的人，尽管是自学成才，但是他对同时代的伟大自然科学家的著作都十分熟悉。他不承认任何哲学上、宗教上和科学上的权威，而是试图自己寻找答案。在那些分享他的乡间漫游和激进想法的人中，有一位是他年轻的侄子弗拉基米尔·维尔纳茨基（Vladimir Vernadsky），后来成为了一位杰出的苏联科学家。柯罗连科断言"地球是一个活的有机体"，这给维尔纳茨基留下了深刻的影响。但是，维尔纳茨基的传记作者 R. K. 巴兰金（R. K. Balandin）认为："这只是柯罗连科睿智格言中的一句。很难说年轻的弗拉基米尔·维尔纳茨基会在半个世纪后依然记得这句话。但毫无疑问，柯罗连科这个将地球视为生物体的朴素类比，不能不激起他那位年轻朋友的想象。"

"地球在有限的意义上是活的"，这个理念也许和人类一样古老。但是，最早把这个理念作为一个科学事实公开表达的人是苏格兰科学家詹姆斯·赫顿（James Hutton）。1785 年，他在爱丁堡皇家学会（The Royal Society of Edinburgh）的会议上发言指出，地球是一个超级有机体，研究它的合适方法应该是生理学。他继而把土壤中营养物质的循环，以及水从海洋流入陆地的过程，与人体血液循环过程相比较。詹姆斯·赫顿被贴切地视作"地质学之父"。但是，在19世纪盛行的还原论氛围中，赫顿关于"活的地球"的观点或者被人们遗忘，或者被人们否定，只有像柯罗连科那样不受社会风气影响的哲学家才记住了他的观点。

现在，我们都使用"生物圈"这个词。但是几乎没人意识到，这个词最早是爱德华·修斯（Eduard Suess）在1875年描述他对阿尔卑斯山地质结构的研究成果时顺带用到的。弗拉基米尔·维尔纳茨基进一步发展了这个理念，并且在1911年之后开始使用这个词的现代意义。维尔纳茨基说："生物圈就是生命的囊膜，也就是生物生存的区域……可以将生物圈看作地壳上那些被转变者占据的区域，在这些区域中，转变者把宇宙中的辐射转变为有用的能源：电能、化学能、机械能、热能，等等。"

当"盖娅假说"在我脑海中初步形成时，我完全不知道这些前辈科学家的思想，尤其是赫顿、柯罗连科和维尔纳茨基的思想。同样，我也不知道，近年来很多科学家，包括人口生物学的创始人阿尔弗雷德·洛特卡（Alfred Lotka）、海洋化学家亚瑟·雷德菲尔德（Arthur Redfield）和生物学家约翰·杨（John Z. Young），都表述过类似的观点。我只承认受到耶鲁大学杰出的湖沼学家乔治·哈钦森（George E. Hutchinson）和瑞典地球化学家拉尔斯·西伦（Lars Sillen）的启发。但是，并非只有我一人处于这种无知状态。来自所有学科领域的同仁，无论是"盖娅假说"的强烈反对者还是拥护者，都没有看到从维尔纳茨基的世界观中自然产生出来的那些看法。甚至到1983年，地质学家詹姆斯·肖普夫（James W. Schopf）编辑的论文集《地球上最早的生物圈》（*Earth's Earliest Biosphere*）中，既没有提到赫顿，也没有提到维尔纳茨基，而论文集的作者包括最具影响力的 20 位欧美地球科学家。

司空见惯的是，以英语为母语的人，对采用其他语言叙述的人发出的声音，一直充耳不闻。这阻止了我们一般性地了解俄语世界中的日常科学。维尔纳茨基的贡献没有得到应有的认可。我们很容易把这种情况归咎于近来的政治分裂，不过，尽管政治分裂可能造成一定的影响，但是我认为，这种影响与 19 世纪将科学分门别类所造成的恶劣影响相比，简直不值一提。在那时，科学被分成一个个架构清晰的小分支，专家们在其中自鸣得意地从事着他们的专业研究。有多少物理学家骄傲于他们对其所称的"软科学"的忽视？有多少生物化学家能叫出他们家乡野花的名称？在这样的思想氛围下，维尔纳茨基的传记作者认为柯罗连科关于"地球是一个活的有机体"的论断是"幼稚的"，也就不足为奇了。现在大多数科学家可能会赞同巴兰金的说法，然而他们中很少有人能够对"作为实体或过程的生命"提供一个令人满意的定义。

在科学中，"假说"确确实实就是"让我们假设"。我的第一部关于"盖娅"的书是假设性的，并且是轻描淡写的——是一幅质量粗糙的铅笔素描，试图从不同的视角捕捉地球景象。对那本书富有思想性的批判，使人们对"盖娅"有了新的、更深层次的认识。"地球是活的"，这种观念大大地冒犯了生物学家，以至于我现在认识到它只在生理学的意义上是正确的。许多新的证据已经积累起来，我也已经建构了新的理论模型。幸运的是我们并没有必要抹去原有的线条，现在所做的，就是在原来的基础上添加一些更精美的细节。因此，本书第 2 版就是在地球科学和生命科学新的统一观点的基础上来阐释"盖娅理论"。因为从外部来看"盖娅"，它是一个生理系统，所以我称"盖娅"，科学为"地球生理学"。

为什么要把地球科学和生命科学结合到一起呢？那我要问你，它们为什么会由无情的科学分裂而被撕裂成各自独立和短视的学科呢？地质学家一直试图说服我们相信：地球只是一个岩石球，海洋使它变得潮湿；地球上只有一层空气薄膜，把太空的绝对真空状态隔开；地球上出现生命只是偶然发生的，生命只是地球上安静的过客，在穿越时空的旅行中碰巧搭乘在这个岩石球上。生物学家的见解也不会好到哪里去。他们断言，生命有机体具有极强的适应能力，因此它们已经适应地球历史上发生的任何重大的物质变化。但是，一旦假定地球是一个超级有机体，那么，生物体的演化以及岩石的演变，就不需要再被看作各自独立的学科，而在同一所大学不同的建筑物中进行研究。取而代之的，只要一门演化论科学就可以描述整个星球的历史。物种的演化和其生存环境的演变，作为一个单一的、不可分割的过程而紧密地结合在一起。

科学并不过分执着于事实的对错。科学实践就是检验假设，永远地曲折反复并接近那不可达到的绝对真理。对科学家而言，"盖娅"是一种新的假想，有待试验，或者需要通过一种新颖的"生物透镜"（bioscope）来观察地球上的生命。在某些学科中，"盖娅论者"（Gaian）的想法即使不受欢迎，至少也是合适的，因为通过旧理论来解释世界已经不够清晰和明确。一般来说，这一点在理论生态学、演化生物学和广义的地球科学等领域尤为明显。

阿尔弗雷德·洛特卡和维托·沃尔泰拉（Vito Volterra）曾制作过

盖娅时代——地球传记

一种只有兔子和狐狸居住的简单世界模型。在此后的 40 年里，理论生态学家一直试图理解真实的森林和其中众多物种之间复杂的相互作用关系。尽管他们的数学模型成功地模拟了病理学方面的改变，但是，却无法解释在潮湿的热带雨林中，那种复杂的生态系统是如何长期保持稳定性的。他们的模型看起来和常理相悖；他们认为生态系统的脆弱性随着其中生物多样性的增加而增强。他们的意思是，和采用单一栽培方式的工厂化农场相比，农夫采用轮作方式种植，不滥伐树篱和林地，生产效率将更低，农田的生态稳定性也将更差。

不久之前，演化生物学家们曾有过一次激烈的争论。一直以来保持着客观冷静风格的《自然》(Nature) 和《科学》(Science) 杂志，那个时候也充斥着如火如荼的争论，一改往日平静的局面。激进者们提出他们有权重新诠释达尔文的伟大洞见，因而引发了一场革命，也招来了支持有序渐变的保守者们的强烈抨击。演化究竟是一个渐进的过程，还是像史蒂芬·杰·古尔德 (Stephen Jay Gould) 和尼尔斯·艾崔奇 (Niles Eldredge) 认为的那样，是长期的稳定与短暂的剧变交替的过程？

对岩石、海洋和大气层的演化颇感兴趣的地质学家开始思考，在火星和金星如此干燥的同时，地球上的海洋为何经久不竭？另外，还有一点也让人疑惑，既然太阳对外释放的热量不断增加，那么为什么地球上的气候还能保持稳定？

上面提到的这些问题和其他很多问题，如果放在各自的科学领域中来看待，也许答案不甚明了。但是，如果把它们看作地球这个充满生命的星球上的现象，答案就很明显了。"盖娅"理论预测，地球的气候和化学成分在很长时间内都处于一种内稳态，直到某种内部矛盾或者外部力量引起剧变，从而达到一种新的稳定状态。在这样一个行星超级有机体上，我们会发现不时被打破的演化以及充裕的海水就是正常的、可以期望的状态。

　　作为一种关于地球的理论，本书既不是整体主义的，也不是还原主义的。书中没有关于气候学和地质化学及诸如此类学科的内容。接下来的两章是对"盖娅"理论的论述，后面三章描述地球生理学家眼中的地球历史——从生命的开始到现在。这些章节按照时间顺序安排，而不是混乱地根据学科分类来安排。从生命的起源开始，先是"太古宙"，那时候地球上唯一的生物是细菌，而空气成分主要是大量的甲烷和极少量的氧气。接下来就是被地质学家称为"元古代"的中间时期，从氧气第一次在空气中占了较大比重，直到细胞群落开始聚集到一起，形成有独特性质的集合体。再下一章是关于"显生宙"的，那时已经出现了植物和动物。在以上几章中，"盖娅"理论解读了每个年代在岩石上留下的记录，并把这种新的解读与地球和生命科学的传统观点做了对比。最后几章关注的是"盖娅"的现在和未来，重点放在地球上人类的生存以及也许未来某天火星上人类的生存。把生命带到火星上需要什么先决条件呢？

　　甚至按照年代来进行划分也具有独断性，太古代生物群的存在就支持这一点。它们的世界从未终结，它们一直在我们的肠道里生存着。这些细菌和"盖娅"共存了将近40亿年，依然遍布于地球的每个角落：淤泥中，沉积物中，还有小肠里，它们会存在于任何和它们的死敌氧气隔绝的地方。

　　任何关于地球的新理论都不可能成为科学界的秘密。它注定会受到人类学家、环境学家以及那些有宗教信仰和信念的人士的关注。"盖娅"理论与广阔的人文学者的领域不协调，同样也与业已确立的科学不协调。在"盖娅"理论中，我们只是另一种物种，我们既不是地球的主人，也不是地球的仆人。我们的未来更多地取决于我们能否和"盖娅"保持一种恰当的关系，而不是为了追求人类利益而不断弄出的一幕幕闹剧。

当我们全家住在威尔特郡鲍尔查克（Bowerchalke in Wiltshire）的乡间时，我和我的第一任妻子海伦（Helen）在春日的每个清晨都漫游郊外，以寻找稀有的野生兰花品种。那时，在还没有被那些经营大农场的野蛮人的机器彻底摧毁之前，英国的乡间犹如人间天堂。虽说兰花在丘陵地带大量盛开，但是要找到那些稀有的品种却难于登天。在草丛间找到一棵麝香兰之前，必须经过大量严密的思考，这可是一种令人费解的快乐。其实，科学中有很多事情就是这样的。发现新的化合物或者数学概念，或者发现原有的理论不能适用于新的场景，都是令人愉快的。但是，这些发现常常需要科学家做好严格的心理和生理准备，并且经常需要科学家学习新的专门术语。

"盖娅"理论可以追本溯源至创世纪。作为一门科学学科，地球生理学还太年轻，以至于它还没有自己的专门术语。因此，我的第二本书仍然按照第一本书的方式撰写，目的是让任何一位对詹姆斯·赫顿的那种"地球是一个有机体"思想感兴趣的人，都能够读懂它。它既不是科学文本，也不是星球工程师的工作手册，而是一个男人对我们所归属的世界的看法。这本书的大部分都是可以博你我一笑的。本书的撰写也可作为生活方式的一部分来进行，正如柯罗连科所做的，包括花时间在乡间漫步，与朋友谈论地球以及"生命"一词的含义。

2 "盖娅"是什么?

对于鸟类和花草树木……你一定不要太精确或太科学。

——沃尔特·惠特曼(Walt Whitman),

《典型的日子》(*Specimen Days*)

    本章是关于"盖娅"的定义。随着阅读,你会发现,"盖娅"这个概念在从首次提出直到如今的 25 年间一直在发生改变。初始,它是一个模糊的词汇,表示"以某种方式调节地球气候和化学作用"的存在物。唯一可以确定的事情是,有机体是其中的一部分。虽然不知道"盖娅"如何工作,但是,从来没有人认为它是通过智慧生物的远见卓识来进行调节的。最好把"盖娅"当作一个超级有机体。超级有机体是那些部分由活的有机体构成,部分由不具有活性的有机体系构成的有限系统。一个蜂巢是一个超级有机体,就像超级有机体"盖娅"一样,有能力调节自身的温度……

    将你的记忆追溯到你首次觉醒的时刻。这是你作为婴儿开始具有活力的激动人心的时刻:声音和图像突然涌入,就像开启了电视机的接收器，要带来大量的重要新闻。我似乎回忆起了太阳光和柔和清新的空气，然后，突然意识到我是谁，活着是多么美好。

回想我个人生命中第一次记事，看似与我们努力理解"盖娅"没有关系。但是，事实并非如此。作为一个科学家，我观察、测量、分析和描述现象。但在我做这些事之前，我需要知道我正在观察什么。广义地说，观察一个现象，没有必要去认识这一现象。但是，对于科学家来说，几乎总是要预先设想他们所要研究的对象。我在孩童时期，对于生命的认识是直观的。但成年以后，我疑惑于地球上奇异的大气——一个由不相容的气体如氧气、甲烷构成的混合物，这些气体共存，就像狐狸和兔子生活在同一洞穴中。在我能够用合适的科学术语描述"盖娅"之前很长一段时间，我被迫去识别它，直观地认识它的存在。

"盖娅"的概念和生命的概念是完全联系在一起的。因此，为了理解"盖娅"是什么，我首先需要探究那个难懂的概念——生命。尽管那些生命科学家讨厌承认这一点，但是无论是 19 世纪的博物学家，还是 20 世纪的生物学家，都不能够以科学的术语来解释"生命是什么"。虽然他们全都知道"生命是什么"，就像我们孩童时那样，但是，在我看来，目前还没有任何人成功地给生命下过定义。生命的含义，活着的感觉，在我们遇到的要去理解的概念中，是最熟悉的，也是最难理解的。我长久以来一直在思考这些问题，对"生命是什么"的回答，就我们的生存来说是如此重要，以至于被归类为"最高机密"，并且作为心灵无意识层面上的本能而被禁闭起来。在演化过程中，我们在做出即时行动（immediate action）时面临巨大的选择压力：生存的关键在于瞬间识别被捕食者和捕食者、敌人和亲人，并识别潜在的配偶。我们承担不起有意识的思想的延误或者在心灵委员会（committees of the mind）内部展开的争论。我们必须以最快的速度估算出识别的必要性，由此，这样的估算也就在最早期演化成的、无意识的大脑深处进行。这就是为什么我们所有的人都直观地知道生命是什么。生命是可食用的、惹人喜爱的，或者致命的。

作为科学研究对象的生命，若想要准确地加以定义，是很困难的。甚至那些因其不适当的好奇心而臭名昭著的科学家，都回避定义生命。而且几乎所有正式的生物科学分支似乎都在回避这一问题。在阿伯克龙比（M. Abercrombie）、希克曼（C. J. Hickman）和约翰逊（M. L. Johnson）合编的《生物学词典》（*Dictionary of Biology*）中，这 3 位著名的生物学家简洁地定义了如"生物个体发生学"（发育）、"高等隐花植物"（蕨类植物）、"动物表皮脱落"（昆虫发育的一个阶段）这类形式的词语。在字母"L"条目下有细线期（leptotene，减数分裂中染色体配对的第一个信号）和湖沼学（limnology，关于湖水的研究），但是并没有提到"生命"这一名词。当词语"生命"出现在生物学中时，它并不被接受，比如有哲学倾向的皮里（N. W. Pirie）于 1937 年发表了一篇文章，题目就是"'生命'（Life）和'活的'（Living）术语的无意义"。

《韦氏词典》和《牛津辞典》也不能提供更多的帮助，它们仅提醒我们这个词起源于盎格鲁－撒克逊语中的"lif"。这可以解释为什么一些理论生物学家不愿纠缠于像"生命"这样一个如此基础的概念。由于诺曼底民族和盎格鲁－撒克逊民族（Anglo-Saxon）之间经历了漫长而艰难的宗族战争，中世纪的经院学者知道将权力和优先权用在哪里，因而选择支持得胜的诺曼底政权，并将拉丁语作为他们的语言。

"生命"，作为那些粗鲁野蛮的撒克逊民族所使用的另一个词语，在有教养的同伴那里最好也避免使用。在拉丁语系中，与"lif"对应的词语"anima"，对我们也没有多少帮助。它在含义上接近外另一个由4个字母组成的哥特单词"soul"（灵魂）。

让我们再度回到《韦氏词典》，它对生命的定义是：

> 植物和动物（终结于死亡并且在此之前使它们与无机物相区别）的特性，这种特性使它们能够获得食物，并从中获得能量，以维持生长，等等。

《牛津辞典》中的定义也十分相近：

> 使活体动物或植物，或有机组织的存活部分，同死物或非存活物质区分开来的属性；以及使属性得以展现的功能性活动的组合。

如果说，这些明显不充分的生命定义就是我必须参考的东西，那么我是否能够就"盖娅"这个超级有机体给出更好的定义呢？我发现这个工作很困难，但是如果我打算向你介绍它，我就必须努力尝试。我会从一些较简单的定义和分类开始。诸如树、马甚至细菌等生物很容易被觉察和认识，因为它们以外壁、细胞膜、皮肤或者蜡状遮盖物分界。通过使用来自太阳的直接可利用能量和来自食物的间接可利用能量，生物系统持续不断地采取行动来保持它们的特性和自身的完整。即使它们生长和变化、生长和繁殖，我们都不会失去这些可见的和可识别的实体的痕迹。尽管数百万数不清的个体生物都在生长和变化，但它们的共同特征允许我们将它们分组，同时识别它们所属的类别，如孔雀、狗或者小麦。据预计，现存的物种约有千万种。当任何个体物种未能获得能量和食物，未能采取行动来维持它的特性时，我们就意识到它即将死亡或者已经死亡。

在我们的理解过程中，重要的一步是要认识到有机体集合的意义。你我都是由器官和组织的集合构成。许多心脏、肝以及肾移植手术的受益者都雄辩地宣称，当以上每一种器官能够保持温度并且得到营养供给时，都能够独立于身体而存活。器官本身由数十亿的生物细胞组成，其中每一个细胞也都可以独立存活。正如林恩·马古利斯已经表明的，细胞自身是曾经自由生活的微生物群落。动物细胞（线粒体）和植物细胞（线粒体和叶绿体）的能量转换实体都曾经是独立存活的细菌。

生命具有社会性。它存在于群体和集合体中。物理学中存在一个有价值的、可用来描述积聚物特性的词：依数性的（Colligative，意思是取决于粒子数目的）。它之所以有用，是因为目前还没有办法可以表征或者测量单一分子的温度或压强。正如物理学家所说，气温和气压是可觉察到的分子集合的依数性。全部活物的集合所显示出来的属性，是不能通过对它们之中单一组成的认识而预测到的。无论我们周围的气温如何，我们和其他的动物都能保持恒定的体温。这一事实不可能仅由观察人体的单一细胞推出。体温倾向于保持恒定不变，这是法国生理学家克劳德·贝纳德（Claude Bernard）在 19 世纪首先注意到的。20 世纪，他的美国后继者沃尔特·坎农（Walter Cannon）将这种现象称为**内稳态**或者身体的智慧（wisdom of the body）。内稳态是生命的依数性。

我们理所当然地接受这样的想法，即高贵的存在，比如人，是由一套错综复杂且相互联系的细胞群落构成的。我们发现，把国家或民族看作一个由它的人民及其占据的领地构成的存在，也不难。但是，诸如生态系统和"盖娅"等大尺度对象，会是怎样的呢？或者直接通过宇航员的眼睛，或者间接通过视觉媒介，采用从太空看地球的视角，我们来感知星球，把其上的生物、空气、海洋和岩石都联合成一体，那就是"盖娅"。

　　"盖娅"，这个超级有机体的名称，并不是"生物圈"的同义词。生物圈，被定义为地球上那样的一个部分——生物以常态存在的地方。"盖娅"更不同于生物群（biota），生态群不过是所有生物个体的集合。生物圈和生态群连在一起也只是"盖娅"的一部分而非全部。正如蜗牛背上的壳是蜗牛身体的一部分，岩石、空气和海洋也是"盖娅"的组成部分。正如我们将看到的，"盖娅"具有一种连续性，它的过去可以追溯到生命的起源，未来则不断延伸，只要生命持续存在。"盖娅"，作为行星级别的存在，这样一种性质，即仅仅知道个体物种或生活在一起的生物群落，并不一定能辨识它。

　　当我们在 20 世纪 70 年代提出"盖娅假说"时，我们预设了大气、海洋、气候和地球外层由生物群调节成适合于生命和生物群的状态。特别地，"盖娅假说"假定气温、氧化状态、酸性，以及岩石和水的某些方面，在任何时候都保持稳定，而这种内稳态是由地球表面上的生物维持的。认识到"如此陈述'盖娅假说'是错误的"，这一点很重要。生物学家福特·杜利特（Ford Doolitte）和理查德·道金斯（Richard Dawkins）正确地指出，有机体不能调节超出其表现型（phenotypes）的任何东西。回想我们在字词上的错误选择，上述所言是可以理解的。我们知道某些东西正被调节，并且也知道生物体的存在与它有关。那时我们（包括我们的批评家们）都没有去想象更大的系统——可以调节气候和化学成分的超级有机体。通过"盖娅"理论，我现在明白物质地球和生活于其中的生物有机体所组成的系统正在演化，以致自我调节成为一种层创演化的特性。在这样一个系统中，正反馈过程自动运转，而太阳能为生命维持舒适状态。但这种状态仅在很短的期限内保持不变，且与生物演化所需条件的变化保持同步演化。生命和它的环境是如此紧密匹配，以至于演化与"盖娅"有关，而与分割出来的有机体或环境无关。

尽管我多半的工作生涯都在从事生命科学的边缘研究，但是我并不认为我是一个生物学家，我也不相信生物学家会认可我是他们当中的一员。直到最近，当我们从外部向里看时，生物学的很多东西看上去像是在建立数据库（building of date bases）——类似于制作"生命全书"（whole life catalog）。有时，在一种沉重的心情下，我猜想，对生物学家而言，生物世界是一套巨大的图书收藏品，它被保存于相互联系的各个藏书室中。按照这一假想，生物学家好似称职的图书馆管理员，为他们所发现的每一个新的藏书室进行最为复杂的分类，却从不阅读那些书。他们觉得有些东西正从他们的生活中错过，并且这种感觉随着新的藏书变得难以寻找而加强。我发现，当那些敢于承担更为重大的任务，即对那些书中所含词语进行分类的分子生物学家加入时，生物学家几乎如释重负。这意味着，为"书本本身是什么"这个令人生畏的问题寻找答案的工作，将会被推迟，直至新的且无比详尽的分子分类完成。

在我所想象的世界中，让生物学家作为书籍的收集者居于其中，绝非有意诋毁生命科学。如果让我待在自身构想出的这样一个世界里，我将会更加没有建设性。因为不耐烦等待对"书本的意义是什么"这一问题的回答，我会抓起一些书来进行实验检验，例如在一个测热计中燃烧它们，并且精确测量释放的热量。当我发现一本百科全书压得密密实实的纸页并没有比相同质量的普通纸释放出更多的热量时，我的挫败感也不会减少。就像生物学家的分类工作，这种物理实验同样令人深深不满，因为它给大自然提出了错误的问题。

我们科学家，我们中的任何人，能够在寻求对生命的理解上做得更好吗？对生命的理解，一共有三种同等有效的途径：第一，分子生物学，理解那些负责信息处理的化学物质——这是地球上所有生命的遗传基础；第二，生理学，以整体的视角关注生命系统的科学；第三，热力学，物理学的分支，它处理时间和能量，同时将生命过程和宇宙基本定律相联系。在这些科学中，最后面这门学科在定义生命方面可以走得最远，但在目前进步最少。热力学由"实打实"的工程师们对蒸汽机更高效率的追求而来。它盛行于19世纪，让当时最伟大的科学家痛并快乐着。

热力学第一定律是关于能量的，或者可以说，是关于做功的能力。按照第一定律，能量是守恒的。以太阳光的形式照射到树叶上的能量，耗费于许多方面。有一些光能被反射，这样我们就能够看到绿色的叶子；有一些光能被吸收，使树木升温；还有一些光能被转变成食物和氧；最终，我们吃到食物，通过吸进氧气来消耗它，从而我们使用太阳能来运动、思考和保持体温。第一定律表明这些能量始终守恒，无论扩散得多么遥远，总量总是保持不变。第二定律是关于自然的不对称。当热量转变为功时，它的一部分被浪费掉了。根据第二定律，宇宙中能量总量的重新分配具有方向性，它总是逐渐损耗。热的物体变冷，但冷的物体不会自发地变热。当亚稳态的内部能量储存被打开，就像一场比赛被扰乱，或一小片钚经历核裂变时一样，定律看起来可能被打破了，但是能量一旦耗尽就不可再恢复。实际上，这一定律并没有被打破，能量只不过是散发了，仍保持向下传递的路径。河水不会从大海逆行流向高山。自然过程总是朝着无序增加的方向发展，而这种无序由熵来测量。这是一个不可避免地增加的量。

熵是真实存在的，它不是由教授们为了便于用困难的考题来挑战学生而发明出来的某个模糊概念。正如一段绳子的长度，或玻璃瓶内葡萄酒的温度，熵是一个可测量的物理量。实际上，像温度一样，物质的熵，就实用意义而言，在 –273℃的绝对零度下，就是零。当热量被注入一种物质时，不仅温度增加，而且熵也增加。很不幸这里存在纠葛：温度可以用温度计来测量，而熵不能直接由"熵度计"测量。以每克每度几个单位的卡路里来计量的熵，是热量增加的总量，而热量由温度来界定。

想一想一朵雪花无生命的完美，一个晶体的分形图案排列如此精致，以至于它是最复杂的无生命事物之一。一朵雪花融化成一颗水滴需要的热量值，要比使那颗水滴温度升高一度需要的热量值大 80 倍。雪花融化时比雪花从 –1℃加热到融点的熵增大 80 倍。相反地，一朵规则完美的雪花的形成，代表了等量的熵减。熵是将事物的秩序程度定量化的项，事物越有秩序，熵值越低。

我喜欢把熵视为一个体现我们现在的宇宙的最确定性质的量：它趋向于衰减，趋向于耗尽。其他人把它看作时间之矢的走向，一个不可避免地由生到死的过程。这不是一个悲剧或悔恨的理由，宇宙的这种衰减趋势使我们受益。如果宇宙不衰减，就没有太阳；如果太阳不大肆消耗能量储备，它也就不可能提供日光让我们存在。

热力学第二定律是最基本且不容置疑的宇宙法则。必然的是，任何试图理解生命的企图都不能将其忽略。我读到的第一本关于生命问题的书，是奥地利物理学家埃尔温·薛定谔（Erwin Schrodinger）撰写的。他对生物学有着很强的好奇心，并对基础性的生物分子的行为是否可以用物理学和生物学来解释感到疑惑。他著名的小书《生命是什么？》（*What is Life?*），汇编了他在"二战"流亡期间于都柏林就这一主题所做的公开演说。在书的首页，他叙述著述目的时写道：

最重要且最值得讨论的问题是：发生于生物体空间界限之内的时空事件，如何能够通过物理学和化学做出解释？

他接着写道：

现在的物理学和化学在解释此类事件时表现出的无能，并不是怀疑这些科学能够说明那些事件的理由。

在那个时代，物理学家习惯于探究死寂的、临近平衡状态的"周期结晶体"（periodic crystals）世界——这些晶体的规则性是可预言的，一种原子总是以重复的样式紧跟着另外一种不同的原子。即便这些晶体结构是比较简单的，但是，相对于当时可用的简单仪器设备而言，是足够复杂的了。有机化学家从活的物质，如蛋白质、多糖体和核酸中发现"周期结晶体"的复杂结构，它们依然与现在对遗传物质的化学性质的理解相去甚远。薛定谔用比喻得出结论：生命最令人惊异的属性和特征是其逆时间潮流而上的能力。生命与第二定律看似矛盾。第二定律表明，一切事物的状态现在是、过去一定是、将来也一定是走向平衡和死亡。然而，生命的典型特征是无处不在的小概率事件，由此来看，一年中每一天都中彩票，也似乎微不足道。甚至更引人注目的是，这种不稳定的、明显违反规则的生命状态，已经在地球上持续了宇宙自身年代中的相当一部分时间。无论如何，生命都不会违反第二定律；它随着地球演化，成为一个紧密的耦合系统，以利于生存；它的自主行为就像是一个娴熟的会计师的行为，不会回避支付规定的税款，也从不会漏掉一个钻空子的机会。薛定谔的书中有大部分内容乐观地预言了生命在何种程度上是可知的。杰出的分子生物学家麦克斯·佩鲁茨（Max Perutz）最近评论道，薛定谔的书中极少有原创的部分，而那些原创的部分常常又是错误的。这可能是真的。但和很多同事一样，我仍承认受了薛定谔的恩惠，因为他的帮助使我们以一种创造性的方式来思考。

伟大的物理学家路德维希·玻尔兹曼（Ludwig Boltzmann）将第二定律的意义表达为一个极其恰当和简单的方程式：$S=k(\ln P)$，S 就是那个古怪的熵；k 是一个常数，称为玻尔兹曼常数；$\ln P$ 是概率的自然对数。它的意义正是它所说的：某物出现的可能性越低，它的熵值越低。生命，在所有事物中是最不可能的，因此与最低的熵相联系。薛定谔并不乐意将诸如生命这种意义重大的事物和一种带有贬义的量——熵联系起来。相应地，他提议以术语"负熵"代替，"负熵"即熵的倒数——1除以熵或 $1/S$。当然，对于不大可能的事物（improbable things），如生物，负熵是很大的。把我们星球上生机勃勃的生命描述成不大可能的，也许看起来很古怪。但是，请想象一下，某位宇宙大厨师把现在地球上所有的材料当作原子，把它们混合一下再摆放好，那些原子结合成分子并组成我们这个活的地球的概率将会为零。混合物总是会起化学反应，形成一个如火星或金星般死寂的星球。

在科学中，同样的思想时常在不同的领域、不同的背景下被想到。关于这一点，并没什么神秘。思想被持续地用作科学家之间交换使用的通货，也像钞票那样，能够用来购买许多不同的东西。当薛定谔在都柏林做关于负熵的演讲时，克劳德·香农（Claude Shannon）正在美国研究一个相似的量，但出自一个根本不同的视角。在贝尔实验室里，香农提出了信息理论。它始于一个简单的工程学探索。通过电缆或无线电发送信息时，在从发送者到接收者的传播中会出现信息流失，这一探索是要发现导致信息流失的物理因素。香农很快就发现一个总是趋于增加的量，而增量的大小便是信息损失的度量。在任何实验中，都没有观察到这个量的大小在降低。在数学物理学家约翰·冯·诺依曼（John Von Neuman）的劝告下，香农将这个量命名为熵，因为它非常类似于蒸汽工程师的熵。香农的熵的倒数即常称为信息的那个量。如果我们假设香农发现的熵就是蒸汽工程师的那个熵，那么，薛定谔将之与生命的不大可能性相联系的那个难懂的量——负熵——就可同香农的信息相比较。在数学术语中，如果 S 是熵，那么负熵和信息都是 $1/S$。

坚持思考这些复杂概念的收获就是，能给我们为了理解生命和"盖娅"而做出的探究带来启发。香农理论的贡献在于信息已不再仅是知识。在热力学术语中，信息是对未知多少的测度。知道一个简单系统的全部，要比仅仅认识到一个复杂系统的大部分，还要好。无知越少，熵值越低。这就是为什么从一门单一的科学学科大量但孤立的知识中把握"盖娅"概念如此困难。

如果说第二定律告诉我们宇宙中的熵正逐渐增加，那么生命如何避免普遍衰退的趋势呢？英国物理学家贝尔纳（J. D. Bernal）曾尝试"结清账簿"（balance the books）。1951 年，他用一种深奥的专业术语写道："生命是现象等级中的一员，该现象是开放的或连续的反应系统，能以消耗获自环境的自由能的方式来减少它们内部的熵，从而抑制衰退的形式。"许多其他科学家用对应的数学语言来表达这些话语。最清晰且最可读的是物理化学家登比（K. G. Denbigh）所著的一本小书《稳态热力学》（*The Thermodynamics of Steady State*）中的陈述。我们可以以如下不那么僵硬且更利于理解的方式来重述：通过生活活动，生物连续不断地产生熵，那么将会有一股熵向外流动，穿过其边界。当你阅读这些文字的时候，通过消耗氧气，消耗储存在你体内的脂肪和糖，你正在产生熵。当你呼吸时，你向空气中排放高熵的废弃产品，比如二氧化碳，而且你温暖的身体向周围环境发射出高熵的红外射线。如果你的熵排泄（Excretion of entropy）等同或大于你体内产生的熵，你将始终不可思议地、奇迹般地，同时又合法地避开宇宙第二定律。这里，"熵排泄"不过是"粪便"和"污染"等污浊词汇的奇特表达方式。冒着我的地球之友（the Friends of the Earth）会员卡被收回的风险，我要说：只有通过污染，我们才得以存活。我们这些动物以二氧化碳污染空气，而植物以氧气污染空气。一方的污染是另一方的美食。"盖娅"更加微妙，至少在人类出现之前，它仅仅以微热的红外射线污染太阳系的这一区域。

最近，伊利亚·普里高津（Ilya Prigogine）和他的同事们对涡流、涡旋的热力学和其他低熵的瞬变系统的研究提出了有趣的洞见。当有充足的自由能时，像涡流和漩涡这样的事物会自然形成。在 19 世纪，一位英国物理学家奥斯鲍恩·雷诺（Osborne Reynolds）因好奇于促发流体湍流的条件，发现只有在流体超过一个临界值时，蒸汽流或气流中才开始有涡流发生。这里给出一个有用的类比：如果你太轻柔地吹笛子，就不会发出笛声，但如果你吹得足够用力，风涡流就会形成并成为发声系统的一部分。在推广美国物理化学家拉斯·昂萨格（Lars Onsager）早期数学理论的基础上，普里高津和他的同事们应用稳态热力学去发展或许该称之为"非稳态"（unsteady state）热力学的理论。他们以术语"耗散结构"（dissipative structures）将这些现象归为一类：它们有结构，但并不永久牢固；当能量停止供给时，它们将会耗散。生物有机体内部包括耗散结构，但耗散结构的类别非常宽泛；它包括许多人造物，如冰箱；还包括自然现象，如火焰、漩涡、飓风和某些特殊的化学反应。相较于流体态的耗散结构，生物是如此的复杂，以至于很多人觉得，尽管想法正确，但是现在的热力学要精确定义生命还有很长的路要走。尽管物理学家、化学家和生物学家没有拒绝这些想法，但是也没有将这些想法作为他们工作生涯中激动人心的一部分。他们的反应，就像是在一个富人的圣会中听他们的神父做有关穷人美德的布道。这让人感觉很好，但不是接下来未来的生活方式。

关键性的看法来自于薛定谔关于生命的概括，即生物系统具有边界。生物体，就它们吸收和排放物质能量的意义而言，是开放系统。理论上，它们开放至宇宙的边界。但它们也被一个个内部层级的边界围绕。当我们从太空向地球移动时，我们首先看到围绕"盖娅"的大气层边界，然后是生态系统的边界，比如森林，接着是动植物活体的皮肤或毛皮，更进一步的是细胞膜，最后是细胞核和它的DNA。如果生命被定义为一个自组织系统，它具有积极地维持低熵的特征，那么从每一个生命边界的外部观察，位于里面的东西在热力学语境中就是活的。我知道，生物学家强调活的存在具有通过自然选择再生，以及纠正再生错误的能力。如生命这样有意义的东西，应该为一门单一的科学学科所独有吗？

你可能会觉得很难去忍受这样的思想——如地球一样巨大且明显无活力的事物，居然能以某种方式被说成是活的。无疑，你可能会说，地球几乎完全是岩石，而且差不多整个在高温中达到了白炽化。我受惠于物理学家杰罗姆·罗斯坦（Jerome Rothstein），缘于他在这一点及其他事情上的启迪。他在一篇有思想性的文章中，对活着的地球这一概念 [出自 1985 年夏季奥杜邦协会（Audubon Society）举办的专题讨论会] 评述道：如果你让一棵巨大的红杉树影像进入你的头脑，理解的困难很可能会减轻。这棵树毋庸置疑是活的，但 99% 的部分是死的。这棵巨树是死木形成的古老尖塔，由树皮上薄薄的一层活细胞的祖辈们形成的木质素和纤维素构成。这多像地球，当我们了解到下面的事会更觉如此：很多深深扎入岩浆的岩石微粒曾经是祖先生命的一部分——我们全部由此而来。

当我们第一次从外部来审视地球，并将它作为一个整体来和它无生命的伙伴火星、金星相比较时，不可忽视的感觉是，地球既奇怪又反常的美丽。然而，如果没有美国宇航局（NASA）扮演王子的角色，通过行星探测计划提供营救，这个非常规的星球很可能会一直被关在厨房里，就像灰姑娘一样。如我们在第一章中所见，由太空科学提出的问题在一开始就聚焦于一个狭隘的现实问题：另一颗行星上的生命如何被认识？因为这个问题不可能仅通过传统的生物学或地质学来解释，所以我开始关注于另一个问题：要是地球和它的邻居火星、金星的大气差异，只是因为事实上唯有地球孕育了生命，那又将如何呢？

行星最不复杂且最易接近的部分，是它的大气层。远在北欧的"海盗者号"宇宙飞船登陆火星或俄罗斯的"金星号"登陆金星之前，我们就已知道这些行星上大气的化学组成。20 世纪 60 年代中期，能接收大气气体分子反射出的红外辐射的望远镜，被用于观察火星和金星。这些研究清楚精确地揭示了那些气体的特性和比例——火星和金星的大气层成分绝大部分是二氧化碳，只有小比例的氧气和氮气。更重要的是，两者都有接近化学平衡状态的大气层。如果你从这两颗行星中任何一颗上取一定量的空气，与从星球表面取来的岩石样品放在一起加热至白炽化，然后缓慢冷却，实验后的成分将很少变化或没有变化。相比之下，地球拥有一个由氧气和氮气占据主导的大气层，仅有微量的二氧化碳存在，远不及行星化学的期望值。这里有不稳定的气体，如氮氧化物，还有诸如甲烷这类极易与充足的氧气发生反应的气体。如果试图以你现在呼吸的空气作为样品进行同样的"加热—冷却"实验，它将会变化。它会变成像火星和金星上那样的大气：二氧化碳占优势，氧气和氮气大量减少，而氮氧化物和甲烷这样的气体则不存在。不用过于费力去考察这种气体，它就像是进入内燃机气门的气体混合物：可燃性气体、碳氢化合物和氧气混合在一起。火星和金星的大气像是所有能量已耗尽的废气。

地球大气令人惊异的不大可能性揭露了负熵和生命无形之手的存在。以氧气和甲烷为例，它们都以恒定的量存在于我们的大气中，但是在阳光下，它们起化学反应生成二氧化碳和水蒸气。你到地球表面的任何地方去测量，甲烷的浓度都是 1.7ppm [parts per million, 百万分（几）] 左右。每年有将近 5 亿吨 [parts per million, 百万分（几）] 甲烷进入大气层以使甲烷浓度维持一个恒定的水平。此外，氧化甲烷所耗费的氧气必定要得到替换更新——每年至少 10 亿吨。不稳定的大气持续以恒定的组成存在，而且持续的时间远比大气中气体的反应时间更为长久，这意味着存在一种调节它的手段，可能就是"盖娅"。

我们只是一个更大的实体中的一部分，要认识这个实体通常很难。正如谚语所言："你不能只见树木不见森林（以偏概全）。"在我们从宇航员那里分享到那个极好的和令人敬畏的美景之前，我们对地球本身的认识也是这样。宇航员所看到的这个完美无瑕的球体凸显了过去与现在的分界。从远处看地球的这种天赋和才能，是如此地有揭示作用，以至于促使我们将新奇的自上而下的方法应用于行星生物学。当与我们以及我们知道的任何生物相比较时，地球的尺寸是巨大的。这迫使传统生物学关于地球本身的学问总是采取一种自下而上的方法。以上两种途径是互补的。在对一个细菌、一个动物或一棵植物的理解上，将生命作为整体的自上而下的生理学视角，和起源于分子生物学的自下而上的视角和谐地整合：生命是一个由大量超显微部分构成的集合体（assembly）。

自詹姆斯·赫顿之后，一直有"忠诚的反对派"科学家，他们怀疑"环境演化只由化学和物理力量决定"这一传统学识。维尔纳茨基采用休斯（Suess）的生物圈概念定义生物群的范围边界。从维尔纳茨基开始，在俄罗斯——在更小的程度上，还有其他地方——就一直有一个连续的传统（称为生物地球化学），已认识到在土地、海洋、湖泊、河流和它们孕育的生命之间存在相互作用。这在俄罗斯人耶莫雷耶夫（M. M. Yermolaev）的《物理地理学导论》（*An Introduction to Physical Geography*）那里得到了很好的陈述："生物圈被理解为地球的地理壳层（envelope）部分的存在，在这个壳层的边界内部，物理—地理条件确保酶类的正常工作。"这个科学反对派中更晚近的成员包括如下人物：霍普金斯大学的艾尔弗雷德·洛特卡，以及尤金·奥德姆，在生态学家中只有他一个人采取生理学视角来看待生态系统；两名欧洲裔的美国人，湖泊学家伊芙林·哈钦森（G. Evelyn Hutchinson）和古生物学者海因茨·洛温斯塔姆（Heinz A. Lowenstam）；一位来自英国的海洋学家雷德菲尔德；还有地球化学家西伦（L. G. Sillén）。他们都已意识到在环境演化中生命参与的重要性。然而，很多地质学者在他们的地球演化理论中忽视了生物体作为积极参与者的存在。

与地质学上的隔离极为相似，很多生物学家不能认识到物种的演化是与其环境演化紧紧地耦合在一起的。例如，1982 年由约翰·梅纳德·史密斯（John Maynard Smith）编辑出版了一部文集《现今的演化论：达尔文后的一个世纪》（*Evolution Now: A Century after Darwin*），该书由著名的生物学家针对演化生物学上最有争议的议题撰写的论文组成。在这部文集中，仅有的（且高深莫测的）提及环境内容的一篇论文由斯蒂芬·杰·古尔德撰写。他写道："生物不是台球，被自然选择的球杆以确定的样式击打出去，并滚动到生命台桌的最理想位置。它们以有趣的、复杂的和综合的方式影响自己的命运。我们必须把这种生物观念放回到演化生物学中。"

除了林恩·马古利斯，我所知道的另外一位在考虑生命时也将环境考虑进来的生物学家是杨。1971 年，这位卓越的生理学家将内稳态作为单独的一章写入他的《人类学研究导论》（*An Introduction to the Study of Man*）一书中。他写道："我们所有人都构成这个保持完整的实体的一部分，这个实体不是我们某个人的生命，而归根结底是这个星球上的生命整体。"杨的观点为"盖娅"理论和一般科学共识之间提供了起连接作用的链环。凭借"盖娅"理论，我看到地球及其孕育出的生命构成了一个系统，这个系统既有能力调节气温和地球表面的组成成分，也可以使适宜生命有机体存在的条件得以保持。这个系统的自我调节是一个积极的进程，由来自太阳的可利用自由能量驱动。

20 世纪 70 年代初"盖娅假说"提出后不久，人们早期对它的反应，从本质上来说就是无视。因为"盖娅论者"的大部分思想都被专业科学家忽视了。直到 20 世纪 70 年代后期，它才受到批判。

面临好的批判就好比是在冰冷的海水里游泳。突然侵入的寒意起初似乎令人觉得不适意，但不久就迅速搅动血液，并且磨炼着感官。

在读了福特·杜利特尔于 1979 年在《共同演化季刊》(*CoEvolution Quarterly*)中对"盖娅假说"的批判后，我的第一反应是很震撼，同时思想混乱得难以想象。这篇文章构架恢宏且文笔优美，但这没能减弱它的冷淡态度。冰冷的水可能看起来很透明，但这不会使其变得温暖。然而，在受到寒冷的刺激之后，紧接着的会是在沙滩上沐浴阳光时暖洋洋的放松感。一段时间过后，我才认识到杜利特尔的批评与其说是对"盖娅"理论的攻击，毋宁说是在批评"盖娅"理论陈述不充分的地方。

对"盖娅"的首次观察来自于太空，而关于它的争论常常来自于热力学。我发现，就地球是一个自组织和自调节系统的意义而言，称"地球是活的"还是合理的。而对于杜利特尔来说，从他的分子生物学的世界来看，同样明显的是，通过自然选择而获得的演化绝不会导致全球尺度的"利他主义"。在一本有类似说服力和影响力的著作，也就是理查德·道金斯的《延伸的表现型》(*The Extended Phenotype*, 1982)中，杜特利尔得到了支持。从他们的微观世界出发，生命细胞"自私的"利益如何在星球的尺度上表达呢？对于这些有能力且专注的生物学家来说，假想由微生物来调节大气，其荒谬程度犹如期待某些人类政府立法去改变木星的轨道。我之所以感激他们俩，既是因为他们清楚地表明我们太过自以为是，也是因为他们表明了"盖娅"缺乏坚实的理论基础。

不仅仅是分子生物学家反对"盖娅假说"。另外两位值得重视的批评家是科罗拉多的气候学家斯蒂芬·施奈德(Stephen Schneider)和哈佛的地球化学家霍兰德(H. D. Holland)。与大多数同辈人一样，他们也喜欢只用化学力或物理力来解释岩石、海洋、空气和气候的演化。在霍兰德的《大气和海洋的化学演化》(*The Chemical Evolution of the Atmosphere and the Oceans*) 一书中，他写道："我发现'盖娅假说'有趣且迷人，但最终并不能令人感到满意。地质记录看起来与这样的观点有太多的一致：更善于竞争的生物占据优势；地球近表面环境和进程能够使其自身适应于生物演化造成的变化。这些变化中有许多对于当代的部分生物群来说，肯定是致命的或几乎致命的。我们生活的地球是所有世界中最好的，但这仅仅是对那些能够适应它的东西而言。"斯蒂芬·施奈德在他和兰迪·龙达(Randi Londer)合著的《气候和生命的协同演化》(*The Coevolution of Climate and Life*) 一书中提出了异议。他们反对的是早期论文中"盖娅"的含义，即内稳态是气候调节的唯一手段。我很感激这些批判，因为它们让我明白我们有太多的想当然，而且，也让我明白"盖娅假说"确实缺少牢固的理论基础。相比这些，我更要感谢斯蒂芬·施奈德，是他使得"盖娅假说"在 1988 年 3 月美国地球物理学联合会召开的查普曼会议(Chapman Conference of the American Geophysical Union March)上得到科学共同体恰当的议论。

在很多科学家看来，"盖娅"是一个目的论的概念，一个需要由生物群行使预见和计划的概念。然而，这一世界中的细菌、林木和动物，怎么能够召开会议来决定最适宜的生存条件呢？生物又如何使氧气含量保持在 21% 的比例，平均气温保持在 20℃的水平呢？由于不能理解行星的控制机理，这些科学家就否认这种现象的存在，并且给"盖娅假说"打上了目的论的烙印。这是他们对"盖娅假说"的最终判决。在学术上，目的论的解释犯了违背神圣科学理性精神的罪过，它们否认了自然的客观性。

但是，当科学家们对"盖娅假说"做出这一最严厉的批评时，他们可能没有注意到他们自身错误的程度。简单地使用那个狡猾的概念"适应"，是另一条通向地狱的路径。对于那些适应了地球的生物而言，地球的确就是最好的世界。但是，根据地球化学家已收集到的证据，我们星球的完美呈现出不同的意义。证据显示，地球的外壳、海洋和大气，或者是生物的直接产物，或者是由于生物的存在而产生大规模变化后的产物。试想一下，大气中的氧气和氮气如何直接来自植物和微生物？白垩岩和石灰岩作为过去漂浮于海上的生物的外壳？生命不会适应由化学和物理学的"死亡之手"所决定的惰性的世界。我们生活在一个由远古的和现代的祖先们所创建的世界中，而这个世界依然由现今所存在的全部生物维持着。生物正在适应这个由其周围生物的行为来决定其物质状态的世界（地球）。这意味着，改变环境只是游戏的一部分。如果不这么想，那就要求演化是一种类似于板球赛或者篮球赛的有规则的人类游戏，其中一条规则就是禁止环境变化。在真实的世界中，如果生物通过行为改变它的物质环境，以达到更加有利的状态，从而留下更多的后代，那么这类物种及其变化将会增加，直至达到新的稳定状态。在地方尺度上，适应指的是生物与不利环境达成协调的一种方式；但是在行星尺度上，生物和它的环境之间的关联是如此紧密，以至于"适应"不过是努力求得生存的同义反复概念。岩石和空气的演化同生物的演化是不能被分开的。

生物地球化学的成功之所以值得称赞，是因为今天的大多数地球科学家都认同大气中的活性气体是生物的产物这一观点。可是，多数的科学家会反对生物群可以通过一些方式控制大气的组成，或者控制任何其他依赖于大气层的变量，如地球的温度和氧气的浓度这样的观点。对于"盖娅假说"存在两种重要的反对意见。第一种认为"盖娅"是目的论的，因为要调节气候及行星层次上的化学组成，可能需要某种"预见"和"千里眼"（clairvoyance）。第二种反对意见由斯蒂芬·斯奈德做出了清晰的表达，即生物的调节仅是部分的，而真实世界是生物和非生物的"协同演化"。第二种批评更加复杂，本书的目的也是在许多方面尝试回应这个批评。对于第一种，即目的论的批评，我认为是错误的，下面我将努力解释原因。

　　我知道，基本上不能指望靠收集更多的证据来表明地球现在明显具有调节自身气候和组成成分的能力。不能指望仅靠证据自身去说服主流科学家相信"地球的环境是通过生命来调节的"。科学家通常想知道它是如何运作的，他们需要一个机理，即需要一个"盖娅"模型。在那些生物地球化学和生物地球物理学的混合科学中有模型，但这些模型并不许可生物充当一个积极的角色。这些学科的从业者假定他们系统的操作要点由物质的化学和物理性质确定。例如，雪在0℃时融化或形成。雪面反射阳光能够对冷却提供一个强大的正反馈，并且，气候调节系统也能够以雪的融化或形成为基础。但是，雪的融点是冰这种物质的特性，绝对不可能被改变到更舒适温暖的温度，比如说20℃。与上述形成巨大的反差，生物体的运作要点总是放在适宜的层面上。

　　那么"盖娅论者"的模型与传统的生物地球化学模型在什么方面

有所不同呢？生命与其环境紧密耦合的假定改变了整个系统的性质吗？内稳态是"盖娅理论"的合理预测吗？回答这些问题的困难来自生物群和环境纯粹的复杂性，同时也是因为它们在很多方面相互联系。在它们的相互作用中，几乎没有一个方面是我们自信能够利用数学等式来描述的。重要的简化是需要的。我设法解决将生物和环境的复杂性还原成简单方案所面临的问题，这个简单方案能够在不扭曲本意的基础上有所揭示。"雏菊世界"（Daisyworld）就是对这个问题的回答。1982年，我在荷兰阿姆斯特丹召开的生物矿化作用（biomineralization）会议上，首次提出这个模型，之后又和我的同事安德鲁·沃森一起在1983年的《忒勒斯》上发表了论文"雏菊世界的寓言"（The Parable of Daisyworld）。我感激安德鲁在这篇文章中用合乎规范的数学术语将雏菊世界清晰、形象地表述出来。

构想这样一颗行星，它与地球大约同样大小，围绕着自身的轴旋转，并且围绕着一颗与太阳同等规模和光度的恒星公转，它与这颗恒星的距离与地球距太阳的距离相同。这颗行星与地球的不同之处在于它有着更多的陆地区域和更少的海洋，但是它能很好地被灌溉，而且当气候适宜的时候植物将在陆地表面几乎任何地方生长。这颗行星就是"雏菊世界"，如此取名是因为行星上最重要的植物物种是色度不同的雏菊：一些深色，一些浅色，还有一些介于这两者间的中性色调。而那颗温暖并照亮"雏菊世界"的恒星，与我们的太阳具有一个共同的特性，即随着年龄的增加，它输出的热量也会增加。大约38亿年前，地球上的生命开始产生，那时太阳发出的光比现在约少30%。再过数十亿年，地球将会变得更加炙热，以至于我们知道的全部生物将会死亡或者不得不寻找另一个行星家园。太阳的亮度随着它的年龄而增长，这是恒星普遍且不可怀疑的特性。随着恒星燃烧氢（氢是恒星的核燃料），氦聚集起来。以气态尘埃形式存在的氦，相比于氢对辐射能有更多的遮挡，因此阻碍热量从恒星中心的核能熔炉中流出。于是，恒星中心的温度将会上升，转而使氢的燃烧比率增加，直到中心产生的热量和太阳表面散失的热量达到新的平衡。与普通燃烧不同，恒星尺度的核燃料燃烧更加猛烈，而且伴随燃烧之后尘埃的积累，有时甚至会爆炸。

如果你喜欢，可以用下面的方式来简化、还原"雏菊世界"。环境还原为单一的变量——温度，而生物群还原为单一的物种——雏菊。雏菊生长的最适宜温度是临近 20℃。如果太冷，在 5℃ 以下，雏菊将不会生长；而如果温度超过 40℃，对雏菊而言又会太热，它们将会枯萎死亡。这颗行星的平均温度是一种简单的平衡关系——恒星吸收的热量与以长波红外辐射的形式散失到寒冷空间深处的热量之间的平衡。在地球上，这种热量平衡由于云和诸如二氧化碳等气体的影响而变得复杂。由于云的原因，阳光可能会在到达地球并使其表面暖和起来之前就被反射回太空。另一方面，从温暖的表面散失的热量可能会因为云和二氧化碳分子将它重新反射回表面而减少。"雏菊世界"被假定有恒定量的二氧化碳，足以满足雏菊的生长需要，但还未多到可使气候复杂化的程度。类似的，在白天也不存在过多的云朵来损害这一模型的简单性，所有的降雨都只发生在夜间。

因此，"雏菊世界"的平均温度单纯决定于行星的平均色调，或者天文学家所称的反照率[1]。如果行星是深色的，反照率低，那么它吸收更多来自太阳[2]的光的热量，使得其表面温暖。如果是浅色的，类似于下雪的时候，那么太阳70%或80%的光可能会被反射回太空。在等量的太阳光下，与深色表面比较，浅色星球表面是寒冷的。反照率在0（全黑）到1（全白）之间变动。"雏菊世界"光秃的土地通常有0.4的反照率，这样它就可以吸收落在其表面的40%的阳光。雏菊在反照率为0.2的深色与反照率为0.7的浅色这样一个色调范围内变动。

设想在"雏菊世界"遥远的过去中某一段时间。提供热量的恒星发光更少，因此只有在近赤道区城的光秃的土地上才有足以供生命生长的平均温度，即5℃。在此，雏菊种子会缓慢地发芽、开花。我们假设第一批植株是多色的，浅色的和深色的得到平等的展现。甚至在第一个生长季节结束之前，深色雏菊已然处于优势。它们吸收了更多的阳光，在其生长之处，温度会提高到5℃以上。而浅色雏菊则会处于不利条件，它们的白色花朵将会凋谢死亡，受它们自身反射阳光的影响，它们可能会将温度冷却到关键的温度5℃以下。

下一个生长季节，将会迎来深色雏菊的热烈爆发，因为它们的种子将是最丰富的。很快，它们的出现不仅会使这些植物本身变得温暖，

1 —— 行星物理学中用来表示天体反射本领的物理量，包括平面反照率、几何反照率、邦德反照率等多种。其中最有价值的是邦德反照率（亦即球面反照率）。它的定义是天体表面全部被照明的部分向各个方向散射的光流与入射到该天体表面的光流之比。它表示的是被天体表面反射到空间的太阳能的份额。暗黑物体比白色物体反照率低。一个反照率为1的物体可将入射到它表面的全部光反射出去，这个物体是纯白的；反之，反照率为0的物体则是纯黑的。由此可见，行星和卫星的反照率定量地表明覆盖在它们表面上的物质特性。

2 —— 这里的"太阳"并非真实的太阳，而是作者所提出的"雏菊世界"中的"太阳"。

而且随着它们在整个光秃的土地上生长并扩散，也会增加土壤和空气的温度，先是局部，然后扩大到区域。随着温度的上升，生长的速度、暖季的时间长度和深色雏菊的扩散，将会全部发挥正反馈的影响，并且导致行星的大部分土地都被深色的雏菊占据。最终，由于全球温度升高超过最适宜生长的温度水平，深色雏菊的扩散受到限制。深色雏菊的进一步扩散会导致结出的种子数量减少。于是，当全球高温时，浅色雏菊将会在与黑色雏菊的竞争中生长、扩散。那时，因为浅色雏菊天生具有保持凉爽的能力，所以它们的生长和扩散会更为容易。

随着照耀"雏菊世界"的恒星变得更老、更热，深色雏菊与浅色雏菊的比例将会发生改变，最终，热量的变化是如此巨大，以至于最白的雏菊植株都不能使行星的温度低于关键性的40℃。这一温度是雏菊生长的上限。此时此刻，雏菊的能力不够了。行星再次变得贫瘠，并且是如此之热，以至于雏菊生命不可能重新开始。

很容易制作出一个简单得足以在私人电脑上运行的"雏菊世界"数学模型。雏菊种群通过借用理论生态学的不同方程来模拟（Carter and Prince, 1981）。行星的平均温度直接通过它从其他恒星那里接收的热量和辐射散失到深冷太空中的热量之间的平衡来计算。图2.1表明了依据物理学、生物学和地球物理学的传统知识，在恒星的热量递增期间，温度的演变和雏菊的生长情况。

当我首次尝试"雏菊世界"模型时，深色植物和浅色植物简单的竞争性生长对行星温度有力的调节，令我既惊奇又兴奋。我并没有虚构这些模型，因为我认为雏菊，或者任何其他深色和浅色的植物，通过改变接收自"太阳"的热量和散失到太空中的热量之间的平衡，来调

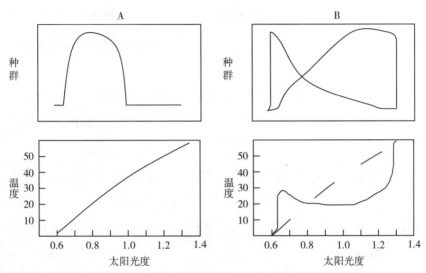

图 2.1　根据传统知识（A）和地球生理学（B）制作的"雏菊世界"演化模型。上部的图板表明任意单位的雏菊种群；下部的图板，以摄氏度为温度单位。沿水平轴线从左到右，恒星的光度从我们这个太阳的 60% 增加至 1.4 倍。A 描画了两个完全独立的物理学家和生物学家是如何测算他们所考虑的星球演化的。根据这一传统认识，雏菊只对温度变化做出反应或适应。当温度变得太热而不适宜生存时，雏菊将会死掉。但是在"盖娅论者"的雏菊世界（B）中，生态系统能通过深色雏菊和浅色雏菊的竞争生长做出回应，并在超越"那个太阳"光度的一个广阔范围内调节温度。B 下图中的虚线展现温度在一个无生命的雏菊世界中怎样上升。

节"地球"的温度。我设计了这个模型来回答杜利特尔和道金斯对"盖娅"的目的论的批评。在"雏菊世界"中，全球环境中的一个属性——温度，在日光照射下的广阔区域得到了有效的调节，这可以通过想象的星球生物区（系）而不借助于先见或设计来实现。这是对"盖娅假说"面临的目的论指控的明确反驳，直到现在，这个反驳都没有受到挑战。

如此，"盖娅"又是什么呢？如果我们居住的真实世界是按照"雏菊世界"的方式进行自我调节，并且如果我们享受和免费利用的气候和环境，是一个自发地而非具有目的性地追寻目标的系统造成的结果，那么"盖娅"则是生命最壮阔的显现。"盖娅"，将生命与其环境紧密相连的系统，由至少4个部分构成：

1. 蓬勃生长的生命有机体，开发利用任何开放的环境机遇。

2. 遵守达尔文的自然选择规则的有机体，即让最多的后代存活的生物物种。

3. 对自身的物理和化学环境产生影响的有机体。于是，动物通过呼吸（吸入氧气，排出二氧化碳）改变大气组成；植物和海藻对大气成分的改变与之相反。一切生命形式通过众多的其他方式不断地修正物理和化学的环境。

4. 确立生命界限的约束或边界的存在。不能太热或者太冷；有一个介于两者之间的适宜热度和优选的状态。不能酸性或者碱性过强，中性最好。几乎所有的化学物质都有生物能够承受或需要的浓度范围。对于诸如碘、硫和铁等许多元素而言，过多会中毒，而过少则会死亡。完全未被污染的水几乎无法维持生命，但是充满盐分的死海也是如此。

无论将上述条件逐一单独列出还是一起列出，都很少有科学家会提出反对。当这些条件被作为一个紧密联系的整体时，就像是为"盖娅"系统形成一个处方。这个整体是像"雏菊世界"这样自我调节的系统模型的一个富有成效的源头。第4个条件设置了生命的物理和化学界限，我发现它是最有趣的，不可料想的，并且充满洞察力。我们只需要想想社会类比物，存在稳定合理界限的家庭或社区同没有明确界定行为范围的家庭或社区之间的比较。物理学家赞同生命是一个开放系统。但就像俄罗斯套娃里面嵌套了一系列越来越小的套娃，生命在一系列的界限内存在。更外部的边界是地球到太空的大气层边界。在行星边界内，随着从"盖娅"到生态系统，到植物和动物，到细胞，再到DNA地向内推进，实体减小，但生长更加激烈。因此，行星的边界环绕着一个活的有机体——"盖娅"，它是由所有生物和它们的环境组成的一个系统。在地球表面任何地方，生命物质和非生命物质没有清晰的区分。从岩石和大气的"物质"环境到活细胞仅仅存在一种强度等级。但在地表下极深之处，生命存在的影响在衰退。也许我们星球的内核并不因为生命而改变，但是，这样去假定应该是不明智的。

在探究"生命是什么"的问题上，我们已经有了一些进展。通过"盖娅"的望远镜来观察生命，我们将其理解为一种行星尺度上的、具有宇宙寿命年限的现象。"盖娅"，作为生命现象最宏大的表现，不同于地球上其他的生命有机体。这种不同，正如你或我不同于我们的活细胞群落。在生命出现之前的地球早期历史上的某个时期，固体地球、大气层和海洋仍然只以物理的和化学的规律演化。其急冲而下，向下滑落，达到一颗近乎平衡状态的行星无生命的稳定状态。概而言之，它在莽撞地穿越一系列化学和物理状态的过程中，进入了一个有利于生命的阶段。在这个阶段某些特定的时间，新形成的活细胞悄然生长，直到它们的出现使地球环境受到影响以至于终止了向均衡态的跌落。在那一刻，活着的东西、岩石、空气和海洋融合成为一个新的实体，即超级有机体"盖娅"。就像精子和卵子联合之时，新的生命被孕育出来。

寻求生命的定义，或许可以比作组装拼图玩具。这张拼图是一幅被切成上千张小图片的风景画。这些小图片环环相扣，但混成一团放在一起。分类学就是要把它们重新组合起来。蓝色天空容易从黄色土地和绿色树木中分离出来。娴熟的拼图玩家知道，关键的步骤是找到界定出边缘的图块，也就是风景画边界的直边拼图块，把它们连在一起。发现大气的最外层边缘是行星生命的一部分，同样就确定了我们地球拼图的边线。一旦边线完全组装好了，至少就知道了图像的尺寸，内部的拼装组合就更容易了。"盖娅"不是一个静态的图像。它随着生物和地球环境的共同演化而无休止地变化，但是，在人类短暂生命的时间跨度内，它还是保持足够的安静，以使我们去理解和明白它是多么美好。

3　探索"雏菊世界"

任何时候都可以给我富有成效的错误，只要其中满怀希望之
种，充满自我更正。

——维尔弗雷多·帕累托（Vilfredo Pareto），
《关于开普勒的注释》（*comment on Kepler*）

"理论"（theory）这个词语与"戏剧"（theatre）有着相同的希腊语
词根，两者都与表演有关。科学中的理论对其创立者来说，不过是一种
粉饰事实并将其展现给读者的合理方式。就像戏剧一样，对理论的判
断也是依据几个不同而且几乎不相关联的标准。艺术性的内容很重要，
一种优雅别致、启迪智慧和用技巧展示的理论，会受到普遍的欣赏。然
而，勤奋的科学家喜欢优秀的理论，其中充满了易于验证的预测。理论
家的观点是正确的还是错误的关系不大：关键是激发调查和研究，发
现新事实，构建新理论。天文学家弗雷德·霍伊尔（Fred Hoyle）、赫尔
曼·庞蒂（Hermann Bondi）和汤米·戈尔德（Tommy Gold）的稳恒态
宇宙论（theory of continuous creation）可能是错误的，但这丝毫无损

于理论本身[1]。虽然现在学界已经抛弃了该理论，但是在提出这一理论的时代，这个学术概念深入人心，令人满意。唯一糟糕的理论就是那些无法被质疑和检验的理论。比如"宇宙是在格林尼治时间1917年10月27日15点37分被创造出来的，其中充满了栖居者，并且都有关于一段不存在的过去的记忆"，这样一个理论有什么用处呢？没有办法确证或否证，它也没有做出任何有用的预测。

乍一看，"盖娅理论"好像也不可检验。显然，试图对整体的活的地球进行活体解剖既不适当，也不负责任。19世纪研究生物的"浴血奋战"（blood up to the elbows）学派已经成为明日黄花。我们从工程师那里学到了很多。他们对自己建筑的评价，超过我们大多数人对生命有机体无限的复杂和优美机制的评价。他们向我们展现如何从对一个系统无损伤的测试中学到东西，而活体解剖是没有必要的。"盖娅"理论以许多不同方式为实验考察打开了大门。

最直接的证据来自现在的真实世界。正如我们可以无需干扰人体对象的正常生理功能，而去观察脉搏、血压、心脏电活动等，我们也可以同样地观察空气循环，观察海洋和岩石。当植物与消费者交换二氧化碳和氧气时，我们能够测量这些气体的季节性脉动。我们可以沿着从岩石到海洋再到大气的顺序，或者沿着相反的顺序，追踪基础养分的变化过程，看一看在养分的每一步流动中，各个不同但有内在关联的系统

---

1 —— 这一理论于1948年提出。其基本观点是宇宙在大范围内稳定不变；不仅物质在空间上的分布是均匀的和各向同性的，而且宇宙状态在时间上也是稳定不变的。该学说主张宇宙是在膨胀的，并认为，由于宇宙膨胀，物质密度变小，同时新物质从虚无中不断创生，使密度变大。

受到怎样的影响。

除此之外，也有大量的历史证据保存在岩石中。我们的地球在其生命的历程中，曾经多次遭受小行星的撞击。地球已经受到近30次小行星的撞击，每个小行星直径达10英里，飞行速度是音速的60倍。这些撞击释放的能量，大约是冷战爆发、核大国引爆所有核武器时所产生能量的1000倍。这些撞击事件不仅会造成超过200英里见方的巨坑，而且会毁灭包括从微观生物到宏观生物的高达90%的生物有机体。撞击会使地球像铃铛一样摇晃，并且用比喻的手法来说，撞击事件产生的振动，也许会在地球的各个系统中回响100万年，甚至更长的时间。我们地球的历史会因为这些侵扰而出现中断。从对这些事件的记录中，我们能够知道地球系统的工作方式以及完全恢复内稳态的路径。如果你怀疑地球并不曾遭受如此频繁和剧烈的撞击，那么你可以看一眼地图，看看加拿大更古老的岩石表面分布的巨坑（图3.1）。那就像看一眼月球表面的某个区域。然而，在大多数大陆地区和所有海床表面，除了新近撞击的痕迹之外，风化作用和海床扩张的抹平过程，都迅速地抹去了地球被撞击的证据。

并非所有灾难性的事件都是由外部原因造成的。像"氧气的出现"这样的事件，是由系统内固有的内在矛盾产生的。这可以比作生物有机体内的这样一些紧要关头：青春期、更年期或虫蛹蜕变成蝴蝶的过程。岩石的记录尽管因为时间久远而变得模糊，而且经常不完整，但是这些记录仍然保存了一些证据，如在遭受每一种侵扰之前或之后，地球的化学和物理状态以及物种的分布。不过，理顺这些记录，就像试图从一个被恐怖主义者摧毁的墓穴碎石中寻找有关其身份的痕迹。

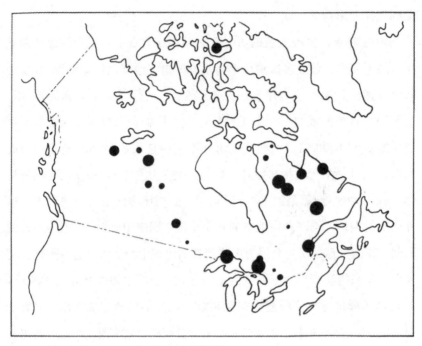

图 3.1　加拿大地图，图示上标出了巨大的流星坑。

　　对"盖娅"理论最有说服力的批评，就是坚持地球行星内稳态（涉及活的有机体）的不可能性，其理由是这需要演化出物种之间的交流以及预见和计划的能力。这种具有挑战性的批评，对我而言是有帮助的。但是批评者并不关注实际存在的证据，即，尽管发生了那些重大侵扰，地球还一直维持着适合生命的气候条件；或者，尽管组成大气的各种气体相互之间在化学上互不相容，但是大气现在的组成成分仍然保持稳定。他们是作为科学上正确的生物学家在提出批评。不可能存在像地球那么巨大而且（像他们以为的那样）有意识的生物体。我认为这种

　　　　　　　　　　　　　　　　盖娅时代——地球传记

批评教条武断，而且正如我们在上一章看到的，也很容易回答。简单的"雏菊世界"模型说明了"盖娅"怎样运行。模型描绘了一个假想的世界，它像地球一样自转和公转，由像我们这个太阳一样的孪生恒星给它温暖。在这个世界里，深色的和浅色的雏菊对领土的竞争，产生对行星温度的准确调节，使行星温度接近适于像雏菊这样的植物生长的温度。这并没有借助预见、计划或目的。"雏菊世界"是关于处于内稳态的星球的理论。现在我们可以从理论上思考"盖娅"，这可不仅仅是假说所谓的"让我们猜想"。

"雏菊世界"远不是对批评的回应。我最初提出"雏菊世界"模型是为了这个目的，但是随着这一理论的发展，我发现它是一种洞见的源泉，不仅回答了关于理论生态学和达尔文主义的一些问题，而且回答了关于"盖娅"的一些问题。用数学上的术语来说，这个模型的重要属性是驯顺性（docility）和稳定性。继续研究这些模型，我发现能够容纳的物种以及营养层次的数量，似乎仅仅受到所用计算机的处理速度和容量以及我的耐心的限制。无论有什么样的细节，只要将来自环境的反馈包纳进来，似乎总能使用于为物种增长和竞争建模的微分方程系统达到稳定。以下大部分内容记录了我对"雏菊世界"的研究，叙述了就此做出的发现。我认为大多数读者不会对数学表达式感兴趣，因此没有采用它们。考虑到有些人会认为，任何理论如果不用纯粹的数学语言表达，最好的结果也只能是不充分的，我和安德鲁·沃森在发表于《忒勒斯》杂志上的文章中已经用纯粹的数学语言描述了"雏菊世界"。"雏菊世界"的稳定性绝不取决于对初始值，或者比例常数的刻意选择，而且我们在以后各章中会看到，这个模型的应用具有普遍性。

用来阐述模型星球地质生理学特征的部分图表，对一些不熟悉这种图形解释形式的读者来说，可能仍然是困难的。为此我写了这本书，只要你已经坚信"盖娅理论"对地球做出了比较合理的解释，你就可以跳过这一章而没有太大的损失。但是，我请求批评我的人们继续读下去，因为在这里我将试图详细回答他们提出的反对意见。

科学家们对"雏菊世界模型"的反应具有启发意义。陨石学家和气候学家最感兴趣，地质学家和地球化学家次之。几乎没有例外的是，生物学家或者对模型视而不见，或者一如既往地表示怀疑。来自生物学家的经久不衰的批评则是：真实世界中的雏菊必须用部分能量来生成色素，因此与无色素的灰色雏菊相比，它们处于不利地位。在这样的世界中，温度调节不会发生。用他们的话来说，"采用灰色雏菊会产生误导"。

在他们的批评启发下，我用3种雏菊建构了一个模型。这个新模型提出的要求，是用另一套方程来描述灰色雏菊这个物种的温度和生长。这个问题是要把衣着朴素的中级管理阶层的雏菊引入一个衣着华美、行为古怪的世界。我计算得出，深色和浅色雏菊生长中消耗的能量有1%是用来生产色素的。我很乐意指出，生物学家对这个世界挑剔挖苦的观点，并不能从这个新模型中得到支持。这一点可以从图3.2的结果中看到。此外，模型中"太阳"的光度从我们太阳光度的60%增长到1.4倍。雏菊种群的数量位于上图框，深色在左边，灰色在中间，浅色在右边。当灰色雏菊的世界对它们的生长来说太冷或太热时，"灰色雏菊不使用任何能量产生色素"这个事实，对它们没有任何益处。但是，深色雏菊在寒冷中能够茂盛地生长，白色雏菊在炎热中也是如此。

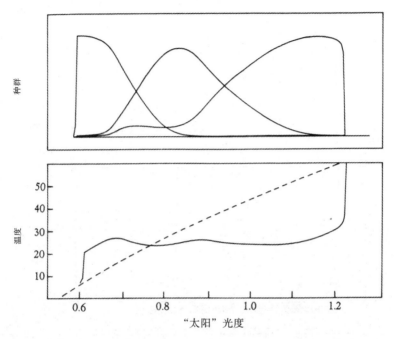

图 3.2 存在深色、灰色和浅色 3 种雏菊的世界中气候的演变。作为对比，下部图框中的虚线代表在没有生命的状况下温度的演变。

当气候温和并且不需要调节时，灰色雏菊生长最佳。换句话说，不同的物种生长，是因为它们与其环境相互适应。

　　只要增加灰色雏菊，就足以回应那些批评者。但是，开始建模后，我发现几乎可以同样容易地建构一种模型，容纳 1 到 20 种任何种类的雏菊。因此我这样建构了模型，使得无论物种的数量有多少，雏菊的色调总是由深到浅地连续变化。图 3.3 显示一个包含 20 种雏菊的世界中温度、雏菊种群和其他属性的演变。就像 3 种物种的模型，这样一个

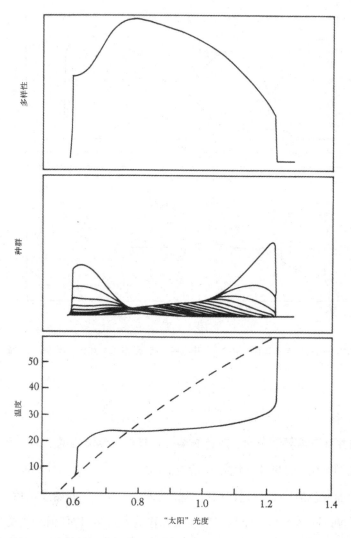

图 3.3 一个包含 20 个物种的"雏菊世界"气候的演变。下部图框显示星球的温度——虚线代表没有生命存在的状况，实线代表有雏菊的状况，中间的图显示了 20 种不同颜色的雏菊种群，颜色最深的最早出现（左边），最浅的最后出现（右边）。上部图框显示物种多样性。可见多样性在系统温度最接近最佳温度时达到最大。

世界中的"太阳"随着年岁增长而变得更热。下部图框显示这种模型中星球温度的演变，中部图框显示这种模型中不同物种种群的演变，上部图框显示这种模型中总的生物量和生态系统多样性。压力最小时，生态系统多样性最大。来自"太阳"的热量恰好足够满足生长的需求，不需要进行温度调节，那么这时最大数量的物种可以共存。当系统处于压力之下，刚刚开始演化或者行将消失时，物种的多样性最少，种群几乎完全由颜色最深或最浅的种类组成。实际上，在这些时候如果有任何物种处于优势，那肯定是颜色最深或最浅的种类，而不是灰色的种类。

但是，这个新模型不仅仅是为了回应持怀疑态度的生物学家的批评。当我建构这个模型时，我忽视了理论生态学，这个数学生物学的分支研究的是生态系统中物种之间的相互作用。正如我们将看到的，种种"雏菊世界"为一门多年来一直由于自身理论的种种局限而陷入困境的学科提供了出路。

20世纪20年代，数学生物学家洛特卡和沃尔泰拉介绍了他们关于兔子和狐狸之间竞争的著名模型。就像"雏菊世界"一样，这也是一个简单的模型，但是不同之处在于其中的环境被看作是无限的和中立的。兔子和狐狸种群的增长不影响环境，也不允许任何环境变化影响兔子和狐狸的种群数量。这个模型世界的两个方程可以用语言表述为：狐狸种群会随着兔子种群的增加而增加，但是狐狸种群增加时兔子种群却下降。在这种关系中，存在一个两种物种以恒定比例共存的稳定点。但是事实上，种群而非模型本身的任何改变，如恶劣的季节导致兔群死亡，都注定使这个简单的世界变得循环起伏，由此，它永远不可能回到那一稳定比例。让我们注意这种情况是如何发生的。如果一次灾害导致兔子突然死亡，那么随之而来的就会是狐狸因为饥饿而死亡。兔子繁殖得快，不久它们的数量就会达到并超过灾害发生前的数量。不过现在狐狸也开始增加，兔子增长的速度放缓，然后其数量就会下降，因为过量的狐狸消耗了兔子。不久，兔子太少，无法养活狐狸，从而导致狐狸死亡，循环再度开始。

这个模型世界是否解释了自然界中观察到的物种数量的上下波动呢？是的，的确是这样。田野生态学家已经指出种群数量循环确实发生在简单生态系统中，但是当我们仔细考察时就会发现，野外观察几乎总是选择不健全的或人造的生态系统，其中很少有重要物种存在并相互作用，而且只考虑两个物种（比如害虫侵害农业单一栽培的作物，或者动植物中间出现细菌性疾病）。在这些两个物种的例子中，种群或者周期性循环，或者以混沌和不可预测的方式上下波动，在数学上，洛特卡和沃尔泰拉著名的狐狸和兔子模型的继承者可以成功地进行建模。这些生态学模型和作为一种科学的理论生态学，迄今没能解释的是自然条件下复杂生态系统的巨大稳定性，这类生态系统有如热带雨林或"达尔文所写的那个树木交错的河岸"（Darwin's tangled bank）："野生百里香随风飘动，报春花和摇曳的香堇菜茁壮生长。"

生态学家已经试图通过使用一种被称为"食物链"的物种层级结构，克服简单模型的诸多不足。这种层级结构就像一个金字塔，顶部是高级食肉动物，比如狮子，其数量最小。沿着每个营养层级向下，数量逐步增加，最终在金字塔的底部是数量最大的初级生产者，即植物，它们为整个系统提供食物。尽管耗费多年的努力和计算机操作时间，但是生态学家们并没有取得任何实质性进展来为复杂的自然生态系统，如热带雨林或三维的海洋生态系统建模。从理论生态学还不能建立任何模型来用数学语言解释这些巨大的自然生态系统明显的稳定性。

的确，著名生态学家罗伯特·梅伊爵士（Lord Robert May）在他的著作《理论生态学》（*Theoretical Ecology*）的"多物种生态系统的模式"（Patterns In Multispecies Ecosystems）一章中说：

> 进行这些类型的研究时，大量的数学模型显示，随着一个系统变得更加复杂，也就是有更多物种和更丰富的相互依赖结构，系统在动态上就会更加脆弱……因此，作为数学的普遍性，复杂性的增加导致的是动态的脆弱性，而不是坚固性。

梅伊爵士继续写道：

> 这并不意味着自然界中复杂的生态系统，必然显得比简单生态系统稳定性更差。环境中随机波动水平较低的复杂系统和随机波动水平较高的简单系统，持续存在的可能性是一致的，每种都有与环境相适应的动态稳定性……一个重要的一般性结论就是：人类造成的前所未有的巨大侵扰，更容易对复杂生态系统而不是简单生态系统造成伤害。这就颠覆了那个幼稚但也许是出于善意的观点，即"复杂性招致稳定性"（complexity begets stability）；也颠覆了与之相伴的道德说教，即我们应该保护甚至创造复杂的生态系统作为缓存装置，来应对人类的胡搅蛮干。我倒认为，热带和亚热带目前遭受侵扰的复杂自然生态系统，抵御我们人类破坏的能力更弱，而

相对简单的温带和寒带系统的抵御能力更强。

这份免责声明认识到真实世界中复杂生态系统的稳定性，但是给人的印象是多样性在一般意义上是一种劣势，而且大自然，由于其并不遵从理论生态学优雅的数学模型，所以，它以某种方式欺骗了我们。

显然，要是我以前听说过这部著作，我可能永远都不会愚笨地试图建构一个有 20 种雏菊的模型。所幸的是，我是在那样一种科学流派中成长起来的，信奉的是在做完实验之后才相信所读的书籍，而不是在实验之前就相信书本。那么在"雏菊世界"模型中，是什么促使循环和混乱行为中生成巨大的稳定性和自由度呢？回答就是：在"雏菊世界"中，物种永远都不会不受控制地生长；否则的话，环境就会变坏，生长就会萎缩。类似的，雏菊存活时，物理环境不会转变成不适宜的状态；适当颜色的雏菊相应的生长会阻止物理环境变成不适宜的状态。正是这种相互关系的强耦合性约束了雏菊生长，也约束了星球温度，它们使得"雏菊模型"发挥作用。从我们自己的经验来看，也许可以做这样一个比喻：家庭和社会存在严格而合理执行的规章制度时，情况要比在不受约束的自由状态下好。

出于好奇，我想知道这个解释是否正确，便又建构了一个"雏菊世界"。在这个世界中，雏菊被兔子吃掉，而兔子又被狐狸吃掉——这是"洛特卡和沃尔泰拉"模型与"雏菊世界"模型的混合。为了检验这个更复杂模型的稳定性，我让它经受周期性的大灾难。在这个模型演化过程中出现的四种情况下，30% 的雏菊种群突然被灾害摧毁，随后系统又得到了恢复（图 3.4）。令人吃惊的是，无论是食草动物的增加还是

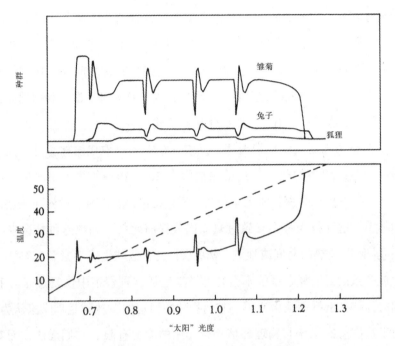

图 3.4　有兔子和狐狸的雏菊世界，四次灾害侵扰，摧毁 30% 雏菊。

灾害，都没有严重影响雏菊调节气候的能力。在演化的正常过程中，所有种群都保持稳定，并在遭受灾害侵扰后迅速恢复。最终，系统不能再承受"太阳"不断增加的能量输出，因此系统崩溃。正如人们会想到的，系统越是接近崩溃，侵扰产生的影响就越大。

　　地球生理学的和生态学的观点，差异在于对侵扰的解释。地球生理学家把温度、降雨、养分的供应等视为可能受到侵扰的变量。在他们看来，"盖娅系统"与它的物理和化学环境一起演变，可以很好地抵制这种变化。湿润的热带雨林通常雨水充足，有云彩一样的树冠遮阴；热带雨林在存活时期，从来不会像沙漠地区那样遭受长期的干旱。另一方面，理论生态学家忽视了物理和化学环境。对他们来说，环境意味着物种本身的集聚，而一个生态位（niche）就是物种之间相互协调的某块领土，就像一个人可能把瑞士的环境视为由意大利、法国和德国居民构成的。以这种观点看来，侵扰就是竞争或战争。

人类用链锯入侵热带雨林，用农业生态系统取代雨林。这种入侵是一种造成侵害的行为。这就像摧毁有 20 个物种的模型中的生态系统，用单一栽培的深色雏菊来替代一样。无论是在"雏菊世界"还是在雨林中，这种行为都会导致过热而促成提前死亡。如果这种情况发生在"太阳"炎热的时间或地点，就更会如此。地球生理学家和生态学家达成一致的是：复杂系统不会轻而易举地从这种侵害中恢复过来。我们的分歧在于单种栽培或单一雏菊物种的稳定性。地球生理学家认为，由于这些生态系统与物理环境相互作用的能力有限，它们无法在面对大规模侵扰时维持自身的环境。湿润的热带一直有森林覆盖，尽管地球的气候发生了各种变化。这些变化对于人类来说非同小可，但是在行星尺度内，却微不足道。丰富的物种多样性的存在，会有助于加强这种抵御气候变化的顽强能力。

在"雏菊世界"的大多数例子中，"太阳"的热量输出一直稳定地增加；这种外来侵扰的强度无情地加剧，直到生命难以为继。展现"雏菊世界"稳定性的另外一种方式是，让生命在"太阳"光强度恒定的情况下继续生长，然后或者改变温度，或者通过某些灾难，如一次瘟疫或者小行星的撞击，突然侵扰这个世界。图 3.5 显示了一个有 10 种色彩的雏菊物种的"雏菊世界"，其稳定的存在突然遭到一场灾害侵扰，

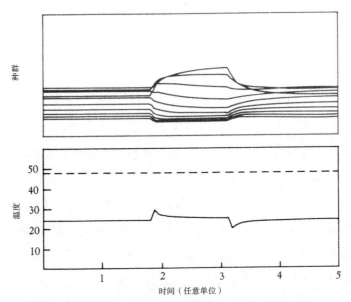

图 3.5　一场灾害消灭"雏菊世界"中 60% 的雏菊时对气候的影响，在此期间"太阳"光度处于恒定强度。注意在侵扰产生期间和之后，内稳态是如何在种群数量和温度两方面被恢复的。

60% 的雏菊（不管是什么颜色）遇害。在下部图框中，虚线代表没有雏菊的星球温度；40℃为生命能够承受的极限。实线代表在侵扰出现之前、出现之时和出现之后有雏菊存在状况下的气候。除了灾害首次袭击雏菊种群之时，温度始终保持在二十几度。侵扰缓和时，系统迅速恢复到先前的状态。上部图框显示在大灾难出现之前、出现之时和出现之后物种分布的变化。

　　尽管发生了这场侵扰，但是系统并不轻易远离变化之前存在的适宜状态。侵扰的最显著影响在于不同雏菊物种的分布。"雏菊世界"对变化的迅速反应需要正反馈，并且伴随着那些与气候的相互作用最有利于其生长的物种的爆炸性增加。这个模型有 10 种雏菊，它们的颜色按照从深色到浅色的确定、统一的序列分布。这项研究可以明显地延伸，以包含物种演化中的突变和种种可能性。侵扰事件发生及其结束时物种分布的突然变化，显示出这些时期的选择压力[1]强度。这个实验在很大程度上与斯蒂芬·杰伊·古尔德和尼尔斯·艾崔奇对间断演化[2]的观察相一致。与常规的演化论观点中稳定的渐变不同，这里有突然、快速演化的时期：间断期。"盖娅"理论认为，物理和化学环境的演化以及物种的演化总是齐头并进的。几乎没有环境变化或新物种形成的内稳态时期将会持续很久，并由于上述两者的突然变化而中断。这些间断的内部推动力，或者是源于某个强大物种如人类的演化，因为这种物种的存在改变了环境，或者是源于外部变化，例如小行星的撞击。

侵扰实验和稳定变化实验能够结合在一起，如图 3.6 所示。在这里，有 10 个雏菊物种的世界像以前一样演化，但是，现在有反复出现的灾害对所有颜色的雏菊产生了相同的影响。灾害摧毁了 10% 的雏菊，这些雏菊随后恢复，又成为一种新型病菌的牺牲品。这样，这种循环在模型的演化过程中持续进行。这个实验生动地说明了稳定性与多样

1 —— 选择压力（Selective pressure），又称演化压力，指外界施予一个生物演化过程的压力，从而改变该过程的前进方向。所谓达尔文的自然选择，或者物竞天择、适者生存，即是指自然界施予生物体选择压力从而使得适应自然环境者得以存活和繁衍。

2 —— 间断演化论，又称间断平衡论（Punctuated equilibrium），是古生物学研究中提出的一个演化学说，1972 年由美国古生物学家 N. 埃尔德雷奇和 S.J. 古尔德提出后，在欧美流传颇广。认为新种只能通过线系分支产生，只能以跳跃的方式快速形成；新种一旦形成就处于保守或演化停滞状态，直到下一次物种形成事件发生之前，表型上都不会有明显变化；演化是跳跃与停滞相间，不存在匀速、平滑、渐变的演化。

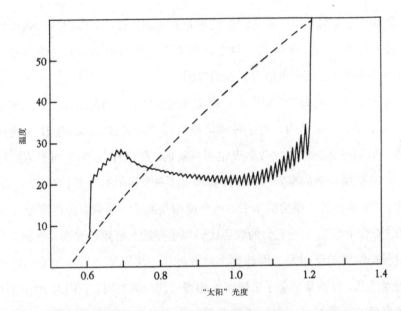

图 3.6　强度恒定的周期性灾害对雏菊控制气候能力的影响。注意在接近雏菊生命开始和结束处压力达到最大时，灾害的侵扰是如何被放大的。曲线后半部分振动幅度的增加使我们想到目前冰河期和间冰期系列的演化。

性之间的相互关联，其中稳定性的衡量标准是调节气候的能力。温度的上下波动在"雏菊世界"诞生和濒临消亡时达到最大，此时物种的数量最小。"雏菊世界"在其生命的全盛时期，几乎可以完全抵制各种侵扰的影响。

　　我们将在第 6 章中谈到当下生物群通过影响空气中二氧化碳浓度对温度的调控时，重新回到这个实验。这种特定的气候控制系统运行能力正在接近终结，最近冰河期和间冰期之间的气候变动，就像图 3.6 中接近"雏菊世界"尽头的情形。"地球"轨道的变化会导致接收到的

"太阳"热量发生少量变化但是这种相对较弱的侵扰，却因为濒临死亡的系统不稳定性而被放大。这些论点并不必然适用于过去更遥远时期的冰河作用，它们很可能有不同的起因。

我刚刚描述的"雏菊世界"模型是完整的，然而是用日常语言表达的。很多科学家认为，对某种理论进行这样的表述，是不能让人满意的。他们更喜欢规范的数学表达所具有的"严谨性"。为了利于他们理解，我的朋友兼同事安德鲁·沃森设计了一个简单的图表（图 3.7），描述了"雏菊世界"模型的本质。这个模型是基于一个只有白色雏菊存在的"雏菊世界"。由于它们的颜色比赖以生存的土壤颜色要浅，增加了它们所在位置的反射率，因此这个地方就比一块同样面积的光秃地面的温度更低。当雏菊覆盖了星球表面相当一部分面积时，它们就会影响星球表面的平均温度。白色雏菊覆盖的面积与星球表面平均温度之间的关系如曲线 A 所示。与之平行的虚线（A_1）表明，如果某个影响星球温度的外部变量发生改变，例如为"雏菊世界"提供热量的"太阳"输出的辐射热减少，这种关系将会如何变化。

就像很多植物一样，雏菊在一定的温度范围内增长最快。在接近20℃时雏菊的增长达到峰值，在 5℃以下和 40℃以上时增长为 0。星球表面温度和稳定状态下雏菊种群之间的关系如曲线 B，像一个头盔。曲线 A 和 B 把星球的温度和处于稳定状态的雏菊种群联系起来；整个系统的稳定状态由这两条曲线的交汇点来表示。从这个例子可以看到，有两种可能的稳态解（steady-state solutions）。结果表明，稳态解处于交汇点，在这里，雏菊种群的变化速率与温度的变化速率成反方向。用数学语言表达就是，两条曲线的导数具有相反的符号。另外一个交

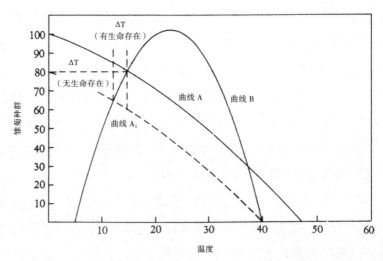

图 3.7　白色雏菊的调节。头盔形状的曲线（B）描述了雏菊对温度的回应，曲线 A 和 A₁ 表明星球温度对雏菊覆盖面积的回应。曲线 A₁ 代表 "太阳" 输入的热量较少的情况。在没有雏菊的情况下，星球温度的变化（ΔT）将会接近 15℃，而在有雏菊的情况下温度变化仅约 3℃。

汇点不产生稳态解。如果 "雏菊世界" 开始于任意某个适合生存的温度，那么它就会移动到上面的交汇点并在那里稳定下来。

　　当外部环境产生了某些改变时，这个稳定状态会发生什么变化呢？例如，据说我们的太阳正在变热，如果那个 "太阳" 也是这样，则会怎样？如果人为控制雏菊数量使之恒定不变，星球温度就会随着 "太阳" 输出的热量变化而变化；此时的温度变化，就会远比任由雏菊数量增长到新的自然稳定状态时大得多，因为它们会抵制恒星输出的热量变化产生的影响。

　　在这个模型中，我几乎没有做出任何假设。没有必要让雏菊有预见性或进行规划。它仅仅假设雏菊的增长会影响星球的温度，反之亦然。

注意：无论影响的方向是什么，机制都会同样运行得很好。黑色雏菊也一样。所需要的就是在存在雏菊的情况下，地面的反照率不同于光秃秃的地面。雏菊的生长局限于很窄的一段温度范围，这一假设对于机制的运行至关重要，而事实上据观察，所有的主流生命都局限在这个狭小的空间内。峰形生长曲线（B）适用于除温度之外的其他变量，比如 pH 值（有可能酸性或碱性过强，中性最好）。相似的限制也适用于大多数营养成分，太多就会有毒，太少就会导致饿死。

就雏菊生长对温度的回应而言，对抛物线关系的选择是很随意的。我们现在知道，植物和海藻所覆盖的区域与温度之间的关系更像一个倒转的 U 形，因此在真实生活中，随着热量输入的增多，对温度的负反馈要大于图 3.7 所显示的那样。

在自然界中，把增长与某个环境变量联系起来的关系曲线，常常是由一段对数衰减递接一段对数增长合成的。在第 5 章和第 6 章中，这种关系构成大气氧气调节模型的组成部分。随着氧气大量增加，吸氧生物的生长也增加，但是过量氧气是有毒的。氧气过量和过少都是有坏处的，存在着一个理想的充足量。

"雏菊世界"极大的不同于我们以前对物种或地球的建模。这个模型更像控制理论，或者叫控制论的模型。这类模型关注的是自我调节系统。工程师和生理学家使用这种模型来设计自动驾驶飞行器，或者用来理解动物呼吸的调节。他们知道，如果系统要正常工作，系统中的组成部件必须紧密耦合。用他们的话说就是，"雏菊世界"是一种闭环模型。不能自我调节的装置经常是不稳定的，工程师们称之为"开环"（open loop），"环路"是系统各部分之间的反馈链。"雏菊世界"在形式上并不等同于工程师设计的装置，一个关键的区别是，在"雏菊世界"，也许还有在"盖娅"中，都没有"设置点"（set points）。在人工制造系统中，使用者设置温度、速度、压力或任何其他变量。所选的值就是"设置点"，系统的目标是在无论外部环境发生什么变化的情况下，都保持这个值不变。"雏菊世界"没有任何像"设置点"一样清楚确定的目标；它仅仅是像猫一样在一个舒适的位置待下来，并且抵制任何驱逐自己的尝试。

由于科学学科的从业者相互隔绝的宗派意识，建立物种生长竞争模型的生物学家，选择了忽视物理和化学的环境。为元素循环建模的地质化学家和为气候建模的地质生理学家，会选择忽视物种动态的相互作用。因此，无论他们的模型多么详细，都是不完整的。就好像在图3.7中，关于雏菊种群与温度之间关系的生物学研究，就不用参考地球物理学对温度与雏菊种群之间关系的互补性研究。工程师或生理学家会立即意识到，这种方法是"开环"的，因此价值很小，只能作为一种极端或病态条件下的例子。有些科学家身上也有一些病态的狂妄自大，他们傲慢地吹嘘自己的专业知识，以及他们对科学其他学科专业知识的不屑一顾。60年前，那个睿智而又心胸开阔的美国理论生物学家阿尔弗雷德·洛特卡，在他的著作《物理生物学的要素》（*The Elements of Physical Biology*）中描述了兔子和狐狸相互竞争的模型。此后，这个模型给无数种群生物学领域的研究者带来了灵感，然而没有人注意到他在第16页提出的警告：

有一个事实值得强调。人们习惯于讨论"一种生物物种的演化"。随着讨论的展开，我们将会发现应该坚持系统（有机体加上环境）整体演化观点的诸多理由。乍一看，这个问题显得比只考虑系统的某一部分更加复杂，但是，随着我们研究的深入，就会清楚地看到，控制演化的物理定律，当涉及作为整体的系统而不是其中任何组成部分时，很可能呈现出更简单的形式。

就自那以后的三代人而言，理论生态学家为生态系统的演化建构了模型，却忽视了物理环境；而这三代生物地质化学家为元素的循环建构了模型，却从来没有把有机体作为这个动态反应系统的组成部分。在阿尔弗雷德·洛特卡的时代，非线性微分方程系统的解，哪怕是对"雏菊世界"这样的简单模型而言，也是一个很难解决的问题。现在有了随时可用的计算机，就没有必要在建构模型时还继续局限于单个学科的狭隘限制。

洛特卡认为，对整个系统进行建模，要比对系统的组成部分建模更简单。这种观点得到现代数学的充分证实。理论生态学和生物地质化学中用来描述模型系统的那类方程体系，由于其混乱的特征而臭名昭著，以至于把它们作为一种新的图示形式之类的玩意倒是更有意思。自然现象的数学描述如果仅仅局限于单一学科，会变得极其错综复杂，以至于在每一个新的研究层次都会有一个接一个色彩斑斓的抽象世界展开。难怪各个学科的研究者都认为他们在这些想象的世界中瞥到了真实的世界，而事实上他们是迷失在一种碎片空间的世界，就像曼德勃洛特集合（Mandelbrot set）[1]那样的世界。不过，我喜欢数学家，他们发现对多维空间的幽灵"奇异吸引子"（strange attractors），以及对混沌的沉思，要比呆滞、古老的真实自然界更加令人陶醉，真实的自然界大部分时间要么接近平衡状态，要么处于一种动态的稳定状态。

对于"盖娅"是怎样运行的，以及为什么地球调节不需要预见和规划，"雏菊世界"提供了一种似乎合理的解释。但是，有什么证据证明实际的运行机制存在呢？从"盖娅"理论得出的预测，有哪些已经被证实了呢？它们能够被检测吗？第一个测试是飞赴火星的"海盗号"的任务。在那次远征中，用红外线天文学进行的大气分析，证实了"火星上没有生命"的预言。我和迈克尔·维特菲尔德、安德鲁·沃森预言说，二氧化碳和气候的长期调节，是通过生物对岩石风化的控制完成的。诸如此类的验证，将在随后的三章中描述。"盖娅"理论正确与否无关紧要，它已经为地球和其他行星提供了一种崭新和更有建设性的观点。"盖娅"理论提出了一些关于地球的观点，即：

1. 生命是一种星球尺度的现象。在这个尺度上，生命几乎是永恒的，没有必要再生。

2. 生命有机体不可能部分地占据一个星球。那就会像半个动物（half an animal）一样不能长久。一个星球上出现足量的生命有机体，是环境调节所需要的。如果占据不完整，那么不可避免的物理和化学演化的力量很快就会使星球变得不适于居住。

1 —— 又译为曼德博集合，这是一种在复平面上组成分形的点的集合，以数学家本华·曼德博的名字命名。

3. 我们对达尔文的伟大预见的解释已经发生了变化。"盖娅"理论把注意力引向了适应性这个概念的不可靠性。"比其他有机体适应性更强的有机体更有可能留下后代"的说法已经不再充分。有必要补充一点，有机体的生长会影响它的物理和化学环境，因此，物种的演化和岩石的演化紧密耦合为一个不可分割的单一过程。

4. 理论生态学得到了扩展。通过把物种及其物理环境看作单一系统，我们首次建构出了具有数学意义上的稳定性，同时包含大量相互竞争物种的生态学模型。在这些模型中，物种多样性的增加会产生更有效的调节。

对于看到鲁莽剿灭物种的行为时本能的愤怒，我们终于有了一个理由，同时也是对那些声称"这只是多愁善感"的人的一个回答。我们在为保持自然生态系统，比如湿润的热带雨林生态系统中物种的丰富多样性时，无须再立足于软弱无力的人文主义，比如声称这些热带雨林生态系统中也许有植物含有能治疗人类疾病的药物成分。"盖娅"理论使我们怀疑这些系统能提供的远不止这些。树木能够通过叶子表面蒸发大量水蒸气，因此可能有助于保护湿润的热带生态系统，同时它们能像云彩一样反射白光而保持地球的凉爽。农田取代热带雨林生态系统所产生的区域性灾难，最终会酿成全球性的后果。

4 太古宙

混沌之初，一无所有，更无时空。

——约翰·葛瑞本（John Gribbin），《创世记》（Genesis）

生命起源于很早以前，具体的日期无法确定，但至少是在人类出现前 36 亿年。如此巨大的数字使人头昏脑胀，难以想象。回溯到那些细菌——我们最早的祖先，需要使用一种不同的时间计量单位。在科学中，对付令人吃惊的数目通常的方法是将数值表述为 10 的几次方，递进一次即比之前大 10 倍或小 10 倍。尼日尔·考尔德（Niger Calder）在《时间标度：第四维图集》（*Timescale: An Atlas of the Fourth Dimension*）一书中，用这种方式来描述地球的历史。他提示我们，采用对数来表达时间的方式，很容易使我们意识不到生命已经在地球上存在了多久。说生命起源于 3.6×10^9 年以前，根本无助于理解。从线性的度量制来看，生命起源大约比人类起源久远 1000 倍。在本书中，我将以"宙"（eons）为时间单位，1 宙代表 10 亿年。生命开始于至少 3.6 宙前，属于地质学家所称的太古宙（Archean）。太古宙时间跨度为 4.5 宙前到 2.5 宙前，这个时候氧气首次在大气层的化学成分中占据主要地位。

"盖娅"和生命一样古老。的确，如果开启宇宙的大爆炸始于距今15宙前，那么"盖娅"年龄就相当于自大爆炸以来时间的四分之一。她是如此地古老，以至于她的诞生处于这样一个时间段，人们对于该时间段内"盖娅"的无知就像海洋般广阔，而对此的有知仅仅局限于海洋中的孤岛之上，岛上的一切只能给人一种虚假的确定性感觉。在本章中，我请读者同我一起想象孩童时期的"盖娅"，以及她在继承地球这份遗产时所面临的各种问题。当我们根据"盖娅"理论来考查太古时代时，我们会看到一个与当今科学所描述的截然不同的星球。这个星球上的生命不只是设法适应地球，而且也调节地球，使其变成并一直保持为一个家园。

　　证明"盖娅"有力的存在，最好的方法是思考没有生命的地球会是什么样子。人们会认为，如果没有出现生命，现在的地球会像火星或金星一样贫瘠。不过，由于我们对那时的地球知之甚少，我们无法对太古宙做这样的比较。因此，我们必须要做的是，对生命出现之前的地球状况做出最好的猜测，然后设想当生命接管地球之时，地球发生了什么变化。通过询问生命出现之前地球可能的样子，我们悬挂起一块中性色彩的背景幕布，在上面能够清楚地看到由生命创造的色彩缤纷的变化。

　　这样做的困难在于，这块背景幕布的年代是如此久远，以至于全都破烂腐败了。回溯过去就像是用望远镜去观察宇宙的边界。我们能看见微微发光的物体。宇航员们举了个令人信服的例子，这些物体离我们非常遥远，因此我们现在看见的光束，早在3.8宙前就开始了它前往地球的旅程。这个时间差不多就是地质学家们认为最早的细菌细胞出现的时间。他们可能是对的，但是对于如此遥远的时间和空间，仅有的确

盖娅时代——地球传记

定性来自于伟大的热力学第二定律。令人费解的是，这一定律声明宇宙的起始与终结是不可知的。随着时间和距离的延长，知识那曾经清晰的面庞上会遍布被称作无知的坑洼，最终变得模糊不清，无法辨认。

信息理论告诉我们，在恒定量的噪声存在的情况下，跨过时空深渊进行信号传输所需的动力，随着穿行距离的增加而呈指数式增长。简单来说，当距离或者时间大大增长时，需要更多的动力来传输同等的信息。仅仅5000年前地球上发生的事情，就已远远不能确切知道。设想一下，传输约15宙前宇宙初始时的信息将需要多么强大的信号啊。这也许就是为什么宇宙起始于原初粒子爆炸的大爆炸理论是必然的了。只有宇宙自身的爆炸，才能从如此遥远的过去传来讯号。现在残留的只有宇宙微波背景辐射微弱的轰鸣。所有其他的宇宙起源理论都没有证据。

有一种聪明的办法，可以用来收集如生命起源这般古老的事件信息，并且可以避免其他方法通常造成的信息随时间的延续而衰减和消失的普遍趋势。它来自于有活力的物质（living matter）近乎神奇地成功克服时间弱化作用的特性。"盖娅"不仅自诞生以来存活至今，而且提供了一个传递远古时代化学信息的无噪声通道。

如果你站在山顶上大喊，你的声音传达范围最远不过1英里。如果使用扬声器，你可以将信息传到5英里外的地方。甚至引爆一枚氢弹也不过将你的信息传到几百英里外。另一种方法是将此信息告诉一位朋友，然后让他带上该信息，并通过口头传达。通过这一方法，信息可以毫无困难地传到地球的尽头。与此类似，生物有机体将细胞程序一代一代传下去。有足够的理由相信，我们和最古老的细菌有相同的化学成分，并且，那些古老细菌的存在受到的自然限制，能告诉我们早期地球的环境是什么样子。通过传递生物细胞遗传物质中的密码信息，生命扮演着重复者的角色，每一代都会储存和更新早期地球的化学成分信息。相对于岩石的记录来说，这是一个好得多的信息通道。它的信息是确切的，但不幸的是不够准确。这正如口头传递的信息是明确的、意思清楚的，但不可避免地会"变异"。有一则关于口头传递的信息如何掩盖真相的战时笑话："请求增援，我们要推进"（Send reinforcements we are going to advance），变成了"送三四便士来，我们要跳舞"（Send three and four pence, we are going to a dance）。如果我们希望从遗传信息中认识到生命的起源，那我们就需要准备好从此类错误中重建真相。

　　相比之下，关于早期地球的大部分地质信息，都来自另一场大爆炸。爆炸一定非常剧烈，才能将信息传递得这么远。这是一次星球尺度的核爆炸，一次超新星爆炸。我们常常忽视了这样一点：我们这些使用可燃物作能量来源的怪人，却生活在一个核动力的宇宙中。那些核能工厂，就是那些星球，极为可靠地运行了数十亿年。但是，正如我们设计的最可靠的系统偶尔也会发生故障一样，某些星球偶尔也会爆炸。对于我们来说，幸运的是，这些星球中的某一个确实爆炸了，并给予了我们所需要的开端。同样幸运的是，我们的太阳是不会爆炸的那一类，因为它既不够巨大，也不够古老。

　　我们怎么能够如此确信地球的诞生一定与超新星的爆炸有关呢？我们之所以确信，是因为即使在今天，地球仍是放射性的。另一个原因则是，地球由铁、氧、硅等元素组成，而这些元素在星球通常的演化过程中是不会被制造出来的。在太阳以及相类似的恒星上，氢聚变产生氦。这种反应释放出巨大的热量，使甚至远在 1 亿英里外的我们保持温暖。但任何正常的聚变过程都无法生成比铁更重的元素，或者铀一类的元素。生成这些元素需要能量。通过铁聚变生成铀来为恒星提供能量，就像试图在火炉里燃烧冰块一样不可能。在此无须赘述恒星爆炸中元素合成的详细过程，仅须指出在这种爆炸过程中，重要的事件是恒星的重力坍塌。恒星内部广大区域承受着恒星上所有物质试图塌缩带来的巨大压力。在活跃期，恒星中心核反应产生的热能持续产生的压力，高到足以平衡向内的重力。就像太空火箭发射时，飞行器的重量由喷出的火焰支撑一样。但是恒星的外层无法逃脱重力的作用，当燃料用尽时，它就会坍塌。正是在此时合成了重元素，其中有一部分被剧烈地喷射出来。

我们仍无从得知太阳系和地球是如何因为那颗超新星走到一起的，也不知道它的放射性残骸如何成为我们星球中如此巨大的组成部分。但是放射性是妙极了的、准确的时钟，自 4.55 宙前的爆炸以来，它便一直滴答滴答地响着，精确地记录着时间。我们是如此习惯于把放射性想象成人工的，以致轻易地忽略了我们自身也天然具有放射性这一事实。在我们每个人身上，每一分钟，数百万的钾原子经历着放射性衰变。为这些原子等级的微小爆炸提供动力的能量，自从很久以前的星际大爆炸，便被锁定在钾原子里。钾元素具有放射性，但同样它对生命也具有重要意义。如果钾元素被清除并且由类似的钠元素替代，我们很快就会死去。和铀、钍、镭一样，钾是超新星爆炸遗留的长久存世的核废料。钾原子衰变后，会转变成钙原子和惰性气体氩气的原子。在地球的历史中，构成大气的百分之一的氩气，多半来自于以这种形式存在的钾原子。岩石中，放射性元素铀和钍以百万分之几的比率存在。它们的衰变速率是如此缓慢，以至于大部分原来出现的元素仍然存在。不过，铀的同位素铀-235除外，它几乎全部衰变了。正是这些放射性元素产生的热能，使得地球内部灼热，并推动地壳运动。

来自岩石的证据表明，生命开始于地球初具形体后的0.6宙到1宙。这一证据就是稳定的碳元素原子所占比例的不同。地球上的碳原子以三种形式存在：常见的形式是重量为12个原子单位的碳原子，但是，也有一部分重量为13个原子单位的碳原子，还有少量重量为14个原子单位的放射性碳原子。这些重量各异的原子被称为同位素。在生命出现以前形成的岩石所含的碳物质中，同位素碳-12和碳-13的比例，明显不同于它们在曾经是活体物质的岩石碳元素中所占的比例。原因在于活体物质的化学作用使同位素分离开来。通过测量古老岩石的同位素构成，可以将生命出现之前形成的岩石与生命出现之后形成的岩石区别开来。我们最确定的生命出现前形成的岩石不是来自地球，而是来自月球或者陨石。这些岩石古老到有4.55宙的年岁。这些死体（dead-matter）岩石的同位素构成，很容易同3.6宙前在地球上沉积下来的岩石区分开来。目前地球上发现的最古老的沉积岩有3.8宙的高龄，这些岩石来自格陵兰岛一个叫依苏阿（Isua）的地方。我记得德国地质学家曼弗雷德·施德洛斯基（Manfred Schidlowski）在1973年的一次演讲中描述了这些古老岩石，并且推测，当这些古老岩石形成时，其中的碳原子显示出一种表明生命存在的同位素分布。

生命出现之前的那段时期留下的岩石，无法帮助我们重建岩石形成时的环境细节。4 宙或更长时间的风吹雨打和岁月磨蚀，已经抹去了记录。当时应该是一个无法想象的动乱时期，太阳系收缩、冷凝遗留下来的小星球还在撞击着。（一颗直径仅 6 英里的小行星撞击，可以造成直径 200 英里的大坑，将熔岩和气体溅射到广袤的宇宙中。）留下的是一个如月球般坑坑洼洼的地球。这一时期有个贴切的名字：冥古代（Hadean）。

对于生命出现之前那个时期的化学构成和物理状况，只能通过猜测来得知。地球最初的历史令人惊叹、激烈动荡，揣测这段历史会非常有意义。然而，你也可以想见，重新编织前文提到的颜色呈中性的背景幕布是多么困难。因此，我们必须充分利用可用的信息，从大气开始着手研究。

大气是星球的脸面，和人类的脸面一样，可以说明健康情况甚至生死。正如我们在第 1 章所看到的，星球生命必须利用流动的介质，即空气或大海，作为原材料的传送者和废弃产物的中转站。这些流体介质的作用，促成星球化学构成的深刻变化，也打破了无生命星球近乎平衡稳定状态（the near-equilibrium steady state）的特征。在"海盗号"火星探测器和"海盗号"金星登陆器尝试寻找生命并以失败告终之前很早，戴安·希区柯克和我就以火星和金星的大气层中不存在这种变化作为证据，来证明生命的不存在。不管是从视觉上还是化学上来说，这些死气沉沉的星球，都是一块中性的背景幕布，在此映衬下，生机勃勃的地球就像斑斓的蓝宝石一样闪闪发光。

关于大气为什么能比海洋或地壳岩石透露更多生命的奥秘，原因有很多。首先，大气层是能在太阳光作用下发生快速化学反应的区域。

大气中任何能发生反应的混合气体都无法长时间保持稳定不变。如果我们在阳光照射的大气中发现一种可燃气体，比如甲烷与氧气的混合气体，那么我们确信一定有某种东西在持续生成这两种气体。而关于封闭在地下洞穴里的气体，就不能得出这样的结论。正是阳光持续引发了所有可能的化学燃烧。其次，大气是生命遇到的所有区间物质（compartments）中质量最轻的。除去少量像氩气和氦气这样的稀有气体外，空气中所有其他气体不久前都曾作为活细胞中的固态和液态物质组成成分而存在。大气还直接影响着地球的气候和化学状态，这些特征对于生命而言，具有根本的重要性。类似的交换同样存在于生命、海洋、岩石之间，但是交换速率慢得多，生命周期也因为过去使用了很久而现在已废弃的物质而被削弱了。

地球在成为生命的栖息地之前，一定是个死寂的星球。它的大气层接近平衡状态。在生命，即"盖娅"出现以前，大气处在科学家所称的"非生物性的稳定状态"（abiological steady state）。这个冗长的短语意在区分真实的星球（这里有飓风、龙卷风、火山爆发、漩涡）与假想中完全沉寂的平衡星球。

人们认为早期地球的表面有组成生命的化学成分，这些被称作"有机物"的化合物包括：氨基酸（蛋白质的亚基）、核苷酸（细胞分子的亚基，携带有遗传信息）、糖分（多糖的亚基），还有许多其他等待着最终合成生命的重要物质。认识到以下这一点是非常重要的：虽然我们视这些化合物为生命的特征，但它们实际上是非生物稳定状态下的产物。在一个无氧的星球上，此类化合物的存在本身并不是生命的证据，而是有可能形成生命的证据。

地球不仅化学构成正好适合形成生命，而且气候环境一定十分有利。一些古老岩石中有证据表明岩石是由微粒的沉积形成的。岩石的分层结构揭示生命起源于浅湖或海洋之中，从而表明了自由水[1]的存在。生命以及前生命时期化学物质（pre-life chemicals）的存在要求温度范围在0℃到50℃。那时地球不可能出现冰冻，也不可能炎热到让海水沸腾。

1979 年，三位大气化学家和气候学家欧文（T. Owen）、赛斯（R. D. Cess）和拉玛纳桑（V. Ramanathan）发表了一篇重要文章，公布了决定生命起源时期地球平均温度的计算结果。他们采用了天体物理学家的普遍共识，即恒星的年龄越大，其温度越高，并且假设当时太阳释放的热量比现在少 25%。他们对从地球内部逸出（或排出）的二氧化碳大致数值做出计算。由此他们计算出当时地球的平均地表温度是 23℃。这是现在典型的热带温度。他们的计算需要大气中二氧化碳的浓度达到现在的 200 倍到 1000 倍。这在很大程度上取决于氮气的存量。如果那个时候和现在一样，氮气是大气中的主要气体，那么压强较低的二氧化碳就满足需要了。而且，依据我的朋友气候学家安·亨德森－塞勒斯（Ann Henderson-Sellers）的说法，水以海水、雪、冰、云和水蒸气这些形式的分布，可能也很重要。不足为奇的是，关于生命起源时地球的气候状态仍颇有争论。1987 年，气候学家迪金森（R. J. Dickinson）的计算表明，那时地球温度可能稍稍凉快几度，也就是说和现在的温度

---

1 —— 自由水（free water），又称体相水，滞留水。指在生物体内或细胞内可以自由流动的水，是良好的溶剂和运输工具。水在细胞中以自由水与束缚水（结合水）两种状态存在，由于存在状态不同，其特性也不同。自由水占总含水量的比例越大，原生质的黏度越小，且呈溶胶状态，代谢也越旺盛。

差不多。

其观点是，太阳温度较低造成的热量不足，可能由一层"温室气体"弥补了。分子中原子数大于2的气体具有吸收辐射热，即从地球表面逸出的红外辐射的神奇功能。这些气体包括二氧化碳、水蒸气、氨气等，都能被可见和几乎可见的红外辐射透过。红外辐射是太阳光谱范围内携带能量较多的部分。这种形式的辐射热会穿越大气并且给地球带来温暖。而自地表和底层大气辐射出来的红外长波无法穿过这些气体。热量没有逸出到太空中，而是困在地球上，这种现象被称作"温室效应"。这样称呼，是因为这些气体和温室中玻璃板的作用虽然不尽相同，但却相像。气态温室为地球供暖这一观点，由著名的瑞典化学家斯凡特·阿仑尼乌斯（Svante Arrhenius）在19世纪首次提出。

霍兰德在《大气与海洋的化学演化》一书中，对"盖娅"觉醒前地球可能的状态做了清晰易懂的描述。简而言之，他设想的地球具有富含二氧化碳的大气，有氮存在但被剥夺了氧，有硫化氢和氢等气体存在的痕迹。海洋里充满了铁和其他只能在无氧溶液中存留的元素和化合物。其中有还原性的硫和氮的化合物。这些气体和物质的存在十分重要，因为它们是还原剂，易于和氧气发生反应从而消耗氧气。这样的地球具有强大的吸氧能力，而且能防止游离状态的氧生成。这一设想看起来十分合理，所以我会将其视为事实，而且作为理解地球历史上太古宙时期演化的关键。

"盖娅"开始形成时的另一个条件是，当时地球内部产生的热量是今天的3倍。这是因为当时地球的放射性更强，距离生成地球的超新星爆发时间不长，放射尘仍然炙热。但是如果认为内部热量对地表温度造成了明显的影响，那就错了。来自地下的热量与来源于太阳的热量相比微不足道。更多的内热造成的主要影响可能是更剧烈的火山运动，向大气排放的更多的气体，以及火山岩和海水更快速的相互作用。其中，玄武岩中的含铁矿石和水之间的相互作用能生成氢气。氢气的持续生成有两大重要结果：第一，维持了有利于生命化学物质积累的无氧大气和地表；第二，氢气向太空逸出。地球重力场不够强大，无法吸引质量较轻的氢原子。如果氢气持续逸出，那么大片海洋就会消失，甚至达到像火星和金星一样贫瘠的状态。（这种逃逸不可能出现在现在，因为海洋中的氢会发生生化反应，而且会同大气中丰富的氧反应生成水。虽然水分子中有两个氢原子，但水分子太重，无法直接逸出到太空。另一个限制水直接从地球上逸出的因素是，水在大气中寒冷的区域通常会凝结，变成冰晶落回到地球上。）

　　这就是生命出现以前的地球。我们可以认为这样一种观点是合理的：生命起源于湍流和漩涡一样的分子化学反应。湍流和漩涡的推动力，是来自太阳的能量和炙热的幼年地球的自由能。普利高津和艾根似乎合理地建立了一种物理机制，通过这种物理机制，化学反应和循环反应共同构成了原始生命（protolife）的耗散结构。通过自然选择过程从原始生命到最早的活细胞的逐步演化，在我看来不是什么难以吞咽的专业药丸。一件非常重要的事情就是了解原始生命是否和环境紧密耦合在一起，以及是否有能力调节环境。两位地球化学家凯恩斯（A. G. Cairns）和莱拉·科因（Leila Coyne）提出了新的看法，认为环境里的固体物质对于生命起源有关键作用。在我看来，尽管在细节方面仍存在争议，但他们的观点有助于明确各种纷繁复杂的论点。流体状态的耗散结构问题在于这些结构耗散过快。如果它们要演化成更稳定持久的结构，就需要某种物质的东西来充当一个锚，或是容纳它们。在脑海里想象一件像笛子一样的管乐器，有助于理解这个原本会令人困惑的话题。光是吹气只会发出不规则耗散性气流造成的嘶嘶声。但是，当笛手从笛子的孔洞吹奏时，气流就会被捕捉在共鸣腔固定的边界内，并且被驯服，发出和谐的乐声。有机体在演化过程中，似乎也利用了物质的固态安全性来储存生存信息，并且将此传递给它们的后代。DNA非周期性晶体的特殊固体状态储存了细胞的程序，而且使有机体的存续时间大大超过耗散性漩涡或化学循环的存续时间。

最初的生命细胞可能以周围大量的有机化学物质为食物，也可能以不够成功的同类竞争者的残骸和自然死亡的成功竞争者的躯体为食物。这些原材料和能量可能很快就会供应不足。在早期的某个时候，生物体发现了如何捕捉丰富而又源源不断的太阳能来为自己制造食物。有人认为，最初的光合作用生物采用的是对条件要求较低的硫化氢光化学分解反应。很快，生物获得了真正的宝贵能力，即利用光能来断开将氧和氢、碳维系在一起的强大化学链。原核生物（bacteria）因外观呈蓝绿色，现在又叫蓝细菌（cyanobacteria），正是它完成了这工作，并成为现存所有绿色植物的先祖。

在太古宙时，就有完整的行星系统。在地表，即暴露在阳光下的表面，有主要的生产者蓝细菌，它们利用太阳能来制造有机化合物并复制自身。蓝细菌可能也制造氧，但是环境中大量存在的活性无机物使氧气只能停留在其产生的地点附近。早期生态系统中还存在着产甲烷菌，它们通过重组生产者的分子产物来获取物质和部分能量。这些"腐食"有机体或许可以确保光合作用者的产物和残骸持续得到处理，同时基本元素碳以甲烷和二氧化碳的形式回到环境中。它们无法像我们或者动物一样，直接食用蓝细菌或者使用蓝细菌合成的食物。它们需要必要的氧气才能做到这一点。

我猜测"盖娅"的起源与生命的起源是相互分离的。在原核生物占领地球上大部分区域之前，"盖娅"都是沉睡的。"盖娅"一旦觉醒，地球上的生命必定坚持不懈、百折不挠地抵挡不利的变化，并且行动起来，使地球持续保持适合生命生存的状态。在绿洲里勉力生存的稀少的生命，从来就没有力量调节或者对抗不利的变化。而这些不利变化在无生命的星球上是必然会发生的。稀少的生命只有在"盖娅"系统最初出现或消亡的时候才会出现。

光合作用者的成功演化可能促成了地球上的第一次环境危机，而我由此想到"盖娅"觉醒的最初证据。光合作用者在获取能量时，本可以使用大气和海洋里的二氧化碳作为碳的来源，但它们并没有这么做。正如我们现在面临二氧化碳的问题一样，它们可能也会有这一问题。我们开始意识到，使用化石燃料作为能量来源的种种益处会被二氧化碳积聚的内在危险所抵消；二氧化碳过度累积会导致地球过热。光合作用者所遇到的危险恰巧相反。蓝细菌用二氧化碳作为食物，它们吃掉了使地球保持温暖的覆盖层。当时频繁的火山喷发制造了大量二氧化碳，但是蓝细菌消耗二氧化碳的强大潜能可能远远胜过火山的制造能力。如果当时只有光合作用者，那么它们在海洋和地面的蓬勃发展，会在一两百万年内将二氧化碳的含量降低到危险的水平。早在蓝细菌将二氧化碳作为食物消耗完以前，地球可能已经降温至冰冻状态。那时，只有在地热融化冰雪的地方，生命才能勉强生存。或者，随着火山喷发出的二氧化碳累积下来，随后又消耗掉，地球进入冰封和融化交替循环的状态。我认为这两种灾难都从未发生过。自3.8宙前到现在，一直有沉积岩生成，这说明地球上总是有液态水，而且从未完全冻结过。我想提出的是，在早期的光合作用者、处理光合作用者产物的有机体和地球环境三者之间有一种动态的相互作用。这种相互作用演化成一个稳定的自我调节系统，一个使地球温度保持恒定不变且宜于生命生存的系统。

在进一步冒险进入这种对太古宙时期"盖娅"生命的想象和重建之前，我必须强调，这一切不过是一时的奇思妙想。来自于早期太古宙的可靠证据极其稀少，因此可以对其建构许多不同的模型。著名地质学者罗伯特·盖里尔斯（Robert Garrels）常提醒我说，在他对早期地球构建的模型中，二氧化碳含量十分丰富（按体积算约占20%），地球十分炎热（温度达40℃或更高）。我所构建的模型的主旨，不是为这样那样的地球太古宙生态系统提供论据，而是阐述"盖娅"理论如何为地球模型提供了一套不同的规则。一个活的星球上可能出现的气候与地质环境，完全不同于那些仅仅把生命当作过客的死的星球。说完这些，我们还是继续上文的"姑且假设"。

在太古宙，光合作用者利用二氧化碳，并将其转化为有机物和氧或对应的物质，正如今天的植物所做的那样。氧气会立刻被环境里无处不在的可氧化物质，如海洋里的铁和硫吸收。当时尚未出现很多具有氧化作用的消费者来以光合作用者为食物，并把碳以二氧化碳的形式返回到环境中。因为除了与生产者相互结合的氧原子外，尚未出现氧气

图 4.1　蓝细菌的显微照片。蓝细菌是最早利用太阳能制造有机物质和氧气的生物体。自太古宙开端以来到现在，蓝细菌不论是独立生存，还是作为内共生体生存，都是主要的生产者。[图片由迈克尔·恩则（Michael Enzien）提供]

供消费者呼吸。相反，已经出现了产甲烷菌、食腐生物和有机化合物的原始分解者的后代。这些早期原核生物只能在无氧环境下生存，以分解有机物为生，并将其体内的碳转化成为二氧化碳和甲烷，释放到大气中。它们在太古宙的作用和现在的消费者一样，就是将几乎与光合作用者消耗的二氧化碳等量的二氧化碳重新释放到大气中。

甲烷又如何呢？甲烷像二氧化碳一样，也是温室气体，不过，它在大气中有非常大的不稳定性。甲烷在太阳紫外光照射下分解，并且与羟自由基发生反应。羟自由基是一种小分子物质，由一个氧原子和一个氢原子组成。羟自由基氧化性极强，能够清除大气中除了最稳定的之外的一切分子。可以合理地推测，在太古宙，这种光化学反应区域应该在大气层高层，而且这个高度的空气稠密，足以吸收紫外线。当紫外线分解甲烷时，所得的反应产物与其他分子反复结合，形成了一批复杂的有机化学物。这些物质悬在平流层，夹杂小水滴和颗粒物后，形成高空大气烟雾。这一大气层可以对太古宙环境带来巨大的改变。由于它的存在，来自太阳的紫外线和可见辐射能被大气层吸收，而发生辐射吸收的区域会变得更温暖。大气中这一保温层的存在就像是在低空大气中放置了一个"反转"盖，可能会将通常温度随着高度上升而降低的趋势扭转过来。换句话说，甲烷烟雾相当于现在太古宙的臭氧层，其作用也和臭氧层一样，可以稳定平流层的存在，并过滤掉紫外线辐射。

低层大气上方的盖子，也就是"对流顶层"，阻碍甲烷向那些紫外线能分解甲烷的区域流动。正如在 20 世纪，污浊的气体聚集在由大气污染烟雾形成的逆流层下方。通过这种方式，甲烷的浓度能够有效增加，并作为温室气体发挥作用。而且，甲烷在平流层的反应产物，包括水蒸气，也发挥着同样的作用。烟雾层遮挡住紫外线，保护了其他不稳定气体，如氨气和硫化氢，使其能在低空大气聚集到一定程度。紫外线通常可以分解硫化氢和相似气体，无论是直接分解，还是通过其他生成羟基自由基的光化学反应。可以想到，被甲烷烟雾遮蔽的低层大气中，含有一些游离的氧气和过量的甲烷。正如我们现在呼吸的空气中有少量游离的甲烷和过量的氧气共存一样。如果光合作用者存活于地球表面自给自足的群落里，这种情况的可能性将会更大。光合作用者制造出来的部分氧气会扩散到空气中，这比扩散到缺氧的海洋中留存的时间要长得多。在一个非常详细的模型中，我们应当考虑到诸如一氧化二氮、羰基硫、氯甲烷等气体，它们都是现在大气的组成成分。而对这个模型而言，只要记住这种可能性，以及随之而来的一系列奇妙而复杂的反应和后果，就足够了。

　　光合作用者消耗二氧化碳，分解者将有机物重新转变为二氧化碳和甲烷，由这两者构成的行星生态系统的稳定性如何呢？光合作用者在很多方面和白雏菊类似，它们的生长通过吸收二氧化碳而使地球降温。而甲烷分解者像黑雏菊，它们的生长通过向大气中释放温室气体，使温度增高。为我刚才描述的简单世界建模并不困难，比如第2章和第3章讨论的雏菊模型。图4.2描绘了地球平均温度、大气气体和原核生物生态系统种群演化的时间历程。该模型采用了霍兰德对火山爆发释放的二氧化碳的估算。不过，由于岩石的风化作用，二氧化碳的储藏会随着生态系统的发展而增加。我认为气候调节主要是基于二氧化碳和甲烷作为温室气体发挥的作用。该模型认为，这些气体还发挥了一个小小

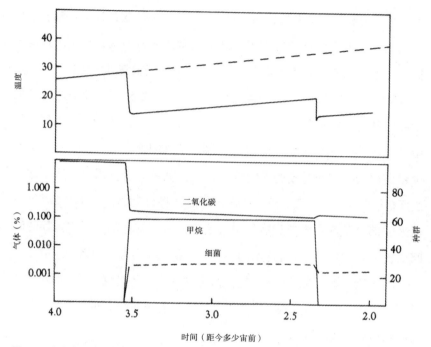

图 4.2 生命出现前后太古宙的模型。上半部分显示了有无生命两种情况下温度的变化，下半部分显示了系统演化时大气气体和细菌种群的丰度。大气气体丰度的量度衡是对数单位，而种群数的量度衡是任意单位。

的额外效应：气体覆盖陆地表面，将增加云量，并且往往增强阳光的背向反射（back reflection）。

　　图 4.2 上半部分描绘了在有生命存在和无生命存在两种情况下，这一缺氧世界的温度随着时间变化的历史。虚线显示的是无生命星球预期的温度升高。这个星球上有充足的二氧化碳使大气压达到 100 毫巴，大约是如今总的大气压的 1/10。大气中的主要成分被假设为氮气，这一

点与现在的地球一样。当时的"太阳"比现在的太阳要暗 25% 到 30%。但是随着时间的延续，它的温度升高，就像我们的太阳一样。实线显示了光合作用者和产甲烷菌共存的模型世界里温度的变化。注意，当生命开始出现时，温度骤然从 28℃ 左右降到 15℃ 左右。原因在于随着光合作用者使用二氧化碳来自我生长，这种温室气体丰度骤减。温度下降直到星球结冰之时才停止，因为产甲烷菌将新的温室气体甲烷以及一些二氧化碳释放到大气中。一旦建立了稳定的状态，这个简单的控制系统就在整个太古宙时期调节地球的温度。气温于大约 2.3 宙前突降，标志着模型中太古宙的结束，以及大气中大量游离氧的出现。这一事件使得甲烷的含量降至接近现在的水平，从而消除了它的温室效应。这一模型和地球的古代历史相吻合。太古宙期间没有温度异常变化的迹象，而且，2.3 宙前出现了一次冰河时期，它恰巧与大气中氧的出现一致。图 4.2 的下半部分显示了整个细菌种群、二氧化碳和甲烷的丰度是如何随着模型的演变而变化的。可以看到，生命的开始与二氧化碳含量的下降以及甲烷含量的上升恰好一致。太古宙的结束以甲烷消失为标志。

正像"雏菊世界"，这一简单模型是稳固的，不会轻易受到太阳能量的输入、细菌种群数量或者火山喷发出的二氧化碳量等因素变化的影响。该模型对于原核生物生长和环境温度之间的关系范围或者形式变化，是敏感的。该模型基于以下假设：细菌生态系统的生长在冰点停止，在 25℃ 时达到最大，然后在温度高于 50℃ 时再次停止。同"雏菊世界"模型一样，生命起源之时，环境会发生突变。生物体最初快速生长，直到其达到生长和衰败处于平衡的稳定状态。这种几乎是爆炸式的快速填充环境生态位的扩张趋势，起到了放大器的作用。系统在正反馈中迅速发展，以达到平衡。很快，系统达到了稳定状态，星球在适宜的内稳态中运行。

这个太古宙的新模型中的大气，有一点像稀释后的化粪池或者沼气发生器释放出的气体，对我们来说难闻又有毒，然而对于那些远古时期的居民来说，这里却是非常愉悦的。二氧化碳和甲烷在大气中的丰度可以分别达到 1.0% 和 0.1%。有趣的是，霍兰德怀疑进入太古宙后大气中是否长期持续保持较高的二氧化碳含量。地质记录中的岩石风化速率，并不符合二氧化碳含量持续保持在 10% 及以上的情况。细菌生态系统快速地清除二氧化碳，从而干净利落地解决了这个问题。值得注意的是，除了光合作用者外，还有多种细菌积极地清除和使用二氧化碳，将其转化为化合物。

依据这个模型，在生命出现后的太古宙，大气成分变得截然不同。表 4.1 显示了生命出现前后大气中主要气体所占的比例。表中显示，生命出现后，氮气含量增加。我推测，在那之前，一些氮以铵离子（NH_4^+）形式存在于海洋中。海洋因为含有过量的二氧化碳而呈酸性，而且富含亚铁。在这种情况下，亚铁螯合了大量铵离子，形成了稳定的铁铵络合复合物，大部分氮元素可能都以这种形式存在。二氧化碳含量的下降以及生命对氮的使用，可能改变了大气平衡，使氮气含量增加。虽然氮气本身并无温室效应，但是氮气的增多会使大气压加倍，从而增强二氧化碳和甲烷气体的温室效应。其中的原因有点艰深难懂，但是这与大气总压较高时，温室气体吸收更多的红外线相关。

表4.1 对生命出现前后太古宙大气组成的估计

气体	生命出现之前	生命出现之后
二氧化碳	主要地位	0.3%
氮气	未知	99%
氧气	0	1ppm
甲烷	0	100ppm
氢气	一些	1ppm

值得指出的是，关于太古宙还有其他看起来同样合理的模型。传统的观点在霍兰德的书中有所阐述，即前生命时期环境持续保持不变。罗伯特·加雷尔斯倾向于把这一时期看作一个由大气中高浓度的二氧化碳维持的高温时期。我们要花很长的时间去确定地球的远古历史。然而，本章的目的并不是对太古宙的状况做出确定的描述，而是去展示"盖娅"理论如何从极其贫乏的证据中，构建出一幅关于那些时代的截然不同的图景。

我喜欢想象某个外星化学家在很久以前到达太阳系，观察着前生命时期的地球大气层。宇宙飞船上的红外线光谱仪将会显示这是一个处在非生物稳定状态下的星球——一个尚无生命，但有潜力孕育生命的星球。但是在太古宙更晚期生命已经掌管地球时再访地球，相似的分析却会显示出一定程度的化学不平衡。这在无生命的星球上是不可能的。二氧化碳、甲烷、硫化氢和氧气在有阳光的情况下，是无法以表4.1显示的浓度共存的。考虑到太阳紫外线辐射对甲烷、硫化氢和氧气的破坏性影响，外星人将会知道必然有个源头在持续大量地释放这些气体。没有任何可以想到的火山喷发可以维持这样的大气层，因此外星人会得出结论：地球上这时已经具有生命了。

　　我常常好奇，对于我们来说，太古宙的地球看起来会是什么样子。我怀疑，从沿轨道运行的航天器遥望，我们看到将不是这个熟悉的蓝白相间的球体，以及苍穹下陆地和海洋的掠影。更可能看到的图景，是一个棕红色的、朦胧不清的星球，像金星或土卫六[1]一样，因为太模糊而看不清下面星球的表面。我们现在看到的天空湛蓝清澈，原因是存在丰富的氧气。氧气是大气的永久漂白剂，它使空气变得清洁和新鲜。

　　在太古宙某个大陆边缘的海滩上，我们可以看到海浪拍打着平滑的沙滩和后面起伏的沙丘。景象是熟悉的，颜色却不同。高悬的太阳染着橘黄色的光辉，更像是落日。天空带着粉红的色调，而海洋这面巨大的镜子，呈现出棕色的色调。沙滩上没有贝壳，也没有其他生物移动的迹象。近海岸的碎波在退潮时远去，露出奇怪的蘑菇形层叠石礁，它们由活的蓝细菌菌落分泌的碳酸钙形成。沙滩和砾石堆后，是平缓的静水，细菌在其中生长，呈杂乱的绿色和黑色的块状。除了风声和水流声，唯一的声音是甲烷气泡脱离泥地限制时爆裂的噗噗声。在潟湖[2]边，在陆地表面上，凡是可以积水的浅洼地，同样的景观都会一遍遍地出现。在干燥的土地和山坡上，薄薄的一层微生物生命孜孜不倦地风化着岩石，将营养物质和矿物质释放出来，进入流动的雨水中，同时不断地消耗大气中的二氧化碳。这样宁静的景象本可以存在于太古宙的大部分时间里。但是外太空的小行星撞击，激烈地中止了这一进程。此类撞击至少有 10 次。每次灾难都足以毁灭星球上超过一半的生命。它们

1 —— Titan，又称泰坦星，是绕土星运行的最大的一颗卫星，也是太阳系内最大的一颗卫星。
2 —— 潟湖是指被沙嘴、沙坝或珊瑚分割而与外海相分离的局部海水水域。

对物理和化学环境的改变，足以在接下来的几百年（即使不是几千年）里威胁到幸存生物的生存。多亏"盖娅"强大的力量，我们的星球家园才能在遭此大难后快速有效地复苏。

如果没有生命，结局将大不相同。不可避免的化学和物理演化的力量，将通过氢气的流失将较小的内行星[1]推向氧化的状态。金星上最初一定有水存在。对惰性气体丰度的估计表明，在行星形成之时，金星上至少有地球上1/3的水量。水去哪里了呢？最可能的是，表层岩石中还原性的元素铁和硫使氧从水分子中脱离出来。这些反应释放出气体形式的氢，较轻的原子逸向太空。大气层边缘的紫外线也有可能将水蒸气分解为氢和氧。任何一种方式都会使氢——从而也使水——在星球上永远消失，从而使星球的氧化程度更高。现在的金星炙热难耐，空气里满是硫黄，简直可以做地狱的模型。相比之下，地球就是孕育生命的天堂。

是什么让我们的海洋没有干涸？这很可能归功于生命的存在。我的朋友，同时也是我的同事罗伯特·加雷尔斯告诉我，他的计算表明，如果没有生命，那么在1.5宙的时间里，也就是到太古宙的中期，地球就会干涸。在星球上保留氢元素有几种方式。一种方式是向大气或者环境中增加氧，以便捕获氢，形成水。生命在光合作用过程中将二氧化碳分解为碳和氧。如果一些碳被埋在地壳岩石中，那么氧就是净增的。每一个碳原子被掩埋，都会留下两个氧原子。因此，可以说，每一个碳原子被掩埋，实际上留下四个氢原子或两个水分子。接下来还有海水和玄

---

1 —— 内行星指运行轨道接近太阳的行星，在太阳系中，内行星包括水星、金星、地球和火星四个行星。

武岩中亚铁离子在海底岩床上发生的反应。这些反应生成的游离的氢会成为某些种类的细菌的食物，这些细菌使用氢合成甲烷、硫化氢和其他比氢气挥发性弱的化合物，从而获得能量。大气中被紫外线分解的甲烷，能够使大气分层，并减缓来自低层大气的气体混合速率，同时也会阻碍氢气向太空逃逸。以这些方式和其他更微妙的方式，太古宙中生命的存在使地球免于在尘土飞扬中死亡。

艾尔索·巴洪（Elso Barghoorn）和斯坦利·泰勒（Stanley Tyler）首先发现了细菌化石，使人们认识到太古宙时期生命的存在及其形式。我曾参观过巴洪在哈佛大学的实验室，亲眼见识了他用金刚石锯将燧石切割成透明薄片的精湛技艺。通过这种方式，他和泰勒在北美五大湖地区古老的引火燧石岩层（Gunflint rocks）中发现了细菌微体化石。但是所有的古化石都来自潮湿的地区，我们仍然无从得知在干燥的陆地上是否有生命存在。我觉得很难相信，像细菌这样有进取精神的生物，竟然在陆地表面没有留下痕迹。但是，首先我要推翻一个关于这些早期时代的根深蒂固的错误假说。我们正在使用新的理论来观察现象，这有助于将仅有的几样珍贵的证据放置在不受偏见影响的背景之中。

这个像海市蜃楼般久久不散的错误印象就是"地球的脆弱之盾"（Earth's fragile shield）这一陈词滥调。从某种程度上说，大气科学家劳埃德·伯克纳（Lloyd V. Berkner）和马歇尔（L. C. Marshall）是始作俑者。大约 30 年前，他们提出了著名的大气中氧的演化理论。其中至关重要的假设是，在空气中出现氧气以前，就有一股致命的紫外线辐射，使生命无法在陆地表面居留。事实上，该理论进一步认为，大气中出现氧气之前，生命一定被迫存在于紫外线无法穿透的深层海洋中。只有当空气中出现氧气之后，臭氧层才能形成，并且作为保护层阻止紫外线到达陆地表面。一旦这一事件发生，就打开了大量生物前往陆地生存的通道，也打开了氧气浓度增加的通道。通过光合作用，氧气的含量增加到目前的水平，也就是21%。我们现在怀疑该理论的一些细节是错误的，例如当时氧气浓度有时比现在还高。但这并不是完全不可信的，因为当时缺乏验证该理论的信息。我们应当感谢伯克纳和马歇尔的灵思妙想对地球科学的发展起到的激励作用。同之前的维尔纳茨基和哈钦森一样，这些科学家展示了一种世界模型，生命在其中发挥重要的作用，而不仅仅作为观众被迫适应纯粹的物理和化学世界中气候及化学的无常变化。科学机构热情地接受了他们的各种观念，其中就包括一个次要的假设，即平流层中臭氧层的存在对于陆地生命来说是一个重要条件。科学家们仍接受这一点，就好像它是得到证明的科学事实。

在生命开始之初和太古宙时期，不可能有臭氧层存在。像氢气和甲烷这样的气体在大气的化学成分中占主导地位，而且，即便大气中有一些氧气，也不能用来形成臭氧层。（当平流层的紫外线辐射将氧气分子分解为两个氧原子，氧原子再和其他的氧气分子形成由三个原子构成的氧气的同素异形体 O_3 时，就生成了臭氧。）如果没有臭氧，照射到地球表面的紫外线强度将是现在的30倍。据说，如此高强度的辐射足以使地球表面一片荒芜。更坚定不移地相信紫外线破坏作用的人认为，要想过滤掉致命的辐射，至少需要10米到30米深的海水。他们断言，生命将无法在海洋的浅水区生存，更不用说在陆地上了。

"地球的脆弱之盾"这一说法更可能是一个神话。臭氧层如今确实存在，但认为臭氧的存在对于生命至关重要，是毫无根据的想象。我作为研究生的第一份工作，是在伦敦的国家医学研究所（National Institute for Medical Research in London）。我的上司是卓著而又谦逊的通才罗比特·布尔狄龙（Robert Bourdillon）。我被特许先观看，然后参与到他和我的同事欧文·立德威尔（Owen Lidwell）合作进行的实验。他们试图通过将细菌暴露在未过滤的紫外线辐射下将其杀死。我们的实际目的是预防病房和手术室内的交叉感染。我们试图找到一种办法来消灭靠空气传播的病菌，以阻止感染扩散。某些种类的病菌在去除外膜并清洗过后，呈微滴状悬浮于空气中时，可以轻易地被紫外线杀死。尽管如此，令人印象深刻的是，极小的一层有机薄膜物质几乎可以完全保护这些极为敏感的生物。在实验室外的真实世界中，细菌并不悬浮在蒸馏水或者盐水溶液中。在正常的栖息地，细菌通常裹着一层黏液分泌物或者所处环境中的有机物和矿物质。细菌像我们一样不再"裸露地"生存。经过多次实践测试之后，我们才意识到，紫外线并不是杀死医院环境里这些柔弱的病原体的有效方法。它们几乎不需要任何遮挡就可以阻止紫外线辐射。医学研究理事会（Medical Research Council）262 号特别报告，也许能说服那些仍然持怀疑态度的人。该报告题为《空气卫生研究》（Studies in Air Hygiene），发表于 1948 年。

回想起这些实验，我无法接受这样一种观念，即太古宙陆地表面弱得多的紫外线辐射，竟然能阻止细菌在陆地上生存。那时周围的生物已经习惯于在阳光下空旷的野外环境中生存，而且有几百万年的时间去调整它们自身或者地球。认为大气气体中只有臭氧能过滤紫外线，这种看法也是错误的。很多其他的复合物吸收并消除了短波紫外线辐射。在太古宙，最可能的候选者是甲烷或者硫化氢分解的雾状产物。海洋中可能的复合物种类更多。正如亚硝酸离子和许多有机酸的离子那样，大量像铁、锰、钴等过渡元素的离子能强有力地吸收紫外线辐射。但是，即便完全未经过滤的太阳紫外线照射到陆地表面，也不可能对生命形成太大阻碍。有机体总是机会主义者，它们很可能将强烈的紫外线转化成优质的能量来源。假设太阳紫外线这般穿透力弱的辐射会对陆地生命构成无法超越的障碍，这简直是对技能多样且强大的生命系统的侮辱。甚至黑皮肤的人类都几乎对紫外线的作用免疫，我们所有人都有机会利用照射到皮肤上的紫外线，通过光生物化学方式产生维生素D。

认为紫外线辐射在任何条件下对地球上的生命都是致命的，这种想法支撑了关于太古宙以及"盖娅"演化中其他时期的一种错误观念。这种观念在科学界仍然根深蒂固。我发现试图在火星上寻找生命的科学家普遍持有这一想法。我不禁纳闷，他们怎么能够相信辐射极强的火星表面有生命存在，同时却又认定地球太古宙浑厚大气下的陆地上没有生命呢？他们脑子里怎么能装下两个如此矛盾的观点呢？

我想那时地球陆地居住者面临的更加严重的威胁，可能是对雨水的需求。现在地球大陆板块上的降雨，很大程度上是蒸发作用的结果：树和大型植物将水从土壤里输送到叶子上并蒸发出去。森林上方云蒸霞蔚的水蒸气就像隐形的山峦一样，迫使由海洋流过来的空气中携带的水分形成雨水降落下来。即使细菌生长形成了叠层石，陆地表面突起的地形结构在造雨功能上也很难与树木相提并论。（不过，细菌虽小，却有造雨的技能。近期科学家发现假单胞菌类可以合成一种高分子物质，这一物质可以导致0℃以下的过冷却水滴结冰。）

虽然在温度下降到 0℃以下的时候，泳池甚至玻璃杯里大体积的水都会结冰，但是，云层中被冷凝的水滴却在温度降到 -40℃以下之前都不会冻结。这种"过冷现象"（supercooling）只有在没有固体颗粒核的情况下才会发生，因为在固体颗粒核表面上最初形成的微小冰晶会生长。纯水是很难结冰的。水在冰箱里会结冰的原因是，大体积的水里至少总有一个内核来进行晶核形成反应。一些化学物质，如碘化银的形状与冰晶极为相似。如果将这些化学物质撒到过度冷却的云上，会引起结冰，有时会引起降雨。而假单胞菌类合成的高分子物质能使水滴降低到 -2℃的时候就结冰，比碘化银有效得多。（这种人工降雨方式引起了人们的商业兴趣。用碘化银降雨差强人意，现在高效的假单胞菌高分子物质的生产已在进行。但一些环保人士认为，从社会角度来看，人工降雨是不可取的，因为"偷"来的雨本来可能会落到那些更需要雨的人们身上。）

假单胞菌存世已久，它们成核造冰的技能或许能追溯到太古宙。果真如此的话，这些造雨者是在陆地上栖居的先驱者吗？可以假想，在这一点总会引出的问题是：那是怎么发生的？可以肯定那些细菌并不是有意要制造成核造冰的物质。在这一点上，思想正统的微生物学家开始不安了，他们担心会形成类似于目的论的异端邪说。幸运的是，我们能够轻而易举地建立一个似乎可信的模型来反映大尺度环境影响和微生物局部活动之间紧密耦合关联的演化，而且这一模型不带任何目的的色彩。

"盖娅"的区域性和全球性生理系统，很可能来源于不同物种之间的某种区域性竞争与协调。一种早期的造冰者可能发现了生长地露水的凝结带来的某些好处。它可以通过冰冻干掉一名竞争者或者捕食者，撕开它所捕食的有机体坚硬的表皮，或者在岩石上弄出几道机械断裂，来释放营养物质或者增加土壤颗粒的数量。这些效果，无论是单个的还是组合在一起，都会给造冰者带来好处；更重要的是，更有利于那些产生的成核剂最多或最好的生物。最终，最好的成核剂将在所处区域无处不在。出于纯粹的地区性原因，只要在对这些生物有利的地方，它们就会持续进行凝结活动。不难看出，地表带有造冰者的生态系统，与无法产生成核剂的生态系统相比，在干旱环境下占有优势。被风扬起或者被旋风卷起的土壤灰尘可以使云层中的水滴凝结，而后形成降雨。

现在我们已经完全了解了云层水滴凝结和随之而来的降雨间的联系。水凝结时释放出大量的热。换句话说，将 −40℃的过冷却水滴中一半的水凝结成冰，释放的热量足以将冰水混合物的温度提高40℃以达到冰点。如果一片云层中大部分的过冷却水滴凝结成冰，散发的潜在热量就会使云层温度升高，并且使云层飘到更高的地方。尽管云层聚集水分后重量增加，以雨的形式落下，但是，更多的水蒸气冷凝冻结就会产生冰雹和降雪。活的有机体的任何产物，只要能为过冷却云中的水滴提供核，就能够促成降雨。

在气候调节中，比过冷却水中的水滴成核更重要的是过饱和（supersaturated）水蒸气的成核。开阔海洋上空的大气通常都含有过饱和的水蒸气。但直到细小颗粒——即云层中的冷凝核——出现前，都无法形成云层或者湿润的水滴。气候学家罗伯特·查尔森（Robert Charlson）已经证明，在目前以及最近的过去，生物群体释放的硫化合物，为提供云层冷凝核发挥了重要作用。但是这需要大气中有氧气来将硫氧化为成核剂，即硫酸和甲磺酸。在太古宙不可能发生这一反应，但是当时可能有其他种类的分子发挥相同的作用。波浪中带来的海盐颗粒有某种能力使云层成核，但和硫酸微滴比起来，作用甚微。

虽然雨水对陆地生物的生长必不可少，但也带来了问题，因为雨水会冲走营养物质。（不列颠岛屿西海岸被雨水冲刷的高地土壤贫瘠，就是此类问题的例子。）如今，河流为海洋生物输送它们使用或需要的元素，如氮、磷、钙、硅。但是，河流还将更稀有的元素如硫、硒、碘输送到大海，因此陆地的营养成分减少。这使我们想到另一个大规模的地球生理学机制——将必要的或者富含营养成分的元素，从富饶的海洋输送到贫瘠的陆地。这一过程需要海洋生物合成特定的化合物，并作为元素的携带者漂洋过海。比如硫元素是通过海藻的一种产物二甲基硫醚，由海洋输送到陆地的。在太古宙，要么是无氧环境，要么是还原性气体超过了氧气。在此种大气环境下，是不可能合成二甲基硫醚的，因为只有在富氧环境下才能合成二甲基硫醚。在如今的富氧空气中，诸如硫化氢、二硫化碳之类的化合物，是不稳定的，但在那时却可以起到传输重要元素硫的作用，而且太古宙的陆地生物对硫的需求可能也更少。

氢化硫在缺氧地带似乎是普遍存在的，并且与铅、银和汞等很多金属发生反应，要不然那些金属就会聚集到有毒的水平。其结果就是生成可溶于水的硫化物，并且以固体形式沉积下来。地球化学家沃夫冈·克伦宾（Wolfgang Krumbein）的研究表明，今天裸露在地表或接近地表的这些元素的矿床，正是过去某个缺氧生态系统的废弃堆。厌氧微生物把潜在的有毒元素汞和铅，转换成不稳定的甲基衍生物。这些微生物成功地生长，为生态系统提供一种清除有毒废物的机制。缺氧地带持续充斥着一种甲烷气体流，以便把那些不稳定物质带离这个区域。有些甲基化活动带来的益处是区域范围内，甚至全球尺度上的。二甲基硒的生成会以一种微妙的方式消解二甲基汞的毒性（最早发现这种情况的是大气化学家霍兰德）。它也会起到使基本元素硒在全球环境中实现再循环的作用。

太古宙碳埋藏的速度与现在并无太大区别。正如我们之前看到的，最早的沉积岩中出现的碳，与月球上从未有过生命的岩石相比，在同位素比例上有细微的差别。这一差别正是光合作用者存在的证据。地质学家尤安·尼斯贝特告诉我，在非洲南部，有太古宙时期富含碳元素的页岩矿床。这与若干宙以后石炭纪（the Carboniferous period）由森林形成的煤系地层相似。这些碳的矿床全部由曾经在太古宙生存的微生物遗骸构成。那时的火山和现在一样喷发出二氧化碳。太古宙的光合细菌以及其他细菌，利用二氧化碳合成出自身细胞的有机物。这些生物还可能促成了二氧化碳与钙以及其他二价离子的反应。这些钙离子以及二价离子溶解于海水或者存于陆地表面。这两种反应使得二氧化碳减少，并使二氧化碳在大气中的量保持稳定。这是气候调节的一部分，正如图4.2所表明的。除了这些气候上的结果外，太古宙生态系统可能将生态系统中一部分比例虽小却稳定的周转碳埋藏起来，从而使氧气含量稳定增加。但是，这些氧气可能全部被用于氧化地表、海洋环境中以及由火山喷发出的还原性化合物。某种程度上，就像高中的化学实验，你把氧化性溶液持续滴到还原性溶液中，直到指示剂突然变色，表明滴定过程已经结束，还原性溶液变成了氧化性溶液。依靠曾经存活的细菌来循环的少量碳和硫的埋藏，滴定着环境中的可氧化物质，直到所有盈余的氧气完全耗尽。还原性物质持续添加到海洋和大气中，但是增加的速度要比碳埋藏慢。游离的氧气开始以足够克服甲烷还原性倾向的水平出现，并且标志着太古宙的结束。

这个由甲烷主宰大气化学成分的时代似乎很可能结束得十分突然。但是，如果你把这想象成一种突然的转变，也就是从一个完全没有氧气的世界，转化成大气中存在游离氧气的世界，那就错了。更可能的情况是，在太古宙后期，地球表面的亲氧生物逐渐增多。这些生物最初存在于地球表面，在这里，光养生物（phototrophs）沐浴在阳光中，在局部地区产生足够的氧气以供生物生存。它们组成独立而封闭的生态系统，在一个原本致命的系统中存活下来，正如厌氧菌存在于如今有毒的富氧世界中。在这一亲氧生态系统中，会有以蓝细菌的有机产物为生的消费者，还有一些能利用弱氧化介质进行反硝化作用（不用氧气，而是使用硝酸根离子、亚硝酸根离子，从而使氮以氮气和一氧化二氮的形式散逸到空气中）的有机体。

渐渐地，当海洋中的除氧剂耗尽以后，光养生物释放的氧气不再被吸收。此时，进入大气中的甲烷和氧气的比例，朝着氧气过量的方向转变。亲氧生态系统不断扩大，并且，就在游离态的氧大量增加并成为主要的氧化剂之前，亲氧生态系统很可能已经覆盖了海洋的大部分区域。这一转变与其说是某些气体消失了，不如说是氧气占据了主导地位。如果在氧气出现以前，陆地表面的生物产生了一氧化二氮，那么更奇特的景象可能会出现。一氧化二氮在对流层中十分稳定，也许允许甲烷存留较长时间。一氧化二氮也算是一种温室气体，可能为甲烷的减少提供了补偿。现在的一氧化二氮由细菌生成，而在太古宙，很可能已经出现了制造这种气体的细菌。

在地质生理学上，太古宙的结束与以大气中游离氧气的出现为标志的重要节点是一致的。但是对于太古宙的细菌来说，这一时代从未结束。它们生存于所有的无氧环境中。在海底、湿地和沼泽，以及几乎所有消费者（包括我们自己）内脏中的缺氧地带，它们推动着重要而又广阔的生态系统。在严格的地质学意义上，这一时期在 2.5 宙前结束，可能还要更晚一些。大气和海洋表面出现的氧气并未将缺氧系统完全消除，只是将缺氧系统隔离在死水和沉积物中。结果，由沉积物构成的岩石未能记录下大气中游离氧存在的信息。

以上是通过"盖娅"理论对太古宙的几个方面做出的阐述。在太古宙，地球的运作系统完全被细菌占领。太古宙十分漫长，在这期间，"盖娅"的生命组成完全可以被看作一种单一组织。细菌能够移动自如，风力和洋流可能将它们带到世界各个角落。它们也能非常容易地相互交换信息，因为这些信息被编码在低分子量核酸链条，也就是所谓的质粒上。当时地球上所有的生命都由一张缓慢而精确的信息网络连接起来。马歇尔·麦克卢汉（Marshall McLuhan）关于"地球村"的预言指出，人类由嘈杂的电信网络联系着，而这正是太古宙机制的重现。

5 中古时期

20 亿年前至 7 亿年前是重要转变时期，关于这一时期，人们知之甚少……

——罗伯特·加雷尔斯（Robert Garrels）

如果你对地球好奇，并且想知道岩石的历史，那么出生在英格兰或者威尔士是再好不过的了。我所在的小岛位于这两个地区的交界，并且与大陆一样经历了尽可能多的地质时期。沿着岛屿绵长的海岸线，海浪削出了悬崖，这些岩壁展现出被切割的地层，就像博物馆里的三维景观。我童年时假期常常在多塞特郡（Dorset）海边一个叫作查普曼池的地方度过。这儿，基默里奇阶页岩（Kimmeridge shale）形成的暗黑色悬崖上，点缀着雪白的菊石和其他化石。

当你向西穿过英格兰时，岩石也沿着历史向后回溯。等你到达威尔士时，岩石的年龄接近 5.7 亿年。这些古老的岩石名叫寒武纪岩石

（Cambrian），以威尔士（Wales）在古代的罗马名称命名[1]。在蕴藏肉眼可见的化石的地层中，它们是最古老的岩石。当然，还有更古老的岩石细菌微体化石如巴洪和泰勒发现的那些。但是，在现代的年代测定法出现以前，人们没有可靠的手段去知道岩石的年龄。那些岩石比蕴藏着更大型化石的岩石更古老，这个古老岩石不存在的时期就叫作前寒武纪（Precambrian），因为它比寒武纪岩石标记的时间更遥远。我们现在知道前寒武纪的部分岩石确实相当古老。这一新的认识来源于古老岩石中放射性元素铀和钾的分布，以及它们的衰变产物铅和氩的分布。放射性衰变是精确的计时器，通过测量一块岩石中铀衰变为铅的比例，以及钾衰变为氩的比例，就能计算出它的年龄。其他关于古老岩石的证据，来源于稳定元素碳的同位素分布。以上方法以及太古宙细菌微化石的发现告诉我们，生命至少在 3.6 宙前就已经存在了。前寒武纪现在被细分为元古宙（Proterozoic perriod，距今 0.57 宙前到 2.5 宙前）、太古宙（距今 2.5 宙前到大约 4.5 宙前）。一些地质学家将 4.5 宙前到 3.8 宙前的第一个时期称作冥古宙（Hadean）。

　　和太古宙类似，元古宙的地球生态系统由细菌（原核生物）占据。在沉积物的缺氧区域中，太古宙的细菌也会继续生存；但是此时在海洋和陆地表面微氧化的环境中，也最终演化出了更复杂的生命细胞，即真核生物。它们是大型有核细胞群落如树木和人类的始祖。

---

1 —— 寒武纪是古生代的第一纪。"寒武"源自英国威尔士的古拉丁名"Cambria"。日本学者音译，中国沿用。1936 年赛德维克曾在英国西部的威尔士一带进行研究，因为在罗马统治时代，北威尔士山曾被称为寒武山，因此赛德维克便将这里的地层形成的时期称为寒武纪。通过铀铅测年法测量其延续时间为 5370 万年。

元古宙仍是地球史上令人困惑的时期，因此，我可以自由地用此作为背景来建立可能的地球生理学模型。在这一章里，我不是在叙说历史，而是在阐述生活在几千年前的一种未知动物的生理学，依据的证据只是几块经过精确的碳同位素年代测定的骨头。我的主要兴趣在于使地球保持稳定并适合生命居住的长期生理学过程，以及其运行方式。带着关于地球骨骼的想法，我会反复思考重要的元素钙，以及钙在所有生命物质（从我们人类自身到"盖娅"）中的关键作用。我也将会继续关注其他重要的元素氧、碳、氢，关注它们的调节作用以及气候。本章也将是关于海洋的地球生理学，特别是这样一个难题：海水总的盐度是只由物理和化学力量决定，还是"盖娅"那边有什么"谋划"。虽然本章将时间设定在地球中古时期的元古宙，但是讨论的很多话题并不独属于这一时期，很多活动在太古宙已经存在，现在仍在继续。

如果打算从太古宙和元古宙的分界点开始讨论，我们会发现这一分界点的时间仍有待商榷。没有轮廓鲜明的边界，只有一块无人区，地质学家根据自身的想象在那里各立阵地。太古宙地质学家尤安·尼斯贝特告诉我，目前非正式的认可是距今 2.5 宙前，但是也有人倾向于用以津巴布韦一组特定岩石的出现为标志的日期来作为分界。正如政治边界经常无法准确划定民族区域，仅仅基于地质学的考虑而定的边界并不总与地球生理学的兴趣点相吻合。作为地球生理学家，我倾向于接受的时间标记，是有氧环境开始占主导地位的时间，或者更专业地说，环境中占据主导的气体，由给出电子的分子如甲烷，向接受电子的分子如氧气转变的时间点。由于事实上 2.5 宙前的事件具有很大的不确定性，我们暂且用地质和地球生理学上的标记来定义地球史上这一个时区。

对于地球生理学来说，关于太古宙向元古宙的转变，重要之处在于这一转变确实发生过，而不在于这一事件发生的确切时间。好比人的青春期，确实是一次重大的生理转变，但是历经了一段有限的时期。青春期变化的标志，比如长出胡须、嗓音变粗、胸部隆起，对于主要事件来说都是次要的。第二性征的迅速转变是对不断增加的（脑）垂体激素的响应。我们或许可以精确界定这个主要事件，第二性征的产生却多少有些随意。在太古宙和元古宙之间，作为大气中主导气体的氧气的出现是主要事件，标志着地球生理状态的重大改变。这种改变外在的和次要的表象，即随着氧气开始在大气层中占据主导地位，新的地表和大气化学以及生态系统涌现，很可能经历了相当长的时间跨度，并且是发生在不同的时间和不同的地点。

从元古宙早期直到今天，空气中一直存在过剩的游离状态的氧。我所谓的"过剩"，是指大气中携带的氧气多于完全氧化短期存在的还原性气体甲烷、氢气和氨气所需要的氧气。元古宙开始时，从地球生理机能的角度来说，有氧的表面区域和缺氧的沉积物这两大星球生态系统的分界已经完成。在太古宙，整个环境中充斥着给出电子的分子（即还原剂），这个时期与其说结束了，还不如说被隔开来作为一个分隔的区域，存在于任何缺氧的地方。厌氧生态系统让位于占主导地位的有氧生态系统，有点像诺曼征服[1]，太古宙的"撒克逊人"被驱逐到处于从属地位的低层，即下层社会，我们常说，他们从未摆脱这种地位。

---

1 —— Norman conquest，即诺曼人征服英格兰，指 1066 年法国诺曼底公爵威廉对英格兰的入侵及征服。这次征服改变了英格兰的走向，从此英格兰受欧洲大陆的影响加深，而受斯堪的纳维亚的影响逐渐衰退。

在地球历史中，从缺氧到有氧的变化，是至关重要的一步。在前一章的太古宙模型（图4.2）中，这一时期的终结被描绘得非常突然，在不超过一百万年的时间里，大气中氧气的浓度从很低的水平上升至0.1%到1%之间。当然，这不过是对地球生理学模型的预测。这个模型把从一个规则到另一个规则的改变，视为由生物群体和环境强有力的正反馈驱动的事件。

我认为，太古宙和元古宙之间的明显区别在于大气和海洋的构成成分，可能也在于气候。图4.2所示的简单模型预设了碳循环是由产烷生物来维持的，因为它把大量流动的甲烷和二氧化碳从沉积物中带回大气。这种状态一直持续，直到游离氧非常突然地出现时才终止。更为可能的是，有一些氧恰好出现在太古宙早期，正如有甲烷存在于我们现在的大气中。太古宙时期和元古宙时期空气的差别并不在于存不存在氧气的简单问题，而是在于净余趋势（net tendency）。在元古宙时期，一辆被扔在浅水中的自行车会生锈，生成不能溶解的氧化铁，在海床上沉积下来；在太古宙时期，这辆自行车会慢慢地分解成可溶于水的氧化亚铁，而且不留下任何痕迹。在甲烷通量超过氧通量的那段时间里，较低层的大气只能够携带微量的氧气。海洋和表层岩石富含消耗氧气的氧化亚铁和硫化物，因此它们会吸收蓝细菌产出的大量氧气，以至于在太古宙时期的大部分时间内，空气一直保持净缺氧状态。

我们现在还不知道当时空气中的氧气含量是否是突然上升的。它也许是缓慢上升，或者经历了一系列步骤。区分氧气出现与氧气占主导地位的时期，也十分重要。在化学的意义上，占据主导地位就要求氧气与甲烷的比例高于2∶1。我们认为规则的改变，即太古宙和元古宙之间的界限是突然出现的，理由是大约 2.3 宙前一次大型冰河作用的痕迹。这次冰河作用或许是大气中甲烷突然减少的结果。这样的事件会伴随降温，因为甲烷及其分解产物都是温室气体。也有地球生理学方面的论据支持一种明确界定的向氧化状态的转变。一旦促进光合作用的氧气在大气和海洋中占据主导地位，阳光对氧气的作用就会产生羟基，使空气中的甲烷氧化。在有机物质成为缺氧沉积物之前，也会有消费者食用它们。这将会使产烷生物得不到产生气体排泄物的原料。这就是一种不利于甲烷而有利于氧气的强大正反馈的秘方。这些事件很可能是突然发生，而不是渐进的。最后，需要考虑生态学。在太古宙时期会存在各种适于在地球上生存的生态系统。当它们与环境一同演化时，它们会抵制变化，但是，它们的抵制就像地震带的闭锁断层（locked fault）：它们倾向于抵制变化，试图维持现状，但是当地震来临时，断层将会更突然，更具有破坏性。

向氧气占据主导地位的过渡也许以戈甘达冰川（the Gowganda glaciation）的形式在岩石记录中留下了痕迹，但是随后漫长的时期是地球历史上更难以理解的时期之一。"盖娅"理论认为，在这一时期也正如在其他时期一样，有机体与其物质环境之间紧密耦合的演化，将会决定地球的状态。我们是否能够从这一理论出发，设想在那时可能已经发挥作用的调节系统呢？

当地球科学家们使用"调节"这个词语时，他们大脑中通常想到一个消极的过程，其中，某些成分或特性的输入和输出处于平衡状态。相反，在地球生理学中，"调节"意味着积极的内稳态过程，即生命与环境的相互作用使地球保持适于生存的状态。紧跟气候、氧气、盐分和其他环境特性的"调节"而来的猜想都是处在这个地球生理学的背景下，换句话说，就好像这些猜想都是关于一个活的有机体的状态。这绝不是一种目的论，也不是意图表明生物群体在调节地球的过程中有预见和计划。我们需要考虑的是，一个全球调节系统是如何从有机体的局部活动中形成的。想象一个单一的新型细菌与环境一起演变，形成一种能够改变地球的系统，这绝不是不着边际的。确实，最初的蓝细菌，也就是利用光能制造有机物和氧气的生态系统的始祖，正是这样做的。

如果氧元素在大气的地球生理学演化中至关重要，那么在海洋和地壳的地球生理学中钙必定是一种决定性的元素。钙是一种碱土（alkaline-earth）元素，位于门捷列夫著名元素周期表的第二列。它位于锰的后面，锶的前面。它是海水中丰度排第三的正离子，仅次于钠和锰。我们往往认为钙是一种温和而又有营养的元素，因为它是我们骨骼和牙齿基本的结构组成成分。它在从血液凝结到细胞分裂的多种体内生理过程中，也是至关重要的。它对生命来说必不可少，但是令人难以置信的是，它在处于自由离子状态时毒性很强。在我们的细胞内，钙离子浓度一旦超过百万分之几，就是致命的，毒性可与氰化物"媲美"。而海洋中的钙离子是自由离子，浓度是人体钙离子浓度的上万倍。

在第2章和第3章中，我根据生物竞争生长理论解释了"雏菊世界"模型的运行。在这一时期环境属性受到严格限定，太多或太少都不适合生存。在炎热和冰冷，以及过剩和贫瘠之间，都存在一种优先状态。对于钙来说，尤其如此。设想早期海洋中有某种细菌，能够把其体内环境中大量可溶于水的钙离子，转化成不可溶的碳酸钙。这一简单的反应，通过把钙以一种不可溶的安全形式加以锁定，会有效地降低细胞内具有潜在毒性的钙离子的浓度。如果钙就像在海洋中那样通常是过剩的，那么，这种行为会增加有机体及其后代生存下来的机会。比起那些仅仅适应过量钙的有机体，这些有机体将会处于优势地位。在开阔的海洋中有太阳照射的区域，这些有机体的生长会导致大量碳酸钙在海床上沉积。众多的微小"海洋贝壳"，也就是海洋生物学家所谓的甲壳，从太阳照射的表面落到海底，其作用就像一个传送带。食物被带给下面更低层的觅食者，海洋被清扫干净，变得透明，像钙一样有潜在毒性的元素被从表面区域带走。细菌群落对二氧化碳和钙进行运输、配置，形成平台或蘑菇状的"岩石城"，即所谓的叠层结构。海洋中的钙离子浓度会降低，所有的生命也会因此茂盛地生长。源于海洋的石灰岩沉积物的普遍存在，表明这种活动一直在成功地持续进行。与这一观点相反，霍兰德相信，早期的石灰岩沉积是一个无机过程。我不明白，我们如何能将太古宙时期过饱和碳酸钙的自然结晶和有机体导致的成核过程区分开来。我确实认为，自然界中过饱和状态和其他亚稳定状态的成核过程是一种关键的地球生理过程，而这一过程始于太古宙时期。

作为一个发明者，我知道真正高明的发明往往会发展并演化。只有低劣的发明才会止于最初一步，不再发展。试想20世纪20年代那些最初的无线电接收器中简单的半导体，是如何以一种显著的富营养化（eutrophication）的方式，演变成今天无所不在的硅晶体管。碳酸钙沉积这一步是一项更伟大的发明，它不仅促成对钙、二氧化碳和气候的调节，而且促成碳酸钙结构（叠层结构）的巨大工程。后来，这些同样的过程逐渐演化，由此我们自己的细胞拥有了纷繁复杂的机制，这种机制使钙沉积为骨骼和牙齿。

最不同寻常的是，生物的碳酸钙沉积物使内生循环的有效运行成为可能。所谓"内生循环"，就是指元素从陆地表面和海洋缓慢运动到地壳岩石，然后再返回。地质学家多恩·安德森（Don Anderson）提出猜想：石灰岩在海床上的沉积是地壳运动的关键因素。他认为，在地球历史上遥远的过去有某个时候，足量的石灰岩沉积下来，改变了大陆边缘附近海床上地壳岩石的化学构成。结果发生了一件大事，也就是地质学家们所谓的"玄武岩—榴辉岩相变"。这次转变极大地改变了地壳岩石的物理属性，以至于板块运动的巨大机器得以开始转动。多恩·安德森在 1984 年发表在《科学》杂志上的一篇文章中评论道：

> 地球有活跃的板块构造，这显然也很特别。如果金星大气中的二氧化碳能转变成石灰岩，金星表面和更上层外壳的温度就会降低。玄武岩—榴辉岩相变会移到浅表层，从而导致地壳较低层部分变得不稳定。因此存在这样一种有趣的可能性：板块构造之所以存在于地球上，或许是因为有石灰岩产生的生命在这里演化。

对于我来说，这是一种让人兴奋的想法。但是我承认大多数地质学家认为这种想法极其不可能。如果这个想法得到确证，那么，板块结构将是来自几种有机体的活动，它们能够把稀释的碳酸氢钙溶液分解成白垩和二氧化碳，从而避免钙中毒。我们不知道板块构造是什么时候开始的。即使这与生命相关，在元古宙晚期真核生物中出现碳酸钙的细胞内沉积之前，这种关联可能也是不存在的。

盐分调节是最有趣而且最能激发人类好奇心的"盖娅"系统之一。几乎没有哪种生物能够忍受盐分浓度按重量计算在约 6% 以上的环境。海洋是否碰巧总是保持在这个盐分临界限度之下呢？或者是生命和环境紧密耦合的共同演化，导致了海洋盐分的自动调节？人们经常说，有生命的物质理想的内部盐分介质（在非常广泛的生物体中都惊人地相似），反映了生命开始时海洋的组成成分。确实，鲸类、人类、鼠类和大多数鱼类——不管是海洋鱼类还是淡水鱼类——的血液盐分，都是相同的。即使生活在盐分饱和溶液中的卤虫（Artemia），其体内循环的液体也与我们体内盐分浓度相同。但是在我看来，这不是太古宙时期海洋盐分浓度的证据，正如现在生物呼吸的氧的水平，并不是生命开始时存在丰富氧气的证据。

　　大多数细胞在盐分浓度为 0.16 摩尔的介质（水中盐的比重大约为 1%，或者说就是普通的生理盐水）中都能存活，而且活得最好。许多种类的细胞在盐分浓度为 0.6 摩尔的海水中可以存活，但是盐分超过 0.8 摩尔时，保护细胞内宝贵物质的细胞膜就变得很容易被穿透或者完全破裂。盐水具有毁灭性作用的原因是简单的。使细胞膜凝结在一起的力与使肥皂泡凝结的力是一样的。这些凝结力通常对介质的盐分浓度十分敏感，当盐分浓度很高的时候，凝结力通常就会变弱。要想明白这一点，你可以自己制造肥皂泡，在配制溶剂的时候，逐渐增加盐分浓度。盐分浓度超过约 10%，就做不成肥皂泡。这是因为肥皂分子是由一长串紧密连接在一起并被同样牢牢束缚的氢原子包围着的碳原子构成的。这些链的一端只有一个连接两个氧原子的碳原子。当肥皂分子的这一端在偏碱性的水（所有的肥皂水都是如此）中溶解时，它就会带有一个负电荷。这种负电荷就会使末端基吸引水分子，把不可溶的油性碳氢链拖入溶液。盐是由带负电荷的氯离子和带正电荷的钠离子构成的。当溶液中这两种离子的数量很大时，它们就会与肥皂分子中的负电荷争夺水分子。当盐分充足时，肥皂就会从水中分离出来，成为凝结物。

细胞膜分子比肥皂更复杂：它们包含固醇（如胆固醇）、碳氢化合物、蛋白质和磷脂之类的物质。磷脂分子对应于肥皂分子，也是细胞膜中受盐分浓度增加影响最大的部分。高盐分浓度通过扰乱使细胞膜保持正常复杂状态的电荷力，让细胞膜破裂。比如，人类红细胞的细胞膜，或多或少就是由相同比例的胆固醇和蛋黄素（一种磷脂），以及蛋白质与其他脂肪物质的混合物构成的。红细胞在盐分浓度高达 0.8 摩尔的溶液（水中盐分比重为 4.7%）中也能生存。超过这个浓度时，细胞膜会破损；盐分浓度超过 2.0 摩尔时，细胞就会在很短的时间内被破坏。20 世纪 50 年代中期，我就得以直接用实验表明，当细胞膜上的蛋黄素溶解到高浓度的盐水溶液中时，红细胞就开始受损了。这种盐分造成的损坏在活细胞中似乎是普遍的，而且在五个界 [1] 的生物细胞中都可以见到。

如今，对于有机体来说，海洋的盐分浓度总是高得令它们难受。体型较大的生物，像鱼类、海洋哺乳动物和一些甲壳纲动物，都拥有将体内盐分调节到接近它们自身盐分水平（0.16 摩尔）的生理机制。为了防止水从体内介质中流失（渗透作用），这些动物必须尽力阻止渗透压力挤干身体中的水分。它们必须消耗能量防止被抽出水分，以对抗自己体

1 —— 包括原核生物界、原生生物界、真菌界、植物界、动物界。

内与海洋之间的渗透压力差。这种压力接近于将水抽到垂直高度450英尺时所需克服的重力，超过人类血压的1000倍。体内低盐分占据主导优势的动物，更加迫切需要通过这种努力来承受渗透压。对于像细菌那样的小细胞来说，个体调节是一种超出能力范围之外的奢望。这一点不仅仅适用于盐分。以温度为例：微生物要想维持与环境哪怕仅1℃的温度差，所消耗的食物和氧气，都要远远多于它能够通过体表吸收到的。不仅如此，细胞膜两边1℃的温度梯度会产生一种相当于56个大气压，或者每平方英寸840磅的热渗透压差，这远远超过细胞膜承受的强度。

日常经验中最常见的盐分压力现象出现在失水或冻结中。细胞冻结时，水以纯冰的形式流失，它们赖以存活的盐水溶液中盐分浓度就会上升。冷冻和干燥一定在生命之初就是常见的危险。事实上，从那时开始，任何时期都没有演化出应对细胞膜盐分损害问题的直接方法。有一些耐盐的细菌，即喜盐生物，在地球上多盐的区域艰难求存。这些细菌解决了这个问题，方法就是演化出一种不受盐分干扰的特殊细胞膜结构。这很有用，但是也付出了代价。代价就是，在盐分浓度正常的情况下，这些有机体无法与主流细菌一争高下。它们被限制在遥远而罕见的生态位中，而且还依赖其他生命来使地球适于它们生存。它们就像我们社会群体中那些行为古怪的人，他们依赖我们节省下来的食物生存，但是单靠他们自己几乎不可能存活下来。

因此，主流生命局限于盐分浓度最大约0.8摩尔的溶液中。这比海洋中盐分浓度更高的区域并没有高出多少，那里的盐分浓度达到了0.68摩尔。但每次退潮时，海水经常会超过这个浓度，会有"呛死"的生物被留在海岸上晒干。太古宙时期的细菌一定也曾面临盐分问题。它们对这个问题的解决办法，是合成可溶于水的化合物，即所谓的甜菜碱类。它们制造的这些中性溶质能替代盐分，且对细胞没有毒害。当这些溶质出现在细胞及其周围介质中时，冷冻或干燥不再使盐分浓缩到造成破坏的程度。即使如此，合成这些抗盐分的甜菜碱也是要付出代价的。海岸地带藻类达15%的干重是甜菜碱，这样便转移了大量本可以供生物体生长的能量。显然，尽可能稀释海洋盐分，确保它们不接近0.8摩尔的临界浓度，对生物群体是有利的。

与盐分调节相关的问题，在难度上超过了人类迄今在行星工程学方面做的任何事情。在太古宙时期，细菌生态系统有充分改变大气的能力。随着这些生态系统的演变，气候和化学作用已经自我调节到可以被接受的状态，但是，广阔的海洋比这些生态系统要庞大1万倍，调控起来难度要大得多。移动海洋中大量盐分的唯一方法是把海水隔离到潟湖中，让太阳的热量把水蒸发掉。这就需要有巨大的石灰岩礁石建筑，将盐分圈禁在膏盐潟湖中。仅仅这些礁石的量级，就是人类任何可以想见的建筑都望尘莫及的。甚至有可能，潟湖的形成过程得益于由板块运动导致的大陆边缘岩石的褶皱作用。

表5.1列出了海洋的盐分状况。海水中来自风化岩石的盐分正不断涌入海洋，源头包括河流，也包括地球内部的海床延伸区，这些延伸区位于所有主要海洋的底部。在海洋中，盐不是单一的物质氯化钠。相反，盐以带正电荷的钠离子和带负电荷的氯离子的形式存在，而且作为两种相当独立且分隔开来的实体发挥作用。钠离子与钾、锰和钙等其他阳离子，在海洋中存在的时间都相对较短。它们通过生化和化学过

程，以及海床延伸区域内的水热化学反应从水中析出，然后以泥沙、土壤、石灰岩和白云石的形式沉积下来。因此盐分的自我调节需要某种从海洋中清除氯离子的机制。

表5.1　海洋的盐分

离子种类	丰度（摩尔）	停留时间（百万年）
钠	0.47	56.0
镁	0.05	11.0
钙	0.01	0.9
钾	0.01	5.5
氯化物	0.53	350.0
硫酸盐	0.03	7.9

来源：M. 维特菲尔德（M. Whitfield, 1981）. 世界海洋：机制或巧设. 跨学科学科学评论, 1981（6）：12-35.

从化学角度看，氯离子就像完全惰性气体氩的一个原子。它是一种平稳、光滑的球形分子，很少或从不与其他事物发生关联。氯不产生任何重要的生物化学交换。有些奇特的系统确实从盐中产生甲基氯，但是这种化合物的流通量很小，不会影响海洋的盐分。而且，甲基氯中的氯不久就会再变成氯离子，被雨水冲走并回到海洋。通过将盐水转移到膏盐潟湖中，海洋中的氯离子被经由物理作用清除出去。这些潟湖中的海水在阳光下升温并且蒸发，水蒸气穿过大气，最终在其他地方凝结成纯净的雨水，然后流入海洋并稀释海水。以占主导地位的氯离子和一定相伴出现以便使整体离子电荷为零的阳离子为代表的盐分，在水分蒸发后，就遗留下来变成晶体层。这些膏盐潟湖在大陆边缘的很多地方都可以见到。化石潟湖存在于地球表层下的很多地方，有时甚至存在于海底。

　　在形成这些潟湖之前，朝向海洋的一边需要形成"障壁"（barriers）。这种活动是生命和岩石紧密耦合的演化的组成部分，还是只是偶然的结果？形成这些障壁的关键过程是碳酸钙的沉积。空气中的二氧化碳不断与陆地表面的碱性岩石发生反应，形成各种碳酸氢盐。这种类型的反应中一个重要的反应是硅化钙岩石与溶于表层水的二氧化碳之间的反应，反应后的产物是硅酸溶液和碳酸氢钙，它们沿着河流流入海洋。在没有生命的情况下，钙和碳酸氢盐离子能够在微酸性的海洋中共存，其数量的不断增加，最终会导致碳酸氢钙自发结晶。但是它在海床上的沉积或多或少有点随机性。真实世界中的石灰岩沉积大多数来自生命有机体的作用。石灰岩的沉积既不是随机的，也不依据物理和化学上的预期。由群体微生物造成的碳酸钙沉积非常广泛地发生于陆地周边的浅水中。在这些地方，养分和碳酸氢钙的丰度都是最高的。这些生物结构的组成成分（即石灰岩叠层石），会在没有任何计划和预期的情况下聚集在近海，并最终封锁潟湖。在潟湖中，海水逐步蒸发，盐分逐步沉积。最初，环湖礁只有局部的影响，但是随着时间的流逝，当石灰岩累积到一定数量的时候，就开始影响地球表面的塑性地壳（plastic crust），压迫地壳，从而扩展潟湖的范围。当礁石不断下沉的时候，新形成的岩石总会占据其表面，从而趋向于使潟湖保持完整。如果正如多恩·安德森提出的那样，地壳的运动依赖于海洋中碳酸钙的不断沉积，那么石灰岩礁石就有可能导致大陆边缘复杂的造山事件以及岩石的褶皱作用。反过来，这又会拓展海岸线的范围，而从这些地方又能形成膏盐潟湖。

在时间的旅程中，盐分不断地在岩石圈和海洋之间流转。其中，有些盐分沉积到膏盐层中，并被埋藏在沉积物下面。这些沉积物也许是一种临时的仓库，地球运动和风化作用不断把这个仓库中的物质暴露出来，并送回到海洋中。但是，新的膏盐潟湖总在不断形成。侵蚀与构建之间的平衡似乎总是把足量的盐分保留在膏盐层，以使海洋保持低盐度并适于生命存活。潟湖的形成和维持依赖于海洋微生物的特定行为证据十分有力。

我曾经有幸参加由林恩·马古利斯带队的一次远征，前去考察形成于墨西哥下加利福尼亚州（Baja California）膏盐潟湖中的微生物席（microbial mat）（如图 5.1 所示）。它们位于圣迭戈[1]下面悬垂下来并把加利福尼亚湾与太平洋隔开的狭长岬角的西部边缘。在这里，我得以亲眼看到覆盖着潟湖的藻席（bacterial mats）的微妙结构。表面的红色和绿色微生物群落，起的作用就像雨衣一样，阻止盐分在雨水的作用下溶解并被冲进海洋。事实上，整个潟湖曾一度被几英尺深的淡水淹没。洪水在两年内蒸发消失，既没有破坏微生物群落也没有破坏下面的膏盐层。在通常情况下，向下流动穿过微生物席的雨水降低盐分，帮助表面的光合作用生物生长，而光合作用生物又是下面生物群落主要的食物和能量提供者。在表面或靠近表面的地方，盐的晶体外表也有其自身特殊的"亮光漆"，防止盐轻易地溶解在雨水中。

这一切都是"盖娅"实施的一项未经规划的宏大土木工程项目吗？从一个活的有机体细胞内个体的钙离子降低，到板块运动，全都倾向于

1 —— San Diego，美国加利福尼亚州太平洋沿岸的一个城市。位于美国本土的西南角，以温暖的气候和多处的沙滩著名。

图 5.1　墨西哥下加利福尼亚州拉古那菲格罗亚的膏盐潟湖，沙丘形成障壁，海水从中渗透过去。随后海水在潟湖中蒸发，盐分结晶形成膏盐层。潟湖的表面经常覆盖有微生物细胞群落，被称为微生物席。

改善相应的有机体的环境。但是，生物矿化、盐分渗透压和板块构造学之间的联系是如此的微弱，以至于大多数科学家认为这些联系只是偶然的，而不是出于地球生理学的必然性。我将继续探究"盖娅"操作的限度，并总是通过提出这个简单的问题来寻求引导：如果没有生命，地球会是什么样子呢？是石灰岩在大陆边缘的沉积形成了膏盐潟湖吗？在没有微生物席这件"生命雨衣"的情况下，盐分会沉积在潟湖中，还是会被雨水冲刷到海洋中？石灰岩会在所需的地点按照所需的密度沉积下来，启动板块运动吗？也许不太可能，但是请记住：地球生理学上的创造及其通过自然选择进行的尝试已经有几十亿年的历史。我们应该考虑这样一种可能性：这个漫长的时期足以对粗糙的地质结构进行精微调节，使它成为平稳有序的地球生理结构。

迄今为止，我们一直考虑的主要是大规模的工程项目。项目的贯彻者怎样呢？在元古宙时期，一种新型的细胞演化出来，它们带有细胞核，被称为真核细胞。这些细胞自身包含各种结构，以及其他细胞器（比如进行光合作用的绿色器官叶绿体）。林恩·马古利斯已经指出，这些更加复杂的细胞实际上就是先前自由存在的细菌群落，只是现在被包含在其中一个细菌的外膜里。在她的著作《早期生命》（*Early Life*）中，她告诉我们，元古宙时期氧的出现是如何催生了这些更强有力的新型细胞。这是演化中的一个步骤，就像太古宙时期通过光合作用者消耗二氧化碳的生态系统，与将碳以甲烷和二氧化碳的形式排放到大气中的产烷菌类达成平衡时的演化一样。

氧气为那些能在氧气中生活并对氧气加以利用的有机体开辟了一个巨大而崭新的生态位。这些新型有机体通过把有机物质与氧气结合起来获取能量，它们起初可能仅仅通过食用光合作用者的残骸和死尸来与其和平共处。但是，不久之后就会出现消费者，它们学会食用新鲜食物，在光合作用生物生长时啃食草地植被。细胞没有嘴巴，但是它们能够把其他细胞包裹在自己细胞膜内的"口袋"中进行消化，这个过程称为噬菌作用。"口袋"成为细胞内部的一部分，溶解掉了，只剩下被封在里面的俘虏。消化会是通常的命运，但是有时候角色会逆转，攻击者会变成被消化的有机体。肿瘤细胞和麻风病细胞甚至在今天还在玩弄这种伎俩，攻击那些试图消化它们的噬菌细胞，而不是作为噬菌细胞的猎物屈服于其强有力的消化系统。然而，战争的结果极少是种族灭绝；相反，战争会带来和平共处，猎物和攻击者互利互惠。就是这样，太古宙时期的蓝细菌成为叶绿体的祖先，直到今天蓝细菌还在为卷心菜和红杉树的细胞群体提供能量。这种细胞器与其他细胞强有力的联系被称为"内共生现象"。尽管19世纪的生物学家曾经简单地论述过细胞器之间的这种紧密联系，但是这一发现更多地归功于林恩·马古利斯，而不是任何其他人。内共生现象增加和拓展了生物群操控地球的可能性，也是元古宙时期地球史上主要的特征。

集体的形成所获得的力量比个体组成成员所拥有的力量强大得多。但是这从来都不是没有代价的。对于早期的细菌（原核生物）来说，衰老不是问题。它们既没有细胞核也没有细胞器，它们的遗传信息携带在细胞膜内的几条DNA链段上（图5.2）。个体细菌在其短暂生命旅程中丢失的遗传信息，可以通过与其他有机体交换质体或者其他高分子柔性物质得到补全。但是，对于具有复杂体内组织和细胞器（每个都携带不同序列的遗传指令）的真核细胞（图5.2）来说，丢失一个细胞器携带的某个至关重要的遗传信息，就意味着细胞的死亡。进行分裂之前细胞之间形成有协议的信息传输方法和机制，大大地降低了细胞信息发生致命丢失的可能性。同样是这种需求引发了性别的诞生。这个

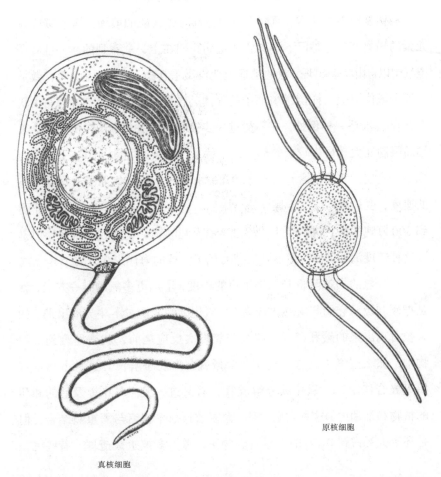

真核细胞

原核细胞

图5.2　真核细胞和原核细胞结构比较。区别在于真核细胞有细胞膜包裹的细胞器，包括细胞核、线粒体和叶绿体。[克里斯蒂·里昂（Christie Lyon）绘制。]

故事非常动人，在这里很难进行概述，林恩·马古利斯和多里昂·萨根（Dorion Sagan）在《性的起源》中有详细的论述。

关于元古宙时期，一个没有得到回答的问题是：氧的浓度是多少？是保持在 0.1% 到 1% 左右，还是上升到现在的水平或更高？

游离氧有两个来源：氢向太空的逃逸和碳或硫的填埋。氢、碳或硫元素的隔离背后总是留下游离氧。正如我们在上一章看到的，一旦氧在空气中以自由状态出现，氢的逃逸就变得微乎其微。这是因为，只有微量氢原子或像甲烷一样携带氢原子的气体，才能在有氧的大气中以自由状态存在。水是一种例外，它不能进一步被氧化，并且由于在低温下会冻结而限制在大气层中较低的部分，也就是同温层的底部。事实上，水会冻结，高层大气只包含有百万分之几的水蒸气。现在氢原子逃逸到太空的速度，受较高层大气干燥状态的限制，每年只有 30 万吨。这相当于不到 300 万吨的水，同时留下了超过 250 万吨的氧。这听起来很多，但是以这种速度消耗的水，还不到地球时代蒸发掉的海洋中水分的 1%。

一旦氢的损耗降低到微不足道的程度，增加更多氧的唯一方式，就是把碳和硫从它们与氧的化合物（二氧化碳和硫酸盐）中分离出来。如果被分离出来的碳和硫在有机会与氧再次反应之前，就被埋藏到沉积物中，那么空气中氧这种气体的含量就会出现净增长。这种分离过程始于光合作用，二氧化碳分解成氧，氧又进入到空气中以及活的和死的植物和细菌中。这种含碳物质[1]大多数通过消费者与氧重新结合，但是还有大约占到 0.1% 的少量含碳物质，差不多被永久掩埋。有些沉积

---

1 —— 这里论述的含碳物质即前文提到的植物和细菌的活体和残体部分。

　　　　　　　　盖娅时代——地球传记

物中的碳被用于将硫酸盐还原成硫化物。硫化物的掩埋也使空气中的氧出现净增长。碳与硫化物被掩埋到混合有页岩和石灰岩的沉积层中。这种掩埋会以生成煤和石油等化石燃料的方式发生，但是，这些只占沉积物中碳与硫黄总量的一小部分。掩埋的全部可氧化物质就像从氧气账户中提取出来的一笔贷款。只要这些物质被掩埋或丢失在地壳的内部，那么债务就没有偿还，游离氧就会在空气中保持循环。

目前，每年大约1亿吨的碳被掩埋，相当于向空气中释放了2.66亿吨游离的氧。（这并不意味着大气中的氧气在增加，因为这种增量都被火山、风化作用以及海床上的各种过程所释放的可氧化物质耗尽了。）碳掩埋的速度在整个地球历史上一直保持恒定，太古宙时期与现在几乎没有区别。当你想到太古宙时期生物的数量和活动都很少时，就会觉得这很奇怪。但是如果我们还记得，由于当时只有微量氧气存在，氧气消耗者与厌氧生物的比例可能比现在更小，那么这一疑问就能够解决。这意味着产烷生物和其他厌氧微生物，在消耗着光合作用的几乎全部产物，但是也掩埋了与现在同样数量的碳。今天高速率光合作用的部分原因是吸入氧气的消费者造成的碳的快速循环。它们代谢了光合作用97.5%的产物，只留下2.5%给厌氧生物。在元古宙时期，已经出现以有机物为食的消费者。它们消耗氧气以进行新陈代谢；它们的活性很可能比现在弱，但是要比太古宙时期强。

关键之处在于氧气的产量取决于被掩埋的碳的量，而这反过来又依赖于到达缺氧区域的光合作用者所制造的各种产物的比例。显然，假如消费者吃光全部有机物质，那么，就不会有剩下的东西被掩埋，因此也就不会有氧气的来源。如果我们还记得碳掩埋的速度或多或少是恒定的，那么结论就是：由此而来的氧气输入也是恒定的。在太古宙时期，这部分氧全都被用来氧化原先在环境中的以及将被加到环境中的那些还原性物质，但是，当游离氧出现时，增加出来的比例被消费者消耗掉。太古宙时期缺氧生态系统的持续存在，确保了碳的持续掩埋以及氧向空气中的不断输入。这些可能性在表 6.1 中已经概括出来。那么，是什么决定了空气中氧气的水平呢？从地球生理学的角度来说，我们可以假设，氧气的固有毒性，并没有被抗氧化系统和生存在有氧区域的有机体的酶完全克服。在这些情况下，氧气可能会设置自己的限度。就像温度一样，氧气会成为一种环境属性，对于主流生命而言存在一个上限和下限。这类属性可以从地球生理学方面加以调节。

图 5.3 和图 5.4 表明了这一点是如何在元古宙时期得以完成的。图 5.3 描述了氧气对有氧生态系统的生长所产生的影响，以及有氧生态系统的规模对氧气的影响。实线代表的是稳定水平的氧气与消耗氧气的消费者数量之间的关系；在低氧水平时它们不会进行代谢，在高氧水平时它们就会出现氧中毒。虚线则显示了有氧生态系统的种群数量与氧气的稳定态水平之间的关系。光合作用者越多，氧气就越多。两条曲线的交汇点是系统处于内稳态时的氧气水平。

图 5.4 是计算机模型的计算结果。模型中的光合作用者、消费者和厌氧生物在氧气出现时以及这段时间前后共存于一个星球上。我们可以假设，就像地球一样，在游离氧成为占主导地位的气体之前，碳的持续掩埋和还原性岩石与气体流通量的逐渐下降，在不断地氧化着那一星球。在那之后，氧气增加，直到整个系统的各种地球生理属性达到一个新的稳定水平，此时被掩埋的碳的数量与暴露在外的还原物质的数

量达成平衡，这种平衡保持了氧气丰度的恒定。图 5.4 中的下面一栏显示了地球的温度变化，与此相对照的是成分相同的无生命星球的温度变化；中间一栏显示氧气、二氧化碳和甲烷气体的变化；上面一栏显示了不同生命形式的种群水平。这个模型是第 2、3 章气候模型线性的派生物，在那里，气候模型显示不同颜色雏菊的竞争性生长能够调节模型中星球的温度。该模型承认，从长远角度来看，光合作用产生的恒定数量的碳被封存了，并且氧气的来源也是恒定的。氧的库存将会减少。在太古宙的后期，氧气的丰度增加。过量氧气的出现会加快风化的速度，从而也会增加养分供应，这反过来有利于更大的生态系统。更大数量的碳会被封存，氧气就能更快地增加，直到毒性开始设置一个界限。那时，发生碳封存的厌氧生物区就会缩小到与太古宙时期相同的规模，

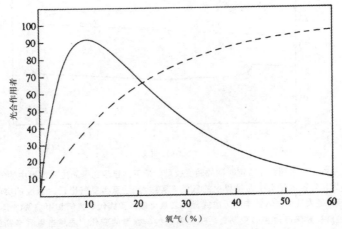

图 5.3　氧气对有机体生长所产生的影响（实线）和有机体的存在对氧气丰度的影响（虚线）。两条曲线的交汇点就是系统调节的氧气水平。

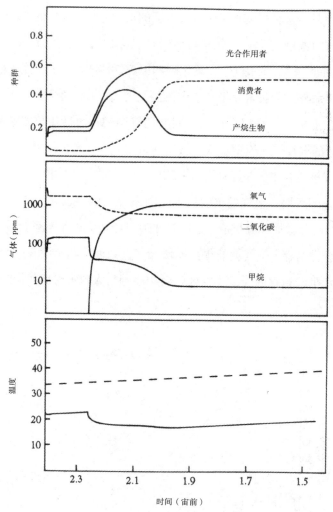

图 5.4　从太古宙时期到元古宙时期的转变模型。最下面显示的是无生命世界中的气候（虚线），与之相对照的是有生命世界中的气候（实线）。注意当氧气出现时温度的突然下降。中间显示的是大气中气体的丰度（虚线代表二氧化碳，实线代表氧气和甲烷气体）。最上面显示的是转变期来临时和转变期之后生态系统种群数量的变化。注意当氧气最初出现时，光合作用者和产烷生物是如何增加的，以及当呼吸氧气的消费者（虚线）确立时，产烷生物是如何回落到一个稳定水平的。

氧气的生产会再一次与风化作用中因可氧化物质的暴露而造成的氧气损耗达成平衡。

在某种意义上，有氧生态系统在"盖娅"的初期，也就是从蓝细菌把太阳光转化成高化学势能，并能够通过水和二氧化碳合成有机化合物和氧气的那一刻起，就一直存在。随着蓝细菌的扩散，有氧系统总是会在地球表面占据一个位置，享受和吸食太阳光。缺氧系统，由于以蓝细菌的尸体和产物为食，所以自然就位于进行光合作用的生物下面，以便利用从上面落下的食物。从一开始就会存在这两类生态系统的分离，氧气浓度也会从产氧区域向外逐渐下降。

在真实世界中，氧循环不可能与二氧化碳循环分开。随着氧气浓度的上升，可以预见的是，二氧化碳浓度会下降。二氧化碳循环与气候紧密相关，这也反过来影响消费者和生产者两者的生长。来自二氧化碳和气候的环境反馈，会进一步稳定系统。一旦最初氧的决定性时刻结束，除了小行星的不断撞击骚扰外，元古宙时期对于"盖娅"来说，会是一段舒适的时期。二氧化碳的自然水平会提供可喜的气候，不必大费周折去调节它。

氧的出现带来的一个奇特结果是，世界上首批核反应堆的到来。核能从一开始除了被夸大其词，很少被公开描述。现在已经产生了这样一种深刻的印象：设计和建造核反应堆是物理科学和工程技术创造的成就。作为对上述想法的矫正，人们发现：在元古宙时期，由温和的细菌组成的无侵略性的群落建造了一系列核反应堆，它们运行了几百万年。

这个非同寻常的事件发生在1.8宙之前非洲加蓬一个现在名叫奥

克劳（Oklo）的地方。这一发现非常偶然。在奥克劳，有一个矿井，主要为法国核工业提供铀。20 世纪 70 年代期间，人们发现来自奥克劳的一批铀中可裂变的同位素铀-235 被消耗了。天然铀总是具有相同的同位素组成：99.27% 的铀-238、0.72% 的铀-235 和微量铀-234。只有铀-235 能够参与能源生产或爆炸所必需的连锁反应。自然地，可裂变同位素会得到小心保护，铀的同位素比例也会受到彻底和反复的审查。想象一下，当法国原子能机构（French atomic energy agency）发现装运的铀中铀-235 的比例远小于正常情况时，他们会多么震惊。是否非洲或法国有某个秘密团体发现了提取强大可裂变同位素的方法，并且正在储藏铀-235，用于制造恐怖主义者的核武器呢？是否有某个人从矿井里偷取铀矿石，以弥补别处某个地方的核工厂生产消费的铀呢？不管发生了什么事情，把它解释为"出于别有用心的企图"的概率看来是很大的。当真相最终被揭开时，它不仅是一种让人着迷的科学，而且对于那些"一想到几吨没有经过稀释的铀-235 落入亡命之徒之手就感到寝食难安"的人来说，也是巨大的安慰。

　　铀元素的化学性质是在无氧状态下不溶于水，而一旦有氧就会很快溶于水。元古宙时期出现了足量的氧，使得地下水被氧化，岩石中的铀就开始溶解，以双氧铀离子的形式，成为流水中存在的众多微量元素之一。当时铀溶液的浓度最多不会超过百万分之几，铀只不过是溶液中的众多离子之一。在现在称作奥克劳的地方，当时就有这样一条河流流入藻群，其中的微生物具有一种奇特的能力，能够以特定的方式聚集大量的铀。它们如此出色地完成了这项它们没有意识到的任务，以至于最终足量的氧化铀以纯净的状态沉积下来，为核反应的启动做好了准备。

当聚集在一个地方的铀中包含的可裂变同位素超过"临界值量"时，就会出现自我维持的链式反应。铀原子的裂变释放出中子，引发更多的铀原子、更多的中子以及诸如此类粒子的裂变。假如产生的中子数与逃逸的中子数达到平衡，或者产生的中子数被其他原子吸收，那么反应就会继续。这种类型的反应堆并不是爆炸性的，事实上它在自我调节。水（重水）本身有能力作为中子减速剂，这是反应堆的一个主要特征。当能量输出增加时，水沸腾蒸发，核反应就慢下来。核裂变反应是燃烧的相反过程，浇的水越多，反应越剧烈。奥克劳的反应堆以千瓦功率水平的速度缓和地进行了几百万年，在此过程中，消耗了相当量的天然铀-235。

奥克劳反应堆的出现证实了一种氧化环境的存在。在没有氧的情况下，铀不溶于水。还好是这样。回溯3.6宙，当生命开始时，铀中含有多得多的可裂变同位素铀-235。这种同位素比通常的同位素铀-238衰变速度更快。在生命开始时，可裂变铀的比例也不是现在的0.7%，而是33%。如此丰富的铀，如果有哪种细菌笨到去把它堆积起来，就会成为壮观的"核焰火"（nuclear fireworks）的来源。这也表明，大气在太古宙早期不具有氧化性。

细菌不可能讨论核能的得与失。那些反应堆运转如此之久，而且数量不止一个，这个事实提示我们，反应堆补给一定发生了。而且，来自反应堆的核辐射和核废料对古代的细菌生态系统并不构成威胁。反应堆周围稳定裂变产物的分布也是宝贵的证据，表明现在的核废料处理问题远非反核运动狂热声明的那样艰巨或危险。奥克劳反应堆是地球生理机能内稳态的一个绝佳例证。它们阐明特定矿物何以能够以纯净状态被分离并浓缩——这本身就是一种意义深远的负熵行为，也是由大量地球生理过程构成的非常宝贵的子系统。硅藻将二氧化硅分离出来，球石藻类（coccolithophoridons）和其他生命有机体将碳酸钙分离出来，都是以近乎纯净的形态。这两种分离就是对地球的演变产生了深刻影响的地球生理过程。

如果太古宙时期来访的一位外星化学家的某个后代在元古宙时期回到这里，他会发现一个与今天的地球差别不大的地球。天空会是淡蓝色的，也许云彩更少。站在海滩上看到的海洋会是蓝灰色的，而不是太古宙时期的棕色。在内陆地区，会有细菌席生存在沙丘和鹅卵石的下面，某些绿色和金黄色的原初藻类使这些细菌席显得生机勃勃。细菌席保护着缺氧区域，而缺氧区域覆盖于膏盐层之上并使其保持完整。膏盐层之下是一层层深埋的无机盐，这是通过千万年甚或几百万年的积聚形成的。在海洋上，又会是叠层区域的岩石结构。我怀疑我们的外星来客是否能观察到礁石那惊人的地球生理学属性，这种属性是最近才在珊瑚礁中显示出来的。卫星照片显示，珊瑚礁附近海浪的波长，就表层风和海洋状况来说，不仅不同寻常，而且出乎意料。随后的调查研究揭示了一个惊人的事实：珊瑚微生物分泌出一种脂质物质，在海洋表面形成单分子层，大大改变了表面张力，从而改变了海浪。推断微生物这种惊人行为的地球生理演化过程，思考它是什么时候形成的，以及是否一种保护珊瑚礁免受海浪侵蚀的机制，都是令人着迷的。

在元古宙时期，小行星撞击地球的事件持续不断。除了无数较小的行星外，至少有 10 颗小行星的破坏性很可能与 6500 万年前造成 60% 物种丧失的著名事件相同。这些事件本身并不是我们主要的兴趣点，我们根本没有关于这些事件的时间及后果的细节信息。我们感兴趣的是：尽管遭受了这些攻击，生命系统仍然存在。我们颇为肯定的是，在这些事件中没有一次达到致命的程度，以至于生命被毁灭，只能重新开始。从巨大的干扰中恢复的能力，是对地球生理系统健康状况的一次考验。生命顽强不屈，从如此众多的灾难中得以恢复，更证明了地球上存在一个强大的内稳态系统。

在元古宙初期，太阳温度更低。"盖娅"面临的难题是维持二氧化碳温室，防止它崩溃并导致地球冻结。如今，如果没有生命的降温趋向，地球就会炎热难耐。可以说生命现在正通过输出二氧化碳而使地球保持低温。在大约1.5宙以前的元古宙中期，太阳输出的能量对生命大约恰到好处，不需要做出极大的努力就可以实现体温恒定。大气中的二氧化碳按体积计算很可能占1%左右。这个水平是物理学家和地球生理学家都没有理由提出反对的。

6 近世时期

我过去从不知道树木能让人心神安宁，看着葱茏的树木、户外大片的阳光和树木各异的姿态，人几乎就像获得了另一种存在。

——劳伦斯（D.H.Lawrence），《书信选》（Selected letters）

本章主要讲述地球史上体型大到肉眼可见的生命有机体在陆地与海洋中生长和迁移的那段时期。微生物仍然在那里兴盛繁衍，仍然承担着很大一部分调节地球的责任。但是，大型软体细胞群落的出现，改变了地表以及地球上生命的节奏。植物由深埋于地下的根系结构支撑而能够直立，消费者能够行走于地面、空中或者海洋中。所有这些生物都留下了化石遗骸。它们的存在勾画了一个被称为显生宙（Phanerozoic）的时期。这个时期从大约 6 亿年前的寒武纪开始，延续至今。因为我们生活在这一时期，也因为近期的历史记录比过去远古时期的记录要详细得多，所以我们对于这一时期似乎更加熟悉和了解。其实这是个错觉。即使就我们自己的时代来说，我们对于地球也知之甚少。对于寒武纪，也只有物种和岩石的名录。这些虽然提供了某些关于地球生命的洞见，但仅是以粗略的方式，正如一本电话册所能提供的关于城镇居民生活和经济的信息一样。

对于超级有机体"盖娅"来说，显生宙可以说是其生存中最晚近的阶段。对她的考察，要比对作为她的组成部分的数十亿生物进行独立的生存考察更为容易。就像你要认识一个朋友，通常并不需要详细地了解她的细胞结构。类似地，关注地球整体的地球生理学，也不必被大量的细枝末节所困扰——这些细枝末节就像厚厚的落叶层一样，埋在科学之树的分枝下。因此，让我们来看一看这一时期的"盖娅"生理学吧。理想的历史学应该是对整体系统的描述，但是，简化的习惯难以改掉。在当前这种一无所知的状态下，更容易做的是将章分为节（不同的时期分为不同的时段），每一节（时段）主要关注一种重要的化学元素的调节以及气候的调节。

地质学家看到从元古宙到显生宙的转变，这大约发生在5.7亿年前。第一批被我们辨认为有骨骼动物的有机体略早于此出现在地球上。作为一名地球生理学家，我倾向于把这一转变看作一次以氧气丰度变化为标志的事件，类似于太古宙与元古宙间发生的事件。

我的同事非常清楚地向我表明，由氧得出的结论都是推测性的，并且通常与传统的观念相悖。我不顾他们的反对，仍然坚持这一结论，因为它根据"盖娅"理论阐述了游离氧的演化图景。它是正确的还是错误的，在我看来并不那么重要，更重要的是它能启发我们用一种新的视角去看地质记录。

因此，让我们来思考一下氧气吧。这种气体源于细胞内绿色叶绿体对阳光的利用。叶绿体把二氧化碳和水转变为游离氧和生化物质，叶绿体就是由这些物质构成的。大量的氧气再次被消费者耗尽，这些消费者食用植物和海藻，氧化食物，并且将二氧化碳返回到空气和海洋中。从一开始，进行光合作用的生产者与消费者之间就有一种爱恨交加的关系。生产者并不在乎被吃掉，而消费者的存在对于它们的健康以及它们构成的更大的有机体的健康至关重要。当动植物出现时，这种积极的入侵细节变得可见。可以见到植物具有毒性、脊骨和针刺；动物和微生物不得不形成新的放牧技巧。相互间总是会达到平衡，因为如果没有消费者，植物和海藻的生存就会受到威胁。空气中的二氧化碳仅够供应几年，所以，如果清除所有消费者，对于植物来说，不出几年就会形成灾难。这不仅使得可供光合作用的二氧化碳变得非常稀少，而且，还会由于地球反射率和大气中气体对植物的死亡做出的反应而导致重大的气候变化。尤其是，养分的复杂循环和土壤上的勃勃生机都会终止。就人类的时间尺度而言，消费者和生产者的共存现象，就像敌对却又相互依赖的超级大国之间盛行的持久和平。

氧气也会在与硫黄气体以及还原性化学物质的反应中被耗尽。硫黄气体由火山喷发释放，还原性化学物质存在于火成岩中，而火成岩则由海床底下喷射出的岩浆凝固而成。不过，氧气由于一小部分在光合固碳作用中固定下来的碳的储藏而保持在一个恒定的水平，也就是大约0.1%，正好足够去弥补损耗的氧。我们知道，在元古宙结束之时因为出现新的生命形式，氧气的含量一定发生了变化。

当有机体主要生活于水中，或者作为陆地表面藻席（algal mats）中的聚居者时，氧气的上限会由它对有机体的毒性决定。对于这样的生态系统来说，火灾并不像对直立生长的植被来说那么严重。这样的生态系统可以承受高达40%的大气含氧量，只要额外增加的大气压不会过分加剧气体温室效应，以致产生难以忍受的炎热气候。

然而，由于气体可以在真核生物微小的细胞壁之间轻易地进行短距离穿行，原生代早期出现的自由浮动的真核细胞并不需要太多氧气。大气中 0.1% 的含氧量或许就已足够。显生宙出现的大型有机体，如恐龙，其组成成分是大量聚集在一起的成团细胞，只能存活于氧气较为丰富的环境中。在游泳时需要输出更多能量的地方更是如此。即使今天，氧气含量达到 21%，当我们的能量输出达到最大时，我们的肌肉也不能获得充足的氧气。当我们以最大速度奔跑时，一种被称为糖酵解的后备能量供给机制在临时发挥作用。在一本不同寻常的专著《无氧生存》（*Living Without Oxygen*）中，彼得·赫查卡（Peter Hochachka）描述了大型动物在一个氧气供应有限的世界中处理能量生产问题的各种复杂机制。以有毒的一氧化碳作为例子，就能说明这种尺度的效应。对于像我们一样大的动物，一氧化碳必然是致命的。它阻止红细胞把氧运送到我们的组织中，从而使人毙命。在有氧的大气中，较小的动物，如老鼠，即使血液与一氧化碳完全融合，它也能够存活，因为充足的氧气能够从皮肤和肺叶表面扩散到它的组织中。

由于氧气具有毒性效果，所以氧气浓度必定存在一个能让大型动物生存的上限。我们习惯于认为氧气可以救命，是必不可少的，但是，我们忽视了氧气的潜在毒性。氧化性的新陈代谢，也就是通过食物与氧气的反应从食物中获取能量的过程，不可避免地伴随着细胞内高度有毒的中间产物的逃逸。像羟自由基这样的物质是如此强大的氧化剂，以至于如果它作为一种气体，以与氧气一样的浓度存在，几乎所有可燃物质都会在转瞬间燃起熊熊大火。它在室温下就能与甲烷发生反应，而游离氧在接近 600℃以前都不会发生这种反应。氧气还会产生其他不利物质，如过氧化氢、超氧离子和氧原子。活细胞已经形成了各种机制来消除所有这些产物的毒性：酶类，比如过氧化氢酶能把过氧化氢分解成氧气和水，超氧化物歧化酶能把有毒的过氧化物离子转变成无毒的产物。像维生素 E 那样的抗氧化剂能扫荡羟自由基。我们和今天存活在地球上的其他动物，从最大型到最小型的，都要把生命存续的时长，归功于由我们遥远的细菌祖先培育出来的这一化学保护系统。如果氧气没有明显过量，其毒性是可以被容忍的。

氧气的含量水平为什么会上升呢？在太古宙末期，早期地球上还原剂硫化铁和亚铁离子的供应变得不足，不能与因为碳的掩埋而产生的氧气相匹配，从而使氧气增加。在元古宙早期，氧气达到了一个低水平的稳定状态，当时的氧气含量水平远低于现在大气中的氧气含量，它代表了早期消费者的需求与氧气对早期光合作用者的毒性之间的平衡。元古宙时期并没有发生界限明晰的事件与太古宙末期氧气的出现相对应（表 6.1）。我们不清楚氧气的含量为什么会再度上升，尽管罗伯特·加雷尔斯认为这与分解硫酸盐的细菌的形成有关。这会导致光合作用者制造的更多产物如硫黄或硫化物的掩埋，结果在空气中留下了过量的氧气。无论这是如何发生的，这些游离氧与碳和硫黄等其他元素的反应会向空气中释放酸性物质，而这些酸性物质会加剧地壳岩石的风化，以致释放出更多的营养物质，从而产生出更多活着的生物体。氧气增加形成的正反馈会一直持续，直到氧气的存在弊大于利，就如同一些城市里小汽车的数量一直增加，直到交通堵塞为止。

表6.1　氧气的源与库

时期	丰度	源	库（sinks）	
			消费者	岩石
太古宙	10^{-7}—10^{-5}	10	1.0	9.0
元古宙	0.01—0.1	30	29.8	0.2
显生宙	0.21	100	99.9	0.1

注：氧气的丰度以"混合比率"来表述，即在整个大气中所占的比例。源与库指流入和流出大气的氧气量，单位为10亿吨／年。目前的光合作用通量为100亿吨／年。

在这一时期的某个时间，有机体开始大规模地合成一些物质，也就是木质素和腐殖酸等神奇物质的前体。这可能是出现了一些新型抗氧化剂的结果。木质素的前体为酚类化合物，以与羟基产生剧烈反应知名。这类酸性物质的一个典型代表是松柏醇，当它与羟基反应时，就能产生木质素。木质素是一种含碳聚合物，具有很高的化学稳定性，能抗生物降解。正因为木质素具有这些特性，如果有大量木质素产生，它将会提高碳储藏的速度，因而增加氧气的产出速度。在地球生理学中，木质素已成为一种对陆地植物非常重要的结构材料，就如同骨骼与贝壳中天然的生物陶瓷[1]对动物那样重要。正如细胞中的方解石沉积物最初可能部分是一种降低细胞液中有毒钙浓度的机制，木质素的生产最初

1 —— 生物陶瓷（Bioceramics）是指用作特定的生物或生理功能的一类陶瓷材料，即直接用于人体或与人体直接相关的生物、医用、生物化学等的陶瓷材料。作为生物陶瓷材料，需要具备如下条件：生物相容性，力学相容性，与生物组织有优异的亲和性，抗血栓，灭菌性以及很好的物理、化学稳定性。

可能也是来自一种解除氧气毒性的方法。这两种材料都使得一种新型的大型新细胞群落的构建成为可能。一开始是在海洋中，而如今存在于活的生物体中，也就是我们所说的动、植物中。

图 5.4 中描画的氧气与二氧化碳调节的演化模型，能够扩展开来，直到现在。但是，我们依据现在的情况，是不能精确解释过去几亿年里所观测到的氧气调节的。在显生宙，按体积计算，氧气含量稳定在 21%。这一稳定的高浓度可从 2 亿年前含有木炭的沉积物层中得到验证。木炭的存在意味着火，很可能是森林大火。这就极大地限制了大气中氧气的浓度。我的同事安德鲁·沃森指出，当含氧量小于 15% 时，即便在干枯的树枝中，也无法点燃火苗；当含氧量高于 25% 时，火势将非常凶猛，即便是热带雨林中潮湿的木头也能燃起可怕的大火。含氧量低于 15%，就不可能形成木炭；超过 25%，就不会有森林。21% 的含氧量，接近这两个极端之间的平均值。

或许火本身就是氧气的调节者。有大量的闪电引起燃烧。如果火是氧气的调节器，那么它们之间的关系就绝不简单。空气中的氧气来自碳的埋藏。消费者很高效，光合作用中只有 2% 的碳到达沉积物中，其中大部分变成甲烷返回氧化了的环境中。因此只有千分之一被植物固定的碳深埋在土壤中。另一方面，燃烧则很低效。任何一个木炭制造者都会告诉你，在受控燃烧中，木头中高达 70% 的碳可以保留下来。因此，火会导致更多的碳被埋藏，原因是木炭可完全抗生物降解。那么，吊诡的是，火最终会导致更多的氧气。如果这种严峻的形势一直持续，结论就是，起初会对氧气有一种正反馈，但很快森林会被摧毁，以至于碳的产量会下降到某个点，使氧气接近或低于现在的含量水平。这一循环会周而复始。的确，沉积物中现有的木炭层表明大火反复发生，但以木炭形式被埋藏的碳的比例太低，不能解释这一循环。

另一种涉及火的更加微妙的调节机制来自于火生态（fire ecology）对选择压力的影响。针叶树和桉树经过各自的演化，都能在枯枝落叶层上产生一种高度可燃的腐质：大量含有丰富树脂和萜类的引火物，一经雷击，就会被引燃并剧烈燃烧。这种不自然的火不会损害这些高大的树木自身，但对一些与之竞争的物种，如橡树，则是致命的。此外，因为接近完全燃烧，所以大火几乎没留下木炭。森林的火生态如此的发达，以致一些针叶树需要火的热量来将种子从种荚中释放出来。氧气是如此精确地被调节到 21% 的适宜含量，这确实表明了，那些既是受害者也是受益者的大型植物，无论可燃与否，都发挥了关键作用。我不禁在想，那些利用火生态的易燃树木和其他植物相比，是否含有的木质素也较少。如果是这样，它们产生的碳埋藏也较少，因此有助于将氧气含量调节到能起火但不会过于猛烈以致达到弊大于利的程度。霍兰德与李·坎普赫近期所做的研究指出了元素磷对大气中氧气的调节所发挥的作用。近海与大陆架的海域中藻类生长常常受磷酸盐限制，而且这一限制源于磷酸盐以不溶于水的磷酸铁形式的固化。海洋中铁的供应受到埋藏着碳的海床沉积物氧化还原电位的局部调节。沉积物中活跃的细菌生长，将溶于水的亚铁释放到海洋中，然后氧化成三价铁，因此清除了藻类所需的营养磷酸盐。换句话说，利于碳埋藏的条件对藻类的生长产生负反馈，反过来藻类的生长又是氧气和碳埋藏的来源。李·坎普赫提出了一种可能性，认为陆地上的火生态是一种以风吹林火灰烬的形式移动磷的方式。流通的磷将随着河流流入大海，然后参与碳的埋藏。

通过这种方式，霍兰德提出的氧气调节磷酸盐的机制，可通过火生态得到很好的协调。

鉴于氧气在历史上的重要性，有必要对其进行单独讨论。在这个不断演化的"管弦乐队"中，氧气就像是乐队指挥，指挥着其他乐手。但是我们需要记住，在"盖娅"上，有机体与环境的演化是统一的、不可分割的过程。此外，构成"盖娅"的所有元素的循环，相互之间本身就紧密耦合，与各种有机体也是如此。试图分别描述这一系统中每个部分的作用，会破坏我们的总体认知。但是，由于书面表达不可避免地要用到线性形式，这么做又是必要的。记住这一点，同时记住氧和碳的地球生理学是不可分割的，现在让我们来看一看二氧化碳吧。

在现代，与在其他类地行星上占据主导地位的二氧化碳或地球上丰富的氧气、氮气相比，二氧化碳在大气中仅仅是一种微量气体。按体积算，如今二氧化碳的含量是340ppm。生命起源时早期的地球上，二氧化碳的含量是现在的1000倍。现在，金星上二氧化碳的量是地球上的30万倍。即便火星上的二氧化碳大部分都冻结在表面，其含量仍是地球上的20倍。詹姆斯·沃克与他的同事们曾试着通过简单的地球化学论据解释二氧化碳含量低的原因。他们的模型基于这样一些事实，即二氧化碳唯一的来源是火山喷发，唯一的消耗是与含硅酸钙的岩石发生反应。他们认为，生命在二氧化碳的调节中并没有发挥作用。随着太阳变暖，发生了两个过程：首先，海水中水分蒸发的速度增加，进而导致降雨增加；其次，二氧化碳与岩石发生反应的速度增加。这两个过程会加速岩石的风化，并且因此降低二氧化碳的含量。随着太阳辐射输出通量的增长，这两个过程的净效应却对温度的升高产生了负反馈。可惜的是，这个富有想象力且看似合理的模型并不能解释实际情况。它预计的现有二氧化碳含量比实际观测到的多 10 到 100 倍。

如果将生命有机体纳入詹姆斯·沃克的模型中，那么他的模型会获得新生。如果对地球上任意一个植物生长茂盛的地区的土壤进行检测，二氧化碳的含量会比大气中高 10 到 40 倍。在此过程中，生命有机体的作用就像一个巨大的泵。它们不断转移空气中的二氧化碳并将其导入土壤深层，在那里，二氧化碳与岩石颗粒发生反应，然后被转移。思考一下树木的生长过程，在它的一生中，树根会储存大量从空气中收集到的碳，一些二氧化碳会通过树根的呼吸作用逃逸出去；当树木死亡后，根部的碳会被消费者氧化，二氧化碳则被释放到土壤深处。陆地上的生命有机体以这样或那样的方式，将空气中的二氧化碳送入地下。二氧化碳在地下与岩石中的硅酸钙接触并发生反应，形成碳酸钙和硅酸。在这些物质流入大海的途中，它们和地下水一起流动，直到进入溪流与河水。在海水中，海洋生物将硅酸和碳酸氢钙聚集起来构成外壳，碳埋藏的过程因此得以继续。大量微小的海洋贝壳持续落下，岩石风化的产物石灰石沉淀物和二氧化硅被埋藏在海床中，最终随着板块构造运动而下沉。如果没有生命的存在，大气中的二氧化碳将会通过一些缓慢的无机过程，如扩散，到达岩石的硅酸钙中。要想将土壤中的二氧化碳维持在现在的水平，大气中的二氧化碳浓度将会比现在更高，或许高达 1.03 倍。这就是沃克模型不可行的原因。最近，吉姆·卡斯汀（Jim Kasting）和肯·卡尔德拉（Ken Caldiera）进一步发展了沃克模型，将有机体对风化的影响考虑在内，似乎倾向于最终融合成一种针对二氧化碳调节的地球生理模型。近期，施瓦茨曼（Schwartzman）和沃尔克

（Volk）也估量了由有机体的出现引起的化学风化作用速率的增加，发现增量很大。显然，要了解整体情况，还需要将这种测量应用到地球表面许多有代表性的地区的土壤上。

以这样一种方式考虑，我们就可以解释如今地球上二氧化碳含量低的原因了。自生命开始作为气候调节机制的一部分以来，这一伟大的地球生理机制就一直在发挥着作用。但随着太阳温度越来越高，地球几乎不可能继续保持凉爽。二氧化碳含量与植物丰富性呈反向关系。假设"盖娅"的健康状况由生命的丰富性来衡量，那么健康期就是二氧化碳含量最低的时候。在正常的"盖娅"健康状态下，冰冻作用带来舒适的清凉感，但按体积计算，二氧化碳的含量仅为180ppm——令人不快的是，这接近植物生长所需二氧化碳量的下限。无须惊讶，在大约1000万年前的第三纪中新世（Miocene），出现了一种新型绿色植物，在二氧化碳浓度更低时也能生存。这些植物拥有不同的生化组成，它们被称作碳四植物，以区分于主流的碳三植物。碳三和碳四这两个名称源于这两种植物不同的碳化合物新陈代谢：和碳三植物相比，碳四植物能在二氧化碳含量更低时进行光合作用。新型的碳四植物包括一部分但不是全部草类，而树木和宽叶植物一般采用碳三循环。最终，也许是突然地，这种新型植物会占据上风，营造一种二氧化碳含量更低的大气环境，去应对日益增加的太阳热量。不过它也只能暂时发挥作用，因为在一段短暂的时期，如1亿年里，假设其他因素都没有发生变化，太阳已经足够暖和，以至于要维持现在的温度，大气中所需的二氧化碳浓度是零。正如我们很快就会看到的，还会有其他的冷却降温机制发挥作用。此外，一个不同的生态系统会演化出来，适应高达40℃的全球平均温度。二氧化碳危机虽然严重，但是对"盖娅"这个超级有机体并不构成威胁。

我认为自我调节过程在冰川时期的温度下运行效率最高，如果我的想法正确，那么像现在这样的间冰期，就代表调节功能某种暂时的衰退，代表了星球对于当前生态系统而言的一种"发烧"状态。这是怎么一回事呢？

众所周知，活跃的调节或控制系统在接近极限运行条件时会变得不稳定。这一点可从图3.6的"雏菊世界"模型中清晰地看出。这一模型显示，随着恒星变暖，这个虚构的行星也变得越来越热，影响植被生长的周期性瘟疫产生的效应在温度的周期性波动下以一种放大的形式呈现出来，直到这一生态系统因为过热而崩溃。我们还不知道冰川作用的成因，但我们知道这是一种周期性现象，与到达地球的太阳辐射量的微小变化同步，也与地球的倾角和轨道的长期变化同步。冰川作用与地球的轨道和倾角之间的这种天体物理学关系，是南斯拉夫人米卢廷·米兰科维奇（Milutin Milankovich）提出的。接收到的太阳温度的变化幅度，自身并不足以解释冰期和间冰期之间温度的范围，但是，这可能是一种触发装置，能使从一个状态到另一个状态的改变保持同步。日本物理学家宫本茂（Shigeru Moriyama）对过去几百万年间地球平均温度的周期性变化做出的数学分析表明，这与外部因素引起的一种内部波动更一致，而不是与仅由自由运转引起，或者仅仅是对接收到的太阳辐射能量的改变做出的一种波动反应更一致。

地球生理学指出，面对日益增加的太阳热能，为了调节气候，冰期是正常状态，而像现在这样的间冰期则是反常状态。照此考虑，冰期时二氧化碳含量低，可能是因为存在一个更大、更高效的生物群。地球上一定有更多的生命有机体。二氧化碳含量这么低还有什么原因呢？如果有更多的有机体在像抽气泵一样工作着，那么它们在哪里呢？乍一想情况似乎是这样的：大冰原为生命留下的空间较少，不像现在或人类出现之前那样，生命覆盖了大部分林地。然而，由于水常常形成高出于陆地的冰川，海平面可能会下降100米左右，大陆架上就会露出广阔的陆地供植物成长。浏览一下大陆架的地图就会发现，新陆地的大部分都位于潮湿的热带，正如现在的东南亚。新陆地覆盖了大小相当于如今非洲的区域，维持着大量植物的生长。

这样一个世界本身就是不稳定的。根据米兰科维奇效应（Mialnkovich effct），如果变暖的趋势导致陆地面积减少，那么增加的二氧化碳加上具有反光效应的冰雪覆盖面积的减少所形成的地球物理反馈，会导致温度和二氧化碳以失控的速率增长。这个系统从生物学角度来看也是不稳定的。由于二氧化碳含量接近光合作用所需量的下限，因此将会存在巨大的选择压力，促使那些在二氧化碳含量较低的环境下生存的植物出现。还有其他重大事件会导致二氧化碳与温度上升。我们能想到的一点是当水凝结成冰时，因海洋中的盐分含量增加而产生的某种相关影响。另一个原因可能是盐分过量，导致海洋中的藻类排出硫，形成酸雨（或者是由于海洋生物区中含硫挥发物供应不足，使得陆地植物丧失重要的元素，从而生长衰退）。云量覆盖范围和行星反照率的降低也是一个原因。我们已了解了冰河时代的循环。图6.1展示了过去几百万年间温度与时间的关系。

我们也需要考虑可能与总体降温趋势相反的区域进程。在北部温带地区，大片的针叶林颜色很深，很容易抖落冬天落在上面的白雪。因为针叶林的存在，冬季的时长一定被大幅度缩短了。纬度超过 50 度的大陆地区，晚冬的阳光不足以融化新雪，白色的雪将太阳辐射能反射到天空中。不过，深色的松树会吸收阳光，不只是树木自身，连这个地区也会变得温暖。一旦雪融化了，即便是光秃秃的地面也能吸收阳光，使

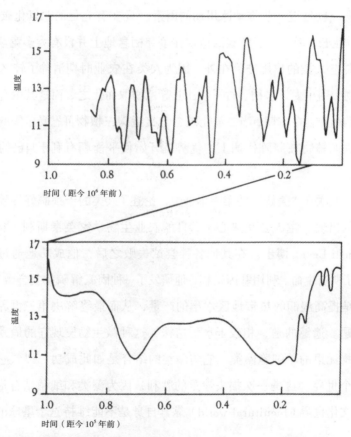

图 6.1　最近一系列冰川期的温度变化史［引自马休斯（S. W. Matthews）］。

地面足够温暖，让种子发芽，春天也因此来临了。

生理控制系统在解释上的循环性使得我们很难选择一个切入点。较低的二氧化碳含量，密集的云层，低温，三者究竟哪一个先出现呢？这个问题就像关于"先有鸡还是先有蛋"的争论一样，是毫无意义的。还是让我们来看看近期的演化发展吧。与碳三植物相比，能在二氧化碳含量更低时生长的碳四植物出现了。这些碳四植物可能既是冰川作用的产物，也是进一步推动冰川期的因素。现在有充足的二氧化碳供所有植物生长，因此碳三和碳四植物在争夺栖息地上并没有太多竞争。不过，要把人类的作用排除在外，因为人类在农业时期清除了较老的碳三植物，用小麦、水稻、竹子、甘蔗等植物取而代之，而这其中有许多是碳四植物。在冰期，当二氧化碳含量接近碳三植物可忍受范围的下限时，碳四植物在新陈代谢上的优势就开始使平衡朝有利于自己的方向倾斜。

在我关于"盖娅"的第一本书中，论述了人类的干预癖好导致末日场景的出现。主人公是热心、善良的农业生物学家英泰斯利·埃格尔（Intensli Eger）博士。在其他各种尝试失败之后，他成功地通过干预清除了所有生命。利用基因工程，他研发了一种固氮解磷的复合微生物，目的是提高湿润的热带地区水稻的产量，从而最终解决第三世界的饥饿问题。遗憾的是，相较于水稻植株，这种微生物发现它的最爱是一种无拘无束的单细胞藻类。它与藻类的结合是如此成功，以致它征服了整个世界。这是一次损失惨重的胜利，因为藻类和细菌结合形成的二元文化世界（bicultural world）靠其自身是不能维持这个星球的内稳态的。

即便只是一个虚构角色，将干预的恶果归因于他，也让我感到有些内疚。要想公平，似乎只能再给他一次机会。这一次，他利用他的高超技能，用野生燕麦研发了一种新型的树。这种树使用碳四循环，能在湿润的热带地区茂盛生长。它有着丰富的树液，能结出富含维生素和营养物质的可口果实，而且还有在干旱地区良好生长的能力。种植这种植物可逆转沙漠的蔓延。

用这种野生燕麦树（*Avena eegeriansis*）取代大部分湿润热带森林的树木，一开始让人以为，环境恶化的日子结束了。到处都有茂密的植被生根发芽，为"萨赫勒地区"（the Sahel）带来绿色，也为上万年无雨的沙漠地区重新带来了雨水。在树木的绿荫下，复杂的热带生态系统重获生机。很快，人们注意到，丰富的二氧化碳含量正在减少；树木生长迅速，以至于二氧化碳供不应求。云量与行星反照率也在增加。媒体和绿色运动中有很多人认为这些气候变化是不利的，他们最爱将一切归咎于跨国的化学工业与核工业。把气候变化归因于沙漠的绿化，这种想法既不流行，也很少被人们考虑。

很快，冬天的雪就会流连于莫斯科、波士顿、芝加哥、波恩和北京，直到五月才离开。更北的地区一整年都被雪覆盖。在北半球大批城市人口察觉或者逃离之前，这个世界将快速进入下一个最大的冰期。大气中二氧化碳的含量为100ppm，清爽舒适，地球的自我调节也很高效。不久之后，海水就会从广阔的大陆架上消退。澳大利亚和巴布亚新几内亚会再一次通过被大片森林覆盖的陆地连接起来。第一世界的陆地和城市将几乎全被冰川埋没。在人类的帮助下，碳四植物将掌管世界，解放出来的"盖娅"将地球置于另一个长期的内稳态之中。一个持续数百万年而不仅仅是上万年的冰河时代来临了。

这虽然是个不太可能发生的故事，但它的确有助于阐明，主导物种的改变是如何开启新的时期的。我们或许是动物的最高级形式，但毫无疑问，树木一定是植物的最高级形式。对我们如今熟识的林木来说，发育完善的碳四树木可能会造成激烈竞争。艾格尔博士可能完成了自我救赎，将人类重新带回到适宜的生存环境中。写完这个故事后，美国国家大气研究中心的李·克林格（Lee Klinger）提醒我，树木并不是植物生命的顶级群落。最终获得成功的植物系统是泥塘中的泥炭藓。据李所说，所有或几乎所有的森林，如果不被破坏，都会演化到这种状态。他把这一演化过程看作地球生理调节中很重要的部分。

在生命有机体中，硫元素被广泛地用于各种结构和功能之中。所以接下来，我很想谈一谈我们在过去 10 年收集到的信息，以及这些信息是怎样扩展了我们对于硫在"盖娅"中所具有的生理学作用的认识。

1971 年夏天，我参加了在新罕布什尔州（New Hampshire）新汉普顿小镇的新汉普顿学校（New Hampton School）举办的戈登会议（Gordon Conference）。会议的主题是"环境科学：空气"（Environmental Science: Air），主席詹姆斯·洛奇（James Lodge）是一名大气化学家，也是我的朋友。可以说，这次会议标志着我们对大气持续至今的一种强烈的新兴趣的开始。这很大一部分要归功于他的组织能力。

就是在这次会议上，我第一次展示了空气中卤烃与硫气体的实验测量结果。我同时也得知，关于硫的自然循环的传统观点认为，海洋需要释放大量的硫化氢弥补在河水中流失的硫酸盐离子。如果没有硫的补充，陆地上的有机体很快就会因为缺少这种必不可少的元素而饿死。我从利兹大学（University of Leeds）弗雷德里·查林杰（Frederick Challenger）教授在 20 世纪 50 年代的研究中得知，许多海洋生物都释放出含硫的气体化合物二甲基硫醚（dimethyl sulfide）。曾做过化学家的我也知道，硫化氢在溶有氧的水中会迅速氧化，发出臭味。在我看来，无论哪种情况，硫化氢都不可能是硫元素从海洋到陆地的主要载体。另一方面，海水的奇怪味道又很像稀释的二甲基硫醚的味道。的确，一旦你闻过这种稀释后怡人的气体，就会认出它是刚从海里捕捞出来的活鱼气味的重要组成部分。新鲜的淡水鱼却没有这种味道。

当我返回英格兰时，我想也许乘船从北半球回到南半球是个好主意，因为途中可以测量空气和海水中含硫的气体，从而证实二甲基硫醚究竟是不是大自然中硫的载体。我也想利用这个机会测量卤代烃气体，也就是喷雾剂中使用的那类气体，我希望这些气体能有效"标示"大气，并帮助我们观测海洋上空空气的运动。这将是我通过写提议并递交给基金资助机构的常规方式来申请研究基金的最后一次机会。我想要一笔不超过几百英镑的小额拨款，用来制作一些仪器，然后带到船上，从北半球航行到南半球，每天测量沿途中的气体。我本来早就应该料到，两份提议都被否决了。对那些同行评议人员来说，寻找二甲基硫醚没有意义，因为大家知道缺失的硫是由硫化氢输送的。第二个寻找卤代烃的提案因太草率而被否决，因为"显然"没有哪一种仪器能灵敏到可以测量我提出要寻找的含量不到万亿分之几的含氯氟烃。

我很幸运，因为我很独立。这次航行我只要获得我的第一任妻子海伦的同意即可。她用部分养家费用赞助了我的研究。她并不认同我的"同行们"的观点。我做了一个简易的气相色谱仪（图 6.2），总成本不过几十英镑。自然环境研究委员会（Natural Environment Research Council）一些善意的公务人员也不同意学术顾问小组的观点，从自主基金中拨款赞助我的旅行和生活开销。我乘坐调研船"RV 沙克尔顿号"（RV Shackelton）航行，从威尔士驶向南极洲，然后返回。在船上3周后，我从蒙得维的亚返回，很遗憾，我只有这么多时间。不过，同去的科学家罗杰·韦德（Roger Wade）在船驶到南极洲时，仍在好心地继续进行测量。我的同事罗伯特·马格斯（Robert Maggs）1972年春天飞往蒙得维的亚，完成这个穿越赤道回到英国的旅程。这次航行中的测量结果发表在《自然》杂志上的三篇小论文里。第一篇公布了对卤代烃的测量，结果显示含氯氟烃在地球大气中是稳定且长期存在的，另外两种卤代烃气体四氯化碳和甲基碘，则在航行中随处可见。这些成果还促成了"臭氧战争"（ozone war）和一大笔研究资金的支付，推荐这些项目的正是否决我最初那两份提议的同一批委员会。相较于一个科学家在好奇心驱使下进行探索航行的想法而言，思考一下"地球脆弱的保护膜"臭氧层面临的威胁，似乎更切实可行。

第二篇和第三篇关于硫气体的论文指出，二甲基硫醚和二硫化碳在海洋中普遍存在。这些成果，除了鼓舞东安格里亚大学（University of East Anglia）的彼得·利斯率先对流量做出计算外，大部分都被忽略了。直到20世纪80年代早期，安德里亚（M. O. Andreae）通过对海洋含硫气体大量而严谨的测量表明，海洋中二甲基硫醚的输出量足以证明它是硫元素从海洋到陆地的主要载体。

"盖娅"理论要求这类元素的传送必须具有某种地球生理机制，若不是受这点启发，作为化学元素候选传送者的二甲基硫醚就不会被

图 6.2　1971 年到 1972 年 "RV 沙克尔顿号" 从英国到南极洲往返航行中
用来测量海洋和空气中气体含量的自制仪器。

人们追踪探索。但你可能会问，究竟是怎样的机制呢？开放海域中的藻
类为什么会在意陆地上树木、长颈鹿和人类的健康与福祉呢？这样一种
惊人的利他主义是怎样通过自然选择演化发展的呢？

　　我们还不知道详细答案，但我们粗略了解这是如何从一种叫作二甲
基磺基丙酯（dimethylsulfonio propionate）的陌生化合物的性质演化而
来的。这种物质就是有机化学家所谓的甜菜碱，因为很久以前，一种类

似的化合物三甲铵醋酸酯（trimethylammonio acetate）或者说甜菜碱，最初就是从甜菜中分离出来的。瓦瑞莫尔西（A.Vairavamurthy）及其同事发现甜菜碱对那些生活在含盐环境中的海洋生物的健康具有重要意义。甜菜碱是电中性的盐。它们在同一分子上携带着与硫或氮相关的正电荷，以及与丙酸离子相关的负电荷。在普通盐，如食盐的溶液中，电荷分离出来，成为独立的不受约束的离子。前一章提到，海洋生物的生存环境接近其盐分耐受极限。浓度超过 0.8 摩尔的氯化钠溶液有毒，但甜菜碱并非如此。甜菜碱的离子电荷在内部中和，使它们成为无毒盐类，而且能像糖、甘油及其他中性溶质一样在细胞中发挥作用。能够用大量的甜菜碱来代替盐分的细胞则占据了优势。

我想，在很久以前的某段时间里，是否会有海藻在海水退潮后被留在古老的海滩上。太阳光很快会将其晒干。随着细胞中水分的蒸发，其内部的盐分浓度将超过致命的极限，于是它们会死去。在演化的过程中，细胞内含有甜菜碱这类中性溶质的藻类，失水时受到的破坏较小，也更容易留下更多的后代。最后，甜菜碱的合成在海藻中变得普遍。海洋中硫是丰富的，而氮则常常比较稀少。在陆地上，情况恰恰相反。这或许就是为什么是二甲基磺基丙酯，而不是甜菜和其他陆生植物的含氮甜菜碱成为那种被选定的甜菜碱（顺便说一句，甜菜也能够对付高浓度盐分）。这可能不能完全解释二甲基磺基丙酯作为一种突出的藻类甜菜碱是如何产生的，但毫无疑问含有这种物质的藻类是二甲基硫醚的来源。当藻类死亡或被食用后，含硫甜菜碱很容易分解产生丙烯酸离子和二甲基硫醚。因此，那些易被搁浅在海滩上的藻类会散发出这种含硫气体，海岸上的微风将其吹向内陆，大气反应慢慢使其分解，将硫以硫酸盐和甲磺酸盐的形式在陆地上沉淀下来。陆地上的硫很稀少，这种新资源可促进陆地植物的生长。生长的加速可增强岩石风化，从而增加流入海洋的营养物质。由此，由硫的供应产生的地面生态系统和由更多的营养物质而来的海洋生态系统的相互扩展，也就不难解释了。通过这个途径或者其他一系列类似的微小步骤，复杂的地球生理学调节系统得以演化。这一切并没有事先预见或计划，也没有打破达尔文的自然选择法则。

可以这么说，在离开海滩前，我也考虑过海洋植物普遍产生甲基碘（methyl iodide）的问题。不像无害的二甲基硫醚，甲基碘这种化合物是有毒的，可以诱导有机体突变，也可致癌。甲基碘可用作抗菌剂，帮助海藻参与竞争或挫败捕食者，这或许是刺激甲基碘产生的首要因素。碘对陆地有机物来说很重要。从海水中释放甲基碘到空气中，对于维持源源不断的碘，也就是一种对陆地生物至关重要的元素的供应，是一个关键机制。大型藻类如海带（*Laminaria*）是甲基碘的强大来源，调查其中存在一种特定的甜菜碱甲基磷基丙酯（methylio-donio propionate）的可能性，或许是有价值的。如果的确存在，那么就表明藻类与含硫甜菜碱之间存在某种普遍联系。

但是，除了营养元素的循环外，还有更多与硫、碘循环相关的问题。阿拉斯加的地球物理学家格兰·肖（Glen Shaw）关于有效的地球生理气候控制系统的想法令人兴奋。他在得知平流层中少量的（相对地球而言）硫能深刻影响气候这一点后，提出海洋有机体释放含硫气体是控制气候最有效的方法。有一系列可靠证据表明，在大型火山喷发后，全球表面平均温度会下降。喷射到平流层的火山气体包括二氧化硫和硫化氢（火山云也包含固态物质形成的气溶胶，但这些物质很快就会下沉）。停留在平流层的含硫气体氧化，并与出现在那里的水蒸气形成亚微观硫酸颗粒。因为它们是如此之小，以至于下沉非常缓慢，可能会持续好几年。这些微粒在平流层中形成白色的薄雾，将阳光反射到太空中，否则这些阳光就会使地球变暖。在两次火山喷发之间，始终有一种由微小的硫酸液滴构成的背景，它通过来自生命有机体的含硫气体的氧化作用持续形成。其中最重要的是羰基硫和二硫化碳。和二甲基硫醚相比，它们的排放量较少，但是在低层大气中，它们氧化缓慢（羰基硫尤其缓慢），且能够持续足够长的时间以进入平流层，然后在那里被氧化。格兰·肖认为，可通过海洋生物提高羰基硫和二氧化硫的输出，使平流层中硫酸薄雾变厚，从而为地球降温，抵消全球过热问题。这或许的确是调节气候的几种可行的地球生理机制之一，但是，这让我的同事开始考虑，在这个同样的目的上，含硫气体还有什么更多的潜在用处。

在广泛调查世界上的海洋时，安德里亚已经表明，海洋有机体排放出大量的二甲基硫醚。这些排放物从两极到赤道地区无处不在。这一发现启发了气象学家罗伯特·查尔森、史蒂芬·沃伦（Stephen Warren）、安迪·安德里亚和我，我们提出，海面上空迅速氧化的二甲基硫醚，可能是水蒸气形成云所必需的凝结核的源头。在这点上硫酸的小液滴很理想，而且在公海上方也不存在其他有助于成云所需的凝结核的重要来源。海盐气溶胶或许能成为云中水汽的凝结核，但效率却远不如硫酸微滴。地表大约有 2/3 被深蓝色的海洋覆盖。任何影响海洋上空云量的因素都会极大影响到地球的气候。在一篇合作完成的论文中，我们四个人通过数据估计了当前二甲基硫醚的自然释放可能产生的影响。这些数据表明，二甲基硫醚所产生的影响级别可与二氧化碳温室效应相提并论。

我们已经阐明了海洋表面藻类生长与气候间存在强有力联系的可能性。作为一名地球生理学家，我会进一步提出问题：这些过程是否可以作为反应灵敏的气候调节系统的重要组成部分？如果可以，那么，这一系统是怎样演化的呢？

要完全详细地揭示海藻生长、二甲基硫醚、凝结核、云和气候间的关系，还需要一些时间。我们目前知道的是，这一关系效应表现最明显的地区似乎是在北冰洋和南极洲周围的海洋。在那里，藻类生长茂盛，海洋表面常常覆盖着毯子似的低空海洋云层，这具有极佳的降温效果。冷水域更适合藻类生长，因为水中富含营养物质。温水体和热水体是分层的，以至于温水层，即温跃层[1]，下面覆盖着更冷的富含营养物质的水域。温跃层藻类稀少，所以温水区是如此地清澈、碧蓝。除了温度对藻类生长的影响外，层云的形成还依赖于温度。寒冷地区最容易形成具有反射效应的海洋层云。温暖海洋更易形成强大的垂直混合云与积云，它们的降温效果较弱。

我们认为，可通过硫的排放来调节云的场所，是水温在10℃以下的海洋区域。这些区域水体中富含营养物质，所以春天藻类会大量繁殖，而且这些地区的大气条件也适合形成海洋层云。1992年刊登在《自然》的一篇论文中，法尔考斯基（Paul G. Falkowski）及其同事公布

---

1 —— 温跃层（Thermocline）是位于海面以下 100~200 米左右，温度和密度有巨大变化的薄薄一层，即上层的薄暖水层与下层的厚冷水层间水温出现急剧下降的层。

的卫星观测结果表明，北大西洋的藻华与洋面上空的反射率有密切的关联。这个发现让人意想不到，因为我们现在都认为，北半球温带地区上空大部分云层的形成是燃烧产生的硫酸导致的。在污染较少的南半球，澳大利亚科学家艾尔斯（G. P. Ayers）和格拉斯（J. L. Gras）已经阐明了藻类、二甲基硫醚和气候之间清晰的关联。

　　海洋中最大的区域由"热带沙漠地区"占据，大约是地球表面积的40%左右。和大陆架及沿岸水域相比，这些地区的生产力很低，生命稀少，就像跨越赤道北纬30度至南纬30度的陆地沙漠一样。陆地上因为缺少水才形成沙漠，而在大洋上，则是因为缺少营养物质，尤其是氮。这些"海洋沙漠"是什么样的呢？它们的水很清很蓝，和陆地沙漠一样，它们绝不是没有生命存在的。马尾藻海（Sargasso Sea）[1]就是这样一个"海洋沙漠"。我想起小时候读过的一个探险故事，它讲述了一艘帆船在马尾藻海被茂密杂乱的水藻困住时面临的危险。1973年当我搭乘德国的调研船"流星号"（Meteor）正好经过那片区域时，我惊讶地发现了现实与我记忆中那个故事之间的差异。水面上有漂浮的海藻，但仅仅是稀疏散落、条状的墨角藻，和干旱沙漠中的蒿属植物差不多。就像蒿属植物不会影响人类在沙漠行走一样，这些海藻对船的移动也没多大阻碍。

　　这些"海洋沙漠"表面的海藻也能产生云层凝结核的先行者。进入空气的二甲基硫醚能不经意地为藻类带来益处。硫酸凝结核形成的额外云层，改变了当地的天气。东安格利亚大学的蒂莫西·吉科斯

---

1 —— 从佛罗里达半岛往东几百英里，大洋的那一小部分水域被称为马尾藻海。

　　　　　　　　　　　　盖娅时代——地球传记

（Timothy Jickells）将我的注意力引向了这一事实，即海洋上空的云层会增大风速，搅动海洋表面的水，把富含营养物的水层混合到下面光合作用稀少的区域。这是对生产云层凝结核做出的有效回报。我怀疑雨中的淡水在缓解藻类的盐分失调问题上没多大作用，不过它绝不会产生妨碍。在海洋的一些区域，空气携带着陆地上吹来的粉尘气溶胶。众所周知，这样的灰尘在海上穿越数千英里。地球物理学家普洛斯彼罗（J. M. Prospero）教授在西印度群岛上空经常发现撒哈拉沙漠的沙尘。类似的，夏威夷岛也有来自 4000 英里远处亚洲大陆上的灰尘。这些灰尘中含有的矿物质降落到海洋中时，也可能增加海水中藻类的营养。灰尘颗粒的表面使之并不适合充当凝结核，但二甲基硫醚引发的降雨会洗净空气中的灰尘。最后，海洋上形成的云过滤了到达水面的辐射，减少存在潜在危害的短波紫外线。光合作用需要的可见光在缺乏营养物质的海洋生态系统中并不是限制性因素，所以云的遮蔽效应并不是有害的。

这些影响都不明显，但若把它们放在一起，或许就能增加海洋中植被的数量，使藻类繁殖兴盛。地球生理系统需要源源不断地生产二甲基磺基丙酯以及能产生它的藻类。难题是，这个系统如何成为全球气候调节的一部分？当两极表面的水冻结成冰时，海水会变得更咸，这可能导致二甲基硫醚排放量和云量的增加，从而产生正反馈，使温度进一步降低。有可能的是，与冰川作用相关的更大的生物量会为海洋生物提供更多的营养，从而维持藻类的生长。

我们关于这个问题的第一篇科学论文于 1987 年刊登在《自然》上。从那以后，这就成为一个令人激动的重要科学研究领域。两组法国的冰川学家，罗伯特·德尔马斯（Robert Delmas）及其同事，塞恩（C. Saigne）和罗格朗（M. Legrand）报道了他们关于自 3 万年前至今南极冰芯里所含的硫酸和甲磺酸的发现。他们的数据表明，全球气温与冰中的酸性沉淀物呈明显的负相关。硫酸有几种自然的来源，而甲磺酸则肯定是二甲基硫醚在空气中氧化的产物。在冰河时代，甲磺酸沉积物的含量比现在高 2 倍到 5 倍，这可能是因为海洋生态系统的输出量更大。如果他们的观点得到证实，就可以表明，云的遮蔽作用和二氧化碳的低含量共同作为地球生理进程的一部分发挥作用，维持地球凉爽。更多保守的科学家倾向于接受一种地球物理学的解释，这种解释由海洋科学家布洛克（W. S. Broecker）提出。他认为冰川作用与海洋中水循环的大规模变化相关。当然，伴随着水循环变化而增加的营养物质会改变生物生产力，继而改变二氧化碳消耗速率和二甲基硫醚的生成速率。这似乎正成为一个有趣的论题。

　　我认为，用一位地球生理学家关于气候演化和大气化学构成的观点结束这一部分将会很有用（图 6.3）。这种观点认为，长时期的内稳态中间穿插着剧烈的变化。我们似乎正在接近这些长期稳定时期中一个时期的尾声。生命起源时，太阳不那么明亮，过冷成为生命面临的威胁。在元古宙中期，太阳光线对于生命适宜，几乎不需要调节。但如今太阳变得越来越热，过热问题对我们所在的生物圈构成了日渐严重的威胁。

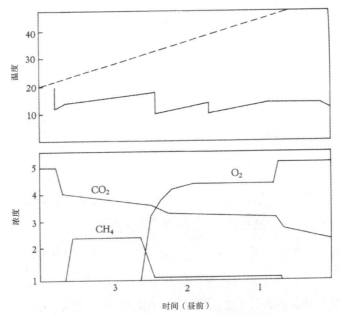

图 6.3 一位地球生理学家关于"盖娅"生命中气候演变与大气构成的观点。上半部分将无生命时可能的温度与呈阶梯式下降但长时间保持稳定的实际气候做比较，下半部分展示了二氧化碳含量的阶梯式下降，即从 10% 到 30% 的含量平缓下降到如今 300ppm 的低含量水平。图中展示了甲烷早期的主导地位以及后来氧气的主导地位。气体的丰度是按体积占的百万分比，并使用对数单位来计量的，所以 1 等于 10ppm，5 等于 100 万 ppm。

7　当代的环境

像今天这样的日子，我意识到我已经无数次地告诉你，这个世界没什么不对，错的只是我们看待它的方式。

——亨利·米勒（Henry Miller），《天堂里的魔鬼》（*A Devil in Paradise*）

一条崎岖、多石的小道，蜿蜒穿过沼泽地上稀疏的草地，然后渐渐没入寸草不生、坚石遍布的利德河（River Lydd）河床。一直往前是威杰里特（Widgery Tor）小山，它是城堡般的达特姆尔高原（Dartmoor）屏障上的一座塔楼。在一个明朗的晴天，这一番壮观、浪漫的景象就是乡间漫步带来的最好的回报。

1982 年的 8 月 2 日正是这样的一个晴天，但是广袤的荒野景象几乎迷失在浓密、肮脏的棕色雾霾之中。空气被欧洲几百万辆拥挤的汽车、卡车排放的尾气污染了。尾气的气味随着从大陆东边吹来的微风弥漫开来。阳光催生出必然发生的化学反应，将难闻的气味熬成巫婆的毒药，使绿叶枯萎。我的眼睛，尽管被流出的眼泪冲洗过了，还是开始刺痛。很快，个人身体的不适把我的注意力吸引到对光化学烟雾的思考上，正是这些烟雾模糊了英国西南部宝石般明朗的景色。来自洛杉矶的

盖娅时代——地球传记

游客会立即意识到这是因为什么，但是，欧洲人还处于与私人交通工具的蜜月期的最后阶段，不可能向自己承认是他们至爱的小汽车排放了如此肮脏的烟雾。

这一毁灭的夏日景象以某种方式扼要概括了一种冲突，即人文主义梦想中那些不切实际的美好愿望，与近期实现这一梦想所造成的可怕恶果之间的冲突。让每个家庭都能开车去乡村里看看，他们就可以享受乡村的清新空气与美丽景致。可当他们真这么做时，一切美好都会消失在他们共同的机动车辆所产生的恶臭气味中。当我爬上威杰里特山并且想到这些想法时，我也知道自己已经为负荷过重的空气增加了虽然少量但也应受谴责的碳氢化合物、硫和氮的氧化物，因为我是开车来到山脚下才开始步行的。我也知道，我对这种类型的空气污染产生的反感是一种价值判断，而且是少数人的观点。

没有几个人不以某种方式使这个永不停止恶化的自然环境雪上加霜。可是很显然而且很自大地，人类责备技术而非我们自己。我们有罪，但我们的过失是什么呢？在地球史上，有很多次，拥有强大能量并且有能力改变环境的新物种也这么做了，而且做得更多。那些最初利用阳光来构建自身并制造氧气的简单细菌成为今天树木的祖先，但最后，仅仅因为它们的存在以及光化学手段的使用，它们彻底地改变了环境，以致与它们一同生长的大量物种，被积聚在空气中的有毒气体氧气毁灭了。其他简单微生物在它们的群落中启动了造山运动和形成大陆的过程。

以人类短暂的一生为尺度来看，环境变化看起来一定是偶然的，甚至是有害的。从长期的"盖娅"的视角看，环境的演变是由稳定期被突然的变化打断来刻画的。虽然环境从未恶化到使地球生命面临灭绝的程度，但是在发生突变的时期，物种遭受了大灾难。这种灾难的规模是如此之大，以至于与发动一场全面的核战争相比也显得稀松平常，就像夏日里的微风与暴风之间的差异。我们人类本身也是这样一次灾难的产物。这场灾难发生在6500万年前，导致许多物种灭绝。我们会不知不觉地又一次打断地球进程，使环境改变并适合于我们的后代吗？

来自世界各地的一群科学家于1984年在巴西的圣若泽杜斯坎普斯（Sao Jose Dos Campos）会面。这场应联合国大学（United Nations University）的要求召开的会议提出了这样的问题：人类对于湿热地区自然生态系统的干预是怎样影响到森林以及它周边的区域，甚至整个世界的？很快，我们就会清楚，无论这些专家研究的学科是什么，他们除了坦白诚实地承认自己的无知外，其他什么也回答不出来。如果有人问："我们何时才能知道破坏亚马孙森林的后果？"他们可能只会回答："在森林消失之前没法知道。"由此看来，我们似乎处于这样一个阶段：我们对"盖娅"健康状况的理解，就像医学科学出现之前草药师对人体健康的理解一样。

在《最年轻的科学》（The Youngest Science）一书中，刘易斯·托马斯把我们等同为20世纪30年代首次行医的年轻医师。令人惊讶的是，那时，即使对于那些懂医学的医师而言，能够给病人提供的治疗帮助也很少。行医在很大程度上是缓解症状，并且努力保证病人所处的环境最适合于我们人人都具有的强大的自然治愈功能发挥作用。

在早期医学史上，人类凭借敏锐的观察力与不断地试错积累医疗知识。具有疗效的药物如奎宁，或者能缓解疼痛和不适的灵丹妙药鸦片，都不是在某个亮得晃眼的实验室里发现的。相反，它们源于乡村里有天赋之人早期的实验或观察，这些人意识到咀嚼金鸡纳树的苦树皮会有益处，罂粟花的干汁液也会无意中带来舒适感。生理学这门关于人类与动物的系统科学，最初未被认可，但后来对进一步的发展产生了影响。帕拉塞尔苏斯（Paracelsus）认识到"毒性取决于剂量"，这是生理学上的一次启蒙，但这依然要由那些追求不可企及而又无意义的零化学污染、零辐射的人来揭示。威廉姆·哈维（William Harvey）对血液循环的探索，增加了我们的医学智慧，正如同对气象学的探索加强了我们对地球的理解一样。生物化学和微生物学专业的科学出现得更晚些，并且经过很长的时间，这些科学领域的新知识才提高了医学实践水平。甚至就在我写这本书的时候，《自然》中已经有一篇论文描述了艾滋病病毒的分子结构，但是还要到很久以后，生物化学的惊人成果才能挽救那些因艾滋病而垂死的人，同时安慰那些对这种陌生、致命的疾病感到恐惧的人。

在巴西召集会议，似乎出奇地合适。我们就像老派的临床医生，在绝症患者的病床边讨论。我们意识到知识的不足，也意识到需要一门新的专业：行星医学（planetary medicine），即诊断和治疗行星疾病的普遍实践。我们认为，如同医学一样，这门学科也会从经验和经验论中成长起来。同时，我们当中的一些人也认为，地球生理学这门关于地球的系统科学，正像生理学在医学进步中体现出的功能一样，或许会为这个假定职业的发展提供科学的指导。

因此，这一章将通过行星医学的当代实践者之眼，去看看有关"盖娅"的真实的和想象的问题。其科学背景，即地球生理学，在前面的章节中已有提及。现在就让我们通过体征和临床表现，来看看可以诊断出什么。的确，在"盖娅"这个病例中，疾病并非源于患者本身，而是源于不断骚扰她的那些聪明的"跳蚤"。不过，没有什么可以阻止我们对温度表进行常规检查和对体液进行生物化学分析。

二氧化碳引起的"发烧"

　　二氧化碳是一种无色气体，有微弱的刺激性气味和酸味。二氧化碳在地球的大气层中是一种很自然的存在，它是植物重要的营养物质，也是地球热平衡的重要决定因素。人类活动通过燃烧木头、炭、油、天然气以及其他的有机材料，将二氧化碳自然地释放到大气中。至少部分是由于这些活动，最近 20 年来，二氧化碳的浓度已经增加到约 1.07 倍。关于地球会如何以及何时做出反应，并且这一反应将会对人类产生怎样的影响，一直以来存在很多争议。

这是威廉姆·克拉克（William Clark）所编巨著《1982 年二氧化碳评估》（*Carbon Diaxide Review 1982*）第一章的开头。除非在本书出版到你读到它的这段时间内又有了一些重要的新发现，否则我猜想本书仍然是关于这一复杂话题的最好信息源之一。

　　从地球上生命起源之初，二氧化碳就是一个矛盾体。它是光合作用者的原料，因而也是所有生命体的食物；它也是将阳光中的能量传递到生命物中的媒介。同时，它在太阳温度低的时候像毯子一样为地球保暖。如今，太阳的温度很高，这个毯子就逐渐变薄了。然而有一点，这个毯子会被用坏，因为它也是我们食物的养料。我们之前已经看过，陆地和海洋各处的生物区是怎样起到从大气中吸取二氧化碳的作用，以至于从火山流入大气中的二氧化碳不会使人窒息。如果没有这永不停息的吸气过程，一百万年内，二氧化碳的浓度会上升到极高的水平，使得地球成为一个炎热无比之地，不适合现在生活在上面的几乎所有的生命生存。二氧化碳就像盐一样。没有它，我们不能生存，但如果太多，它就成了毒药。

对于人类来说，一百万年与无限久远几乎无法区别，而对于年龄大约已有 3.6 宙的地球生理系统"盖娅"来说，一百万年相当于人类的两年。我们有理由去考虑长时间内二氧化碳的减少，但是，对于整个系统来说，由燃烧化石燃料所造成的二氧化碳的增加，只是持续时间很短的微小干扰，无论如何都会趋向于抵销二氧化碳的减少。

在我们让"盖娅"免于担心二氧化碳的影响之前，我们应当牢记在心的是，在一瞬间发生的所有事情中，有些事情会产生全速飞行的子弹造成的影响。它或许很小，接触的时间也很短，但会产生灾难性的后果。这点对于"盖娅"和二氧化碳，都是如此。人类可能已经选择了一个非常不合适的时刻向大气增排二氧化碳。我相信二氧化碳调节系统已经接近它的负荷极限。在近代，空气中的二氧化碳对主流植物来说已经很稀薄了，就像我在上一章所说，拥有不同生物化学特征的新物种正不断演化出来。这些新物种，即碳四植物，能在二氧化碳含量很低的情况下生存，或许将来随着二氧化碳气体的持续下降，碳四植物会取代较老的、过时的碳三植物模式。这种发展过程并不平稳，更像老年人颤颤巍巍、步履跟跄的样子。我们知道，在地球史上二氧化碳的量曾显著下降过，但随着上一个冰川期的结束，100 年内它的含量就从 180ppm

增加到 300ppm。如此快速的变化是不可能轻而易举地通过地球化学的缓慢进程来解释的。

如今，因人类行为方式而导致的二氧化碳上升的速度和广度，可与终结了上个冰川期的二氧化碳的自然增长相提并论。到下一个世纪的某个时期，可能我们人类增加的二氧化碳量将等于大约 12 000 年前增加的总量。因此，我们需要考虑的气候变化，很可能和从上一个冰川期结束至今的变化幅度一样大。这样的变化可能使得冬天变成春天，春天变成夏天，而夏天将永远像你回忆中最热的夏天一样炎热。

威廉姆·克拉克在他的书中比较了经济学家们对从现在起到下个世纪中期增长的预测。其中列举了艾默利·洛文斯（Amory Lovins）和亨特·洛文斯（Hunter Lovins）的预测，他们称在可预见的未来，增长将接近零。这个预测和已故的伟人赫尔曼·卡恩（Herman Kahn）的观点有很大差异。卡恩认为，在下个世纪，整个世界会迎来巨大和充分的市郊发展。纽约小镇斯卡斯戴尔（Scarsdale）会变得引人注目。从工业生产的记录来看，有明确客观的证据表明洛文斯的预测更接近事实。从 1974 年以来，人类世界中能量和材料的成交量已经接近稳定状态。正如我在 1994 年写的，有迹象表明增长将会重新开始，对于环绕太平洋的国家，更是如此。除非我们大幅减少燃烧化石燃料的比例，否则大气中的二氧化碳会持续增加，达到其自身的稳定状态，而到下个世纪某个时候，浓度将达到现在的两倍。

我只能猜一猜注定要到来的温暖期的各种细节。波士顿、伦敦、威尼斯和荷兰会消失在海洋之下吗？撒哈拉沙漠会蔓延跨过赤道吗？对这些问题的回答可能来自于直接经验。没有哪个专家能够详细预测未来气候的局部细节。

地球生理学知识提醒我们，地球或许是一个活跃的、能迅速做出反应的系统，而并非只是一个潮湿的、雾蒙蒙的岩石球体。处于内稳态的系统可以承受各种侵扰，并且能努力维持适宜的状态。如果没有人类的干预，系统或许可以吸收过量的二氧化碳及其带来的热量。但是，人类一直在干预，除了增加二氧化碳排放外，我们也在不断砍伐构成植物生命的一部分，即森林。通过相应的额外增加，森林可以抵消这一变化。

破坏一个在稳定性的权限位置摇摇欲坠的系统，比起向一个稳定的系统中排放二氧化碳所产生的直接的、可预测的后果要严重得多。从控制理论和生理学，我们得知侵扰一个濒于不稳定的系统会导致振荡、混乱变化或系统故障。与此相悖的是，一个暴露在寒冷的环境中，濒临死亡的动物，体内温度降到了 25℃以下，如果把它放入温水中，它会死亡。出于善意的营救行动，只是成功地使皮肤温度升高了，使得其中的氧气消耗量超出了仍然冰冷的心脏和肺部所能供应的量。在正反馈造成的恶性循环中，皮肤中的血管会膨胀。这会降低血压，以至于心脏无法像泵一样使血液循环起来，从而加速死亡。此时血液中的氧气已经不足以满足系统的需求。如果能慢慢加温，或者通过透热疗法这样的方式从内部产生热量，那么一只体温过低的动物就能得到恢复。

我们对于二氧化碳气候系统知之甚少，以至于我们不能详细预测当前二氧化碳的增加会产生什么样的后果。但是，通过观察到的一些确凿事实，我们可以得出一些大致的结论。地球的平均温度正好低于适于植物生长的最高温度。随着冰期与间冰期的循环，出现周期性的气候振荡,二氧化碳也逐渐减少,接近它的下限。所有这些都是系统处于崩溃边缘的物理迹象。

就像现代的医师一样,我们也发现,诊断比治疗更容易。因此我们带有这样一种坐卧不宁的感觉:现在增加地球上的二氧化碳,就像给我们假想中体温过低的病人皮肤表面增温一样不明智。如果我们无意间促成了另一个演化阶段的到来,生命也会在新的平稳状态中延续下去。但是知道这一点并不能带来多少安慰。几乎可以肯定的是,这个新状态将没有我们目前所享受的状态那样适宜人类生存。

酸液过多性消化不良的病案

过多二氧化碳引起的温室效应不是燃烧化石燃料导致的唯一问题。在地球北部温带地区,生态系统的发病率和死亡率有所增加,树林以及河流湖泊中的生命受到尤其严重的影响。这种情况似乎与所观察到的酸性物质沉积速度的明显增加有关。据说燃烧是酸性物质沉积及其对森林生态系统造成的所有伤害的原因。对于这个问题,地球生理学是否有不同的观点呢?

可以说,这一切全是氧气的错。如果那些远古时代的开拓者蓝细菌没有用这种有害气体污染地球,就不会有氮和硫的氧化物来烦扰空气,从而也就不会产生酸雨。氧气是酸的制造者,这种气态的药物既给了我们生命,最终也会杀死我们。18 世纪的法国化学家们将氧气称作"酸素"(acidifying principle)并不是毫无原因的。在他们那个时期,能够用来做实验的化学物质并不多,那些仅有的物质,如硫、碳、磷,与氧气结合都会产生酸。直到后来,因为有了电,化学家们可以将钠和钙等元素分离出来，这时人们才发现，燃烧也能产生碱性物质。再后来，人们又发现，酸是一种含有能自由地释放正电荷的氢原子组成的物质，而这些质子才是酸化的要素。另外，伟大的化学家刘易斯（G. N. Lewis）观察到，问题的关键是电荷，而非携带电荷的原子。他向我们表明，酸类物质是能吸引电子的物质，它是负电荷的基本载体。在某种程度上，氧气本身也是这些"刘易斯"酸性物质之一。

生命的化学变化使空气中产生游离氧，这并不让人诧异。各种元素形成构成地壳的化学物质，其中比其他任何物质中含有更多的氧，氧的含量达到49%。正像拉瓦锡（Antoine Lavoisier）观察到的，在所有构成生命体的主要轻元素如碳、氮、氢、硫和磷中，只有氢和氧混合时不会产生酸。在人类踏上这个星球之前很长一段时间，落下的雨水也是酸性的。雨水中天然的酸性物质包括碳酸，它是带泡沫的碳酸水形成的一种温和的酸。甲酸是甲烷氧化的最终产物之一。此外，还有硝酸、硫酸、甲基磺酸和盐酸。尽管后四种酸的酸性很强，有腐蚀性，但随着雨水落下时并不能造成什么危害，因为它们已经被极大地稀释了。这些酸大部分来源于生命体排出的气体的氧化，有一些也来源于火山喷发产生的气体，或者来源于一些高能量过程，如闪电和宇宙射线，它们会促使氮气和氧气发生反应。酸的生物学意义上的先驱，例如甲烷、氧化亚氮、二甲基硫醚和一氯甲烷，都不是酸，但是它们在空气中氧化后，就可以产生上述各类酸。

酸雨沉积造成的污染又是一个剂量问题：原本并无危害的酸过多增加，就造成了污染。酸和氧化剂除了破坏生态系统外，还会降低生活的质量。我在本章开头几段所抱怨的烟雾和雾霾，整个夏天笼罩着北半球的大部分地区，它们在很大程度上是由硫酸微粒造成的。

任何客观公正的观察者在看了欧洲或北美关于酸雨的热烈讨论后，都可能产生一种印象，那就是所有的酸雨都是由发电站、工业炉和家庭供暖系统燃烧富含硫的化石燃料导致的。煤炭和石油中都含有 1% 左右的硫。这种元素使烟囱中积聚起二氧化硫气体，这种气体很快氧化成硫酸，并凝结成硫酸微粒，微粒吸收空气中的水蒸气，从而形成酸雾。最后，它们要么沉积，要么随雨水降落。如果落到富含碱性岩石如石灰岩的地区，特别是落到缺少硫的地方，那么会很受欢迎。如果落到已经呈酸性的地区，那么酸度增加就不仅不受欢迎，而且还有潜在的破坏性。加拿大、斯堪的纳维亚、苏格兰和许多其他的北部地区都坐落在古老的岩石上，这些岩石是几十亿年风化作用的残余物，坚硬且可溶。在这种脆弱的，而且通常为酸性的大地上存活的生态系统，抵御酸化压力的能力也较弱。正是这些地区的国家在正当地抱怨它们的工业化邻国正在摧毁它们。对于加拿大人和斯堪的纳维亚人来说，向处在下风口的国家排放二氧化硫的做法应该停止是毋庸置疑的。很少有人能怀疑这种情况的天然正义性（natural justice），但是，自然地，违规者们不愿意花费阻止他们的发电站和企业产生二氧化硫排放所需的大笔资金。

地球生理学对于这一争论的贡献是，它观察到"酸液过多性消化不良"的原因除了来自邻国的"硫酸醋"外，可能还有其他来源。在烟囱里安装二氧化硫去除设备，可能只能减轻而非根治这一问题。二甲基硫醚是硫的天然载体，而人们却忽视了酸的这个来源。在过去的两年中，安德里亚和彼得·利斯（海洋化学家，分别来自德国和英国）已表明，生存于环绕西欧的大洋表面的浮游植物产生的二甲基硫醚非常多，可与该地区工业生产排放的硫的总量相提并论。此外，浮游植物的排放是季节性的，似乎与酸沉积达到最大量的时候保持一致。

也许有人会理直气壮地问，如果是这样，那么为什么污染问题近期才被发现呢？如果来自海洋的二甲基硫醚是硫酸的来源，那么斯堪的纳维亚岂不是一直在遭受酸沉积的折磨吗？事实上，近年来的两个变化，可能已经使得硫从海洋到陆地的天然输送成为祸根而非福祉。在欧洲充分实现工业化之前，海洋中的二甲基硫醚很可能是由西风携带到遥远的内陆，然后慢慢地将稀释了的硫洒落在广阔的地面上。工业化不只是增加了酸的总量，而且还大幅度增加了燃烧产出的含氮氧化物与其他化学物质。在阳光下，这些物质能发生反应，形成强效氧化剂羟基。这些"药剂"的最重要来源，是为私家车和公共交通工具提供动力的内燃机。在局部地区，羟基数量至少已经达到私人交通变得普遍之前的十倍。因此，过去在整个欧洲上空缓慢氧化的二甲基硫醚，现在很可能在海洋空气遇到污染了的气流时，将承载的酸迅速施加给沿海地区。

基于二甲基硫醚的排放是罪魁祸首这一观点，有人要求采取行动，我个人同意他们的看法。不过我也确实想过，如果减少排放不起作用的话，会发生什么情况。如果改良下水道或者控制氮氧化物的排放是阻止酸雨沉积的最佳方式，那么人们是否愿意采用这些更加昂贵的措施呢？

酸雨问题既是环境科学问题，也是政治、经济问题。整治酸雨必然是一场漫长且花费巨大的战役，它牵涉到国家利益和商业利益。在我们接受这一观点前，有必要回头重新思考一下臭氧战争。其中有一些有趣的相似点，我们也许能从中学到些东西。

皮肤科医生的困境：臭氧问题

在 20 世纪 60 年代末，我研发出了一种简单仪器，它非常灵敏，能检测到大气中按体积计算仅占万亿分之几的氯氟烃（CFCs）。这是非常精微的灵敏度，因为在这样的含量水平下，哪怕是吞食或吸入毒性最强的化学物质可能也不会产生危害。1972 年，我带着这个仪器随 "RV 沙克尔顿号" 船（见第 6 章）航行至南极并返回。我在船上所做的测量表明，氯氟烃在全球环境中都有分布。在南半球含量大概为 40ppt [part per trillion, 即万亿分之（几）]，北半球为 50ppt 至 70ppt。1973 年，我在《自然》杂志上发表的论文中公布这些发现时，很担心有些狂热者会将其作为一个末日故事的基础。数字一旦和存在的东西联系到一起，看来就有了一种虚假的重要性。原本只是很微量的物质，突然就变成了潜在的危险因素。抑郁症患者一听到他的血压值是 110 / 60，就开始担心了，他会问："医生，你确定这不低吗？" 作为一名公认的 "游医"，我觉得在论文中应当更谨慎些，我认为氯氟烃不应当与化学上相似的致癌物四氯化碳和三氯甲烷相混淆。所以我（在论文中）插入了一句话："这些化合物并不构成可想象的危害。" 结果这成了我最严重的错误之一。当然，我应该这样说："就目前的含量水平而言，这些化合物并不构成可想象的危害。" 即便那时我也知道，如果对这些化合物的排放量不加以抑制，它们将会一直积累，到本世纪（20 世纪）末便会产生危害。我当时并不知道它们会对臭氧层产生威胁，不过我确实知道它们是最有效的温室气体，当它们的含量达到十亿分之几时，就会对气候产生严重后果。这一观点记录在 1972 年 10 月在马萨诸塞州安多弗

（Andover）召开的关于碳氟化合物的会议文集中。

在 20 世纪 70 年代这个时期，人们对一场即将到来的灾难充满恐惧。据说，超音速飞机排出的废气中含有的一氧化氮排放到平流层中，导致"地球脆弱的屏障"臭氧层面临着被破坏的危险。大气化学家哈罗德·约翰逊（Harold Johnson）第一个提醒我们关注这个特别的威胁。后来，拉尔夫·西塞隆（Ralph Cicerone）和他的同事理查德·斯托拉斯基（Richard Stolarski）试着将我们的注意力引向氯，这是另一种对臭氧产生危害的物质。后来，1974 年，《自然》杂志刊登了雪莉·罗兰（Sherry Rowland）和马里奥·莫利纳（Mario Molina）的论文，文章论述清晰、有力，作者认为氯氟烃作为平流层中光化学的产物，是氯的有效来源，因而对臭氧层是一个威胁。这篇文章就像一座灯塔，或者就像是蕾切尔·卡森的《寂静的春天》（Silent Spring）一书的自然后续。它宣布了臭氧战争的开始。怀着对科学及这场战争的热情，科学家们一反常态地使自己和公众们确信，有必要立即采取行动禁止氯氟烃的排放。而我，被之前的无害断言搞得手忙脚乱。在我看来，它好像是一个遥远的、假想的威胁。不过我只是少数派，许多地区的立法者都被说服立即采取行动，颁布法令禁止使用氯氟烃作为气溶胶喷射剂。臭氧有什么特殊之处，能使立法者们采取如此行动，这是个有趣的问题。无人死于氯氟烃的排放；庄稼和牲畜也没有受到损害；而它们本身也是进入我们家庭中的最无害的化学物质之一，既无毒、无腐蚀性，又不易燃。的确，除了使用我那台用来检测的灵敏设备外，它们几乎难以被察觉。它们的含量在 40ppt 至 80ppt 左右，即便是对最敬业的环保人士来说，这种含量对臭氧也没什么威胁。他们担心的是这样的事实：如今排放量呈指数增长，如果 60 年代的增长率一直延续到 20 世纪末，将会造成 20% 至 30% 的臭氧损耗。他们说这将是灾难性的。

臭氧是一种深蓝色、易爆炸的有毒气体。奇怪的是，许多人把臭氧看成某种濒临灭绝的美丽物种。不过这是 20 世纪 70 年代人们面对环境危害时的心态了，就像前人看待巫术一样。很难反驳人们普遍接受的一种信念，即只有科学家和政治家立即采取行动，才能拯救我们及我们的后代，使我们免于不可避免的臭氧层损耗以及随之而来的日益增加、容易致癌的紫外线辐射带来的可怕后果。也正是在这时，"化学"这个词成了一个贬义词，化学工业的所有产品都被当作有害的，除非有人能证明其无害。如果更理智些，我们或许会认为，仅仅因为某个单一的化学物品而预言下个世纪（21 世纪）末日将要到来，似乎有些牵强——这些事情需要我们密切关注，但不需要立即立法。不过，在 20世纪 70 年代，人们却不能长远、冷静地看待问题。

1976 年，一些关注碳氟化合物的重要科学家和律师在犹他州洛基山的小镇洛根（Logan）的一所大学里召开会议。与会者包括拉尔夫·西塞隆，他第一个提出了平流层中的氯会加速臭氧破坏这一假说。马里奥·莫利纳和雪莉·罗兰也出席了会议，他们提出复杂反应程序来解释氯氟烃是如何产生氯的，此外还描述了这个破坏机制的复杂细节。出席会议的还有来自工业界和管理机构的科学家，当然也有律师和立法者。这次会议本可以根据现有知识，通过理智讨论的方式，就氯氟烃的安全阈值达成一致。相反，这成了一次部落战争会议，人们在会上决定要开始战斗。显然，任何不支持立即禁止氯氟烃排放的人都被视作这项事业中的叛徒。我永远忘不了皮特尔委员（Commissioner Pittle）和代表美国国家科学院（National Academy of Sciences）的弗莱德·考夫曼（Fred Kaufman）博士的对抗冲突。皮特尔委员要求对方就"是否应禁止排放氯氟烃"这一问题回答"是"或"不是"，可他忘了这并不是法庭。在某些方面，它使我想起了很久以前的另一场冲突：伽利略和他那一时代的权威们的冲突。事实已经表明，尽管这些"臭氧斗士们"（Ozone Warriors）有权利站在他们那一边，但这并不能成为他们无理的非科学行为的借口。

科学的过程和法庭的过程非常不同。两者都不断发展，以满足从业者的需求。科学假设通过预测的准确性得到最好的验证；某个科学事实的确立，并不会影响宇宙运转，只会影响科学家的学问。相反，法律中的事实是通过对抗性的辩论来检验并通过法官的评判来确立的。一个合法事实的确立会从此改变社会。即使在最有利的情况下，甚至面对几乎可以确定的事情，科学和法律也不能很好地融合。在洛根小镇，他们试图对一个貌似可信但未得到检验的科学假设做出法律判断，那么结果在参会者看来并没有多少可信度，这也没什么可惊讶的。

帕拉塞尔苏斯"毒性取决于剂量"的古训又一次被忽略了，此时取而代之的"零"教条占据了主导。人们呼吁："紫外线辐射不存在什么安全值，就像其他致癌物一样，应当降为零。"事实上，紫外线辐射是我们自然环境的一部分，和生命本身一样悠久。机会主义是生物的本性。尽管紫外线有潜在的危害，有机体仍可以利用它进行光合作用产生维生素 D。当紫外线成为威胁时，有机体也可以通过合成色素，如黑色素，来吸收它。

关于自然生态系统与它所遭受的紫外线辐射之间的关系，仍缺少相关知识。但我们知道，热带地区与北极紫外线强度差异达 7 倍，而相同纬度的可见光只有 1.6 倍的差异。尽管强度差异范围很大，却没有哪个地区的植物生长因紫外线而受到限制。相反，7 倍差异的降雨则会造成森林与沙漠的不同。地球上没有紫外线造成的沙漠，而且生命似乎很好地适应了强度范围如此大的紫外线。危害确实会发生，但似乎仅限于从高纬度地区近距离迁徙到低纬度地区的候鸟。另外，也有证据表明，缺乏紫外线可能会对热带地区迁往温带地区的候鸟产生危害。

高能量的辐射能穿透皮肤，暴露于这样的辐射中会破坏细胞的基因物质，中断它们的指令程序。不利影响之一就是从正常生长变为恶性生长。这很恐怖，不过如果能记得，这些致癌后果和吸入同为致癌物的氧气产生的后果没什么区别，我们就可以保持冷静了。呼吸氧气可能会限制大部分动物的寿命，而不呼吸氧气则会快速致死。21% 的氧气含量是合适的，多了或少了都会有害。为了防止致癌，将氧气的含量设为零，是最不明智的。

战争往往不会因单个孤立事件而开始，臭氧战争也是如此。历史的基础，正如第 4 章提过的，是伯克纳和马歇尔提出的观点，即直到氧气和它的同素异形体臭氧首次进入大气，生命才开始在地球陆地表面出现。他们说，臭氧可以阻止强紫外线辐射穿透，否则土地上就会寸草不生，无生命居住。这是个不错的科学假设，并且可以进行检测。事实上，我的同事林恩·马古利斯进行了检验。实验表明，即使紫外线辐射强度很高，进行光合作用的藻类仍能够生存。这对伯克纳和马歇尔提出的观点是一个挑战。但是，这并不能阻止上述观点成为 20 世纪真实存在的伟大的科学神话。几乎可以肯定这一观点是错误的，但是，它幸存下来了，仅仅是因为将科学分隔开来的"种族隔离"的存在。物理学家认为生物学不在他们的管辖范围内，反过来生物学家也是如此；每个学科的人们都倾向于不加鉴别地接受其他学科领域的人们得出的结论。这是专业知识战胜了科学。科学家试图将研究结果归结为物理学和生物学领域，认为这是专业知识的要求，这实在是无知。关注紫外线影响的生物学家知道它既有益又有害，但一直到近期，他们都找不到任何理由去怀疑那些物理学同行的专业知识，因此他们只想到了臭氧消耗的结果。相应地，大部分物理学家更不知道紫外线也会有益处，自然地，他们往往认为臭氧的增长就是一种福祉。然而，缺乏维生素 D 所导致的疾病佝偻病和软骨病，与较少接触太阳光中的紫外线有关。此外，似乎多发性硬化的发病率随纬度的变化而变化，并且与皮肤癌的发病率变化趋势相反。皮肤的颜色随纬度变化而有所不同的事实表明，不需要借助移居，我们人类已经适应了居住地的紫外线水平。

臭氧又一次成为新闻。英国南极调查局（British Antarctic Survey）的法曼（J. C. Farman）和加德纳（B. C. Gardiner）发现，南极地区上空臭氧层正在变薄，而且每年变薄的速度迅速加快，如今几乎成了一个空洞。这一事件完全出乎人们的意料，并且与世界大部分地区的臭氧要么没有改变，要么略微增加这一事实形成极大反差。然而这个发现很有刺激性，也让人害怕。如果这个空洞继续扩展，威胁到有人居住的地区怎么办？在我们深陷其中之前，似乎很值得问一问，第一场臭氧冲突带来的益处是什么？谁是赢家，谁是输家？唯一清楚的失败者是那些小型企业及其雇员，因为他们在生产中要使用遭到禁止的氯氟烃。因为各种各样复杂的原因，氯氟烃的生产者并没有受到太大影响。虽然损失了未必能赢利的以氯氟烃作为主打的市场，但由于产业的合理化，他们的经济几乎没有什么变化。政治家和环保运动丧失了部分信誉，但公众往往不久就会忘记这一切。赢家显然是科学和科学家们。大批拨款被用于大气研究，若不是臭氧战争，就不会有这些。我们现在对大气的了解也更多了，而这些知识对于我们理解其他大气问题至关重要。其中一个问题就是少量的大气气体造成的温室效应。氯氟烃的三个性质使之成为危险物质：第一，它们在大气中存在的时间很长，因而可以不受抑制地累积；第二，它们具有直接携带氯，并将其没有损耗地传递到平流层中的能力；第三，是它们吸收长波红外线辐射的强度。它们存在于大气中会增强二氧化碳的温室效应。这一点和臭氧消耗相比，具有更严重的潜在破坏力。我们有理由感到高兴的是，当初关注氯氟烃问题的先锋之一拉尔夫·西塞隆，已经将他的注意力转移到它们所产生的温室效应这个更严重、更明确的危险上。

我曾经反对那些要求立即立法停止氯氟烃排放的人，事实证明我错了。我将南极上空的这一奇怪现象，看成了其他将要来临的更严重的现象的一种警告。可能其他的变化，如人类的工业、农业以及皮纳图博（Pinatubo）火山喷发造成的二氧化碳和甲烷的共同增加，都会加剧极地地区含氯化合物的额外影响，但在我心中毫无疑问的是：如果没有工业废气中的氯，极地的臭氧就不会变薄。自我1971年首次测量它们以来，氯氟烃和其他工业卤烃的含量增加了6倍。它们当时并无害处，但如今空气中有太多的卤烃气体。它们最初的不良影响已经被人们感受到。我现在加入到那些人的队伍中，他们希望控制氯氟烃以及其他氯氟烃携带物向平流层的排放。

返回到临床医学的类比，我们可以说，因臭氧消耗而产生的对皮肤癌的恐惧起初导致了一场全球抑郁症——将我们的恐惧和教科书中所描述的症状比较一下，这种抑郁症很容易就可以确诊。好的医师知道抑郁症可能是人们在呼唤别人的帮助，而掩饰了真正存在的疾病。或许对于全球生态健康也同样如此。人们对于氯氟烃和臭氧层的担忧，是否也预示着对氯氟烃的臭氧空洞以及威胁气候的温室效应理解不够呢？

一剂核辐射

卡尔·萨根曾指出，如果一个外星上的天文学家通过光谱上的无线电频率谱段来观察太阳系，将看到一个真正不同寻常的物体。两颗星相互遮蔽，其中一颗是普通、小型的主序恒星，另一颗非常小，但通体发光，看上去表观温度能达到几百万度，这就是我们的地球。如果那个遥远的观察者是科学家，"它"（it）或许会推测背后的能量来源的性质，这种能量来源似乎为银河系中温度最高的物体之一提供了动力。我很想知道在可能的能量来源中它会把化学能放在多高的位置上。其中会包括由化石燃料和来自植物的氧气之间发生反应而产生的能量吗？

很容易忽视的事实是，我们是与众不同的。宇宙中使恒星发光的天然能量是核能。从宇宙的一名管理者的角度来看，化学能、风能和水能这样的能量来源，和一颗燃烧煤块的恒星一样稀有。如果情况的确如此，如果宇宙是靠核能驱动的，为什么会有许多人要去游行示威，抗议使用核能供电呢？

恐惧源于无知。当门外汉对科学一无所知时，就打开了恐惧的大门。20世纪末当 X 光和核现象被发现时，它们被看作对医学大有裨益、几乎像魔法一样的生物骨架影像，并且被看作是缓解癌症，有时甚至是治愈癌症的最重要的手段。伦琴（Roentgen）、贝克勒尔（Antoine Henri Becquerel）和居里夫妇（the Curies）因为他们的探索发现而被世人尊敬铭记。可以确定的是，这一切也有其消极的一面，过量的辐射就是一剂慢性而危险的毒物。但即便是水，如果摄入太多也能致死。

通常认为，核能在广岛和长崎第一次被滥用引起了我们的反感，导致人们对于辐射的态度发生了改变。但事情没那么简单，我还清楚地记得第一座核电站是如何默默地为我们提供能源，而不像被它取代的煤炭燃烧装置一样产生大量的污染，从而成为了全民的骄傲。从第二次世界大战结束到 20 世纪 60 年代示威运动开始前，中间有很长一段"清白"期。那么究竟出了什么问题呢？

其实并没有出什么问题，只是核辐射、杀虫剂和臭氧损耗物恰好有一个共同特征，即易于测量和监控。无论给某件事或某个人加上一个数字，都会增加一种先前没有的重要性。有时就像电话号码一样，真实而有用。但有些观测值，例如大气中全氟甲基环乙烷的含量是 5.6×10^{-15}，或者如你在教科书中看到的说你体内至少有 10 万个原子已经衰变了，尽管在科学上很有趣，但对你的健康既无益也无害，它们不会得到公众的关注。

但一旦数字和环境特征联系到一起，人们很快就会找到方法证明记录这些数字的正当性，不久以后，还会出现关于物质 X 或辐射 γ 的分布情况的信息数据库。将不同数据库的内容进行比较，并且，根据统计分布的特征，在物质 X 分布和疾病 Z 的发病率之间找到一种对应关系，这是迈出了一小步。不夸张地说，一旦某个好奇的研究者撬开了这个盒子，就会有一批如饥似渴的专业人员和竞争者伺机加入进来。随后社会上会出现一个新的小团体忙于监控物质 X 与疾病 Z，更不用说还有那些制造监控设备的人了。然后又会出现帮助官僚立法以便管理的律师，等等。有监控辐射的机构，有制造监控和保护设施的行业，还有将辐射生物学当作一门学科的学术团体，想想它们的规模及错综复杂的程度吧。如果公众对辐射的强烈恐惧消除了，这对他们的持续就业并无好处。我们可以看到，在我们的群体与环境的关系中，存在一种完全就是生物学的或者说"盖娅"式的反馈。这不是阴谋，也不是自私心理导致的行为。根本不需要用什么来维持探索者和调查者永不停止的好奇心，总是有许多机会主义者在等待着靠他们的发现维持生计。

如果这还不够的话，还有媒体准备着娱乐大众。他们在核工业领域中有一场零成本、永不停止的肥皂剧。为什么这么说呢？我们甚至能体验一场如切尔诺贝利那样真实的灾难所带来的刺激感，但又像小说里发生的一样，只有几个英雄死去。的确，人们已经计算过全欧洲可能由切尔诺贝利导致的额外的癌症死亡人数，但如果一以贯之，我们也会想知道吸入伦敦煤炭烟雾所导致的额外的癌症死亡人数，而且面对一块煤也会产生我们现在对铀保留的恐惧。对核事故死亡的恐惧，与公路、吸烟或采矿等导致的让人感觉不快的常见死亡人数所产生的恐惧，又有多少不同呢？

蕾切尔·卡森以她那本恰逢其时、富有创意的书《寂静的春天》开启了绿色运动，并且让我们意识到我们能够轻易地对周围的世界造成伤害。但是，我认为，若不是之前已发现农业杀虫剂在整个生物圈随处可见，她不会把杀虫剂中毒作为她的案例。甚至妈妈的奶水里以及北极企鹅脂肪里微不足道的杀虫剂也会与数字联系到一起。在蕾切尔·卡森的时代，杀虫剂是一个真正的威胁；杀虫剂在使用上不理智的、指数级的增长，会将我们所有的未来置于危险之中。但是，我们已经以某种方式做出了反应，而且一次经历不应当被外推到所有真实的或想象的环境灾难中。

前面的段落既不是为了支持核工业，也不是暗示我被核能迷住了。我关心的是，人们对它的大肆宣传，无论是支持还是反对，都将我们的注意力从与我们自身和生态圈和谐共生所要面对的真正的严重问题中转移了。我远非不加批判的核能支持者。我经常会想到一种噩梦似的情形：发明出一种简易、轻便的核聚变电源。它是个小盒子，和电话簿差不多大，有四个普通的电力出口嵌在表面。这个盒子能吸入空气，然后从盒子内的水分中提取氢气。它可以为一个小型核聚变电源提供燃料，产生100千瓦的最大电量。这种盒子将会很便宜很可靠，在日本制造，并且到处都可以买到。它将成为完美、清洁、安全的能源；它不会泄漏出核废物和辐射，也永远不会危险地失灵。

生活会因此而改变。家庭有了免费的能源，没人需要再忍受冬天的寒冷和夏天的炎热。人人都可以用上简单、雅致和环保的私人交通工具。我们可以到其他行星上开疆辟土，甚至可以去探索银河里的恒星系统。这就是这种能源的销售渠道，但是，现实几乎总是确定无疑而又不祥地反映在艾克顿公爵（Lord Acton）的著名格言中："权力容易滋生腐败，绝对的权力必定产生绝对的腐败。"他考虑的是政治权力，但对电力来说也是如此。我们已经利用廉价化石燃料驱动的农业单作模式，占有了我们在"盖娅"中的伙伴们的栖息地。速度之快使我们无暇思考后果。想一想无穷无尽的免费能源会导致什么后果吧。

如果我们不能取消核能，我希望它能保持现在的状态。核能来源巨大且建设缓慢，核能本身的低成本被其需要的大规模的资本投资抵销了。公众的恐惧虽然有时是不理智的，但它能对无序增加的生产产生有效的负反馈。没有人能发明一个核聚变电源驱动的链锯，它能像我们现在砍掉一棵树一样快速而且轻而易举地砍倒一片森林。

我的这些观点对于我的生态学家朋友来说，似乎是一种背叛。他们中有许多人都在第一线参与反对核能的示威活动。事实上，我只是把核辐射和核能当作环境中普遍且不可避免的一部分。我们的原核祖先们在一个行星尺度的原子尘上不断演化，这个原子尘来自一次恒星尺度的核爆炸；一颗超新星合成各种元素，进而造就了地球和人类。我们并不是第一个利用核反应堆进行实验的物种。这一点在前面已经提过。

我对橡树岭联合大学（Oak Ridge Associated Universities）的托马斯博士（Dr. Thomas）充满感激，他让我对核辐射的生物学后果的特征有了新的洞见。我在他安静、不受打扰的房间里聆听他的话时，感觉就像济慈在他的诗里描述的第一次读到查普曼（Chapman）所译的《荷马史诗》时的感觉一样。托马斯博士所说的可能只是一种假设，但却让我激动万分。让我们来看看他的主张："我想象，暴露于核辐射所产生的生物学后果，与吸入氧气的影响完全相同。"

我们早就知道，在 X 光光子或高速的原子碎片经过时，活细胞内部的介质会受损。这其实是许多破碎的化学物质，可以发生反应并产生破坏的自由基。当 X 光光子经过细胞时，辐射会割断细胞键，就像子弹割断血管和神经一样。它对水分子的破坏尤其大，因为生物体中最多的就是水。在有氧气存在的情况下，水分子的碎片会形成一系列具有破坏性的物质，包括氢和羟基，超氧阴离子和过氧化氢。它们都会对细胞中起指令作用的高分子遗传物质产生不可逆的损害。现在这已经是司空见惯的科学常识。托马斯博士的新颖洞见是为了说明，即使没有辐射，由于正常的氧化代谢过程中一些低效的情况，也会随时产生同样的破坏性物质。换句话说，就我们的细胞而言，核辐射和吸入氧气所造成的危害几乎是不能分辨的。

这个假说的特殊价值在于，它提出了对环境的这两种破坏性属性进行比较的经验方法。如果托马斯博士是正确的，那么呼吸产生的危害与全身每年接受大约一西弗特[1]辐射的危害相等。我过去常常考虑医用 X 光检查的"风险和收益比率"。医院典型的胸部或腹部 X 光检查可导致 50 微西弗特的辐射，它可使个人辐射检测器上的胶片变黑，也足以让三里岛（Three Mile Island）的居民产生恐惧。现在，归功于托马斯博士的洞见，我认为那不过是一年中呼吸所产生影响的万分之一。换句话说，如果他是正确的，呼吸比我们从各渠道接受的辐射总量的危险高 50 倍。

太古宙末期对抗星球范围氧气污染的早期战争，如今显然仍伴随着我们。生命系统发明了巧妙的应对措施：如维生素 E 这样的抗氧化剂可清除羟基；超氧化物歧化酶可摧毁超氧离子；过氧化氢酶可使过氧化氢失去活性；还有许多其他的方式可减轻呼吸带来的危害。然而，可

1 —— Sievert，简写为 Sv，辐射计量单位。

能大部分动物的寿命都由一个固定的氧气上限值所决定，在遭受不可逆的危害前，细胞可以使用这些氧气。老鼠之类的小型动物代谢比我们快，这就是为什么它们在不被捕食且没有疾病的情况下，也只能活一年左右。就像核辐射一样，氧气也能通过摧毁细胞内负责再生和修复的指令而导致致命后果。因此，氧气是一种诱变剂，也是致癌物质，我们因为呼吸氧气而设定了生命的上限。但氧气的存在也给生命创造了许多机会，让我们无须面对一个缺氧的世界。举个例子：对于这些特定的基础性的构造物氨基酸、羟赖氨酸和羟脯氨酸的生物合成，是需要用到游离氧分子的。由这些合成物出发，那些使得树木和动物成为可能的结构性的组成被制造出来。

保罗·克鲁岑（Paul Crutzen）是一名大气化学家，他首次将我们的注意力转向重大的核战争所产生的深远的地球生理影响，也就是所谓的"核冬天"。我们需要常常有人来提醒我们，最终的结果可能非常糟糕，因此核打击始终是一种威慑的东西。但是，和氧气一样，核能给我们提供了机会，也不断地对我们提出挑战，使我们学会与之共存。

真正的疾病

当情况非常糟糕，或者我们目睹了令人特别沮丧的环境破坏时，我们常说人类就像地球上的"毒瘤"，它们无节制地生长，摧毁了它们接触到的一切事物。对"毒瘤"的恐惧，也就是环保主义的政客们备用的一大说辞，已经激发了我们对地球的担忧吗？如果真是这样，我们可以停止因此而产生的担忧。生命以多种形式存在，但无论是单细胞生命有机体，还是"盖娅"，都不会遭遇唯一一种"毒瘤"的反叛。那种情况仅限于后生植物与后生动物，例如树木和马等生命形式，它们由巨大且紧密有序地组合起来的细胞群体组成。从这个层面说，人类无论如何都不像"毒瘤"。动物体内细胞的恶性增长要求基因中编码指令的转变。这些变异了的细胞的后代会独立于动物系统而生长。但这种独立性从来都不是完全的。在某种程度上，这些癌变细胞仍会对系统做出反应并且作用于系统。若要像"毒瘤"一样，我们首先得变成另一个不同的物种，然后成为某种比"盖娅"更紧密有序的物体的一部分。

"盖娅"的寿命和力量来源于作为其组成成分的生态系统和物种之间的非正式关联。在"盖娅"生命中将近 1/3 的时间里，她在只有原核细菌栖居的情况下运转。如今她很大程度上依然依靠这些原核细菌，也就是地球生命的最原始部分来运转。与你或我可能会经历的恶性细胞群体的疯长相比，我们所造成的环境变化对"盖娅"产生的后果根本不值一提。虽然"盖娅"对像我们人类这样有些任性的物种或者氧气载体的各种反常行为可能有免疫能力，但这并不意味着我们作为一个物种，也能免受我们共同的愚蠢行为所造成的后果。

大约 16 年前，当我写第一本关于"盖娅"的书时，看起来似乎有一些临界的生态系统，它们所受的破坏甚或它们的消失，都会对现在栖息在地球上并且各得其所的生物群体产生严重的影响。在那时，潮湿热带地区的森林和大陆架的水生态系统似乎最有可能成为维持环境现状的关键因素。如今我们已经看到地球功能开始失常。这是以酸雨的形式进行的，起因在于远离欧洲海岸富营养化的水域中藻类的扩散。此外，非洲好几个部分的地区生态系统普遍衰退，这可能是砍伐当地树木造成的后果。

就"盖娅"的生命跨度而言，她的这些疾病持续时间并不长。所有使这个世界不适宜居住的因素都倾向于引导那些能够促成一个更适宜居住的新环境的物种演化。因此，如果这个世界因为我们的所作所为变得不宜居住，那么将有可能发生一种政权的变化，整个格局将变得更加适合生命，但未必更适合我们人类。过去，这种类型的变化，例如从冰期跨越到间冰期，更多的是一 场革命性的中断，而非渐进性的演变。

我们对于这个星球的所作所为并没有攻击性，也不会对地球生理造成什么威胁，除非我们的行为有足够大的规模。如果地球上只有 5 亿人口，我们现在对环境所做的就根本不会扰乱"盖娅"。不幸的是，由于我们行动的自由性，我们正接近 80 亿人口，有超过 100 亿头牛羊和 60 亿只家禽。我们用了太多的肥沃土地，种出了范围非常有限的一系列农作物而且对食物的加工多数是通过家畜低效地完成的。此外，因为使用了肥料、有害的化学物质、运土和砍树的机器，我们改变环境的能力大大增强了。考虑到这一切行为，我们的确在危险地改变着地球曾有的适宜状态。这不仅是人口问题；稠密的人口对于北温带地区来说，危害也许就不像对潮湿的热带地区那么大。

没有农业我们就无法生存，但在好的农业生产和坏的农业生产之间看来存在很大差异。不合理的耕作可能是对"盖娅"健康的最大威胁。我们用温带和热带地区将近 75% 的肥沃土地发展农业。我认为这是我们对地球生理造成的最大的和最不可逆的变化。我们能够利用土地养活自己，同时保持它在气候和化学上对地球生理所起的作用吗？树木能否在满足我们需要的同时仍然维持热带地区的湿度和降雨呢？我们的庄稼能否像它们所取代的自然生态系统一样吸取二氧化碳呢？这应该是可能的，但必须要有心态和习惯上的巨大改变。我很好奇我们的子孙后代们是否会成为素食主义者，牛是否会只生活在动物园和驯养园里。

人类对农业生产本身的危害理解渐增，也强化了其来自传统模式的洞见。因此，即便只是在一个地区，土地使用上的大规模变化所产生的影响也不仅限于这一个区域。地球生理学也提醒我们，森林的"清仓甩卖"对气候产生的影响将加剧二氧化碳和其他温室气体对气候造成的影响。即便是当前最复杂的气候模型也无法预测这些变化的后果。一个完整的模型需要包含整个生物区，承认生物区的活跃性，也需要承认生物区更偏好小幅度的环境变化。像在生物地球化学模型中那样将生物区放入一个既有输入也有输出的盒子里，并不能建立完整模型。类比一下，我们需要生理学来理解如何在冷或热时保持恒定的个人体温，生物化学只能告诉我们，人体内什么样的反应可以产生热量，却不能告诉我们如何调节我们的体温。

一个地区占多大比例的土地可以开发为农田或森林而不扰乱当地或全球的环境，这个问题目前还没有答案。这就好比询问多大比例的皮肤被烧伤后不会引起死亡。这个生理学问题，可以通过直接观察意外烧伤产生的后果加以回答。据我所知，目前还没有建模。也许详细的地球生理学模型可以回答类似的环境问题，但是，如果将人类生理学作为指导，仔细研究土地使用的区域变化对当地气候产生的影响，根据经验得出结论，更有可能获取我们需要的信息。

有些生态系统，例如潮湿热带地区的森林生态系统，在某些方面就像南极或月球上的人类聚居区。它们只在有限的程度上实现自给自足，它们的持续存在依赖于从世界上其他地区输送来的营养物质和重要成分。同时，生态系统和生物聚居区试图通过保存水、热量或关键的营养物质使损失最小化。在这些方面，它们可以实现自我调节。众所周知，热带雨林通过调节环境产生降雨，从而保持湿润。传统的生态学往往孤立地考虑生态系统。地球生理学提醒我们，所有的生态系统都是相互联系的。打个比方说，动物的肝脏能调节体内环境，同时它的肝脏细胞也能独立生长。但动物不能没有肝脏，肝脏也不能离开动物体生存，它们都依赖于这种内在的关联。我们还不清楚地球上是否有至关重要的生态系统，尽管很难想象，没有那些广泛存在于泥渣、排泄物等阴暗、发臭地方的原始细菌，生命该如何延续。对那些3.5宙前的细菌来说，它们的完美的生活方式就是将使用过的碳转化成沼气。它们自从存在以来就一直如此。大陆架的水域生态系统将硫、碘等关键元素从海洋输送到空气中去，再送至土壤中。潮湿热带地区的森林，通过将大量的水分送回空气中（蒸散作用），在全球尺度上产生作用；这促成云的凝聚，从而具有影响当地气候的潜力。云层的白色顶端反射阳光，否则太阳直射会使该地区变热变干。水分由液体状态蒸发出来，可大量吸热。当水汽凝结成雨时，潮湿的热带气团释放出热量，使热带地区以外遥远的地区大幅度变暖。热带河流输送营养物质和风化产物，这显然是它们内在相关性的一部分，而且必定会产生全球性的影响。

如果蒸散作用或热带河流流入海洋对维持现在地球的内稳态至关重要，那么这就表明用农业替代物或沙漠取而代之，不仅会剥夺居住者的生存空间，同时还会危害系统的其他部分。我们还不知道，我们只是猜测热带森林系统对世界生态至关重要。也许，它们像温带森林一样，似乎被消耗殆尽也不会对作为整体的系统造成严重破坏。温带的森林在冰期和近代农业的扩张中，已经遭受了大量的破坏。因此，考察孤立的森林系统这种传统的生态学方法，对我们的理解来说，与考虑其与整个系统的相互依赖同等重要。地球生理学目前处于收集信息的阶段，正像维多利亚时期的生物学那样，科学家们需要前往遥远的丛林采集标本。

我们确实意识到了地球的需要，尽管我们的反应有些慢。为了潜意识里已经认识到的自身利益，我们可以同时做到利他和利己。我们肯定不是地球上的一颗"毒瘤"，地球也不是某种需要技工维修的机械装置。

如果结果证明"盖娅"理论为地球运作系统提供了一种合理的描述，那么可以确定的是，对于这些全球疾病的诊断和治疗，我们一直在咨询错误的专家。有一些问题必须回答：当前的系统有多稳定？什么东西会干扰它？这些干扰产生的影响可逆吗？自然生态系统如果不是现在的样子，这个世界能保持它现在的气候和结构吗？这些都是地球生理学领域的问题。我们需要一名从事行星医学的全科医生。有这样的医生吗？

8　第二家园

在家敬父母，何必远烧香。

——中国谚语

　　1969 年夏天，我住在位于班特里湾（Bantry Bay）海滨的第二个家中。班特里湾是爱尔兰狭长岩石半岛朝向西南方向的一部分，它像手指一样指向美国。就在宇航员尼尔·阿姆斯特朗（Neil Armstrong）和埃德温·奥尔德林（Edwin Aldrin）踏上月球后的那一天（7月21日，星期一），关于他们的历史性征程的消息通过收音机传递给我们。在那些日子里，由于班特里湾的这个地区是如此偏远和多山，以致我们无法感受到通过电视观看他们登陆时的喜悦。对于我们这种在当代科学文化的背景下成长起来的家庭来说，登上月球是一个巅峰。然而，对于我们在贝亚拉半岛（Beara Peninsula）的爱尔兰邻居来说，这是一种心灵上的震撼，动摇了他们信仰的根基。在接下来的一整个星期，他们经常问我们："人类真的已经登上月球了吗？"我们被他们的问题弄糊涂了，回答道："当然，这是真的，难道你在收音机里没有听到吗？"是的，他们确实听到了，但是他们更想从我们自己口中听到，有人登上月球了。

花了好长时间，也是在友邻迈克尔·奥沙利文和特里萨·奥沙利文（Michael and Theresa O'Sullivan）的某些刺激下，我才意识到，这则在我看来毫无疑义的事实，对于我身边拥有不同文化的人来说，却是具有非常深远意义的消息。对于很多生活在偏远贝亚拉半岛的人来说，天堂就在天上，而地狱就在脚底下。他们的信仰不会被人类登月的新闻扰乱，但是他们的宗教信仰看来正经历一次内部的重组。他们经历的改变之强烈，只能用19世纪达尔文乘着"贝格尔号"旅行后带回的消息给很多人的思想造成的改变来相比。

20世纪，宇航员的故事和太空探索的成就打开了我们思想的桎梏。因此，没有必要解释为什么一本关于"盖娅"的书中会有一章在谈论火星。但是，我仍然要提醒你，"盖娅假说"是一个机遇式的发现，直接源于本来打算用于火星的一种行星生命探测方法。将近20年后，我不知不觉地开始思考这样一种可能性，即改变火星物理环境，使其成为一个等价于"盖娅"的自循环系统。就像"盖娅"假说，这个思想也有一个间接的和出乎意料的来源。我将岔开话题在下面短短几节中解释一下。

这个想法来源于一本名叫《火星的绿化》（*The Greening of Mars*）的书，这本书是我和我的一个精通环境写作的作家朋友迈克尔·阿勒比（Michael Allaby）合著的。在书中，他想要一个实行了新的殖民扩张的世界，那里面临着新的环境挑战，但是没有地球上的种族问题。而我只是想建立一个模型星球，在上面与"盖娅"，或者毋宁说是希腊战神"阿瑞斯"（Ares）[1]——这个名字更适合"盖娅的兄弟"（gaia's sibling）——玩新的游戏。

"把火星发展成为殖民地"这个想法，除了在科幻小说家那里，还稍微有些关注，在其他领域引起的关注少得令人吃惊。就像布莱恩·艾迪斯（Brian Aldiss）在他的书评中睿智地观察到的一样，我们的书以科幻形式写成，但是它更是一份宣传册和科幻背景下的一种严肃认真的想法。我们之所以选用这种格式，是因为考虑到先前出版的一本书所引发的惩戒性经历。那本书是关于6500万年前的物种大灭绝的，那时大型蜥蜴[2]以及同时代许多其他生物都毁灭了。它以科普书的形式撰写，灵感来自阿尔瓦雷斯（Alvarez）家族和其合作者富有想象力的理论，该理论将大灭绝事件归因于一次大型的小行星撞击。他们所提供的在我们看来似乎是这样一次撞击的可靠证据，那就是发现在白垩纪和第三纪岩层的交界处，铱和其他稀有的地外元素明显具有更大的丰度。正是这一地质记录记载了构成岩层的生物在数量和种类上的巨大变化。书出版后不久，一些古生物学家在科学主流杂志上撰文进行了残酷的批判。也许他们的批判是必要的，所谓的惩罚也是合理的。作为进入一个未知科学领域的探索者，我们原本应该逐步学习它的语言和历史，获得（准许我们进入这一领域的）正规签证和谒见当地皇族的介绍信，尤其是，要充分做好应对麻烦的准备，因为这片土地是最强悍的霸王龙

---

1 —— 在罗马神话里面，阿瑞斯是宙斯与赫拉的儿子。他司职战争，掌管战争与瘟疫，形象英俊，性格强暴好斗，十分喜欢打仗，而且勇猛顽强，是力量与权力的象征，好斗与屠杀的战神。但他同时也嗜杀、血腥，是人类灾祸的化身。相当于希腊神话中的马尔斯（Mars，火星）。

2 —— 即通常所说的恐龙。

（*Tyrannosaurus*）的故乡。

但是我们吸取教训，把《火星的绿化》写成了科幻小说，希望它不会在一些复杂的事实性的细节上受到不利的批评。我们的书试图呈现另一个星球上一系列想象的、思维的（gedanklich）实验场景。现实中火星是一片荒芜得令人绝望的戈壁，假如让它成为适合生命生存的家园，会怎样呢？我们怎么为它播种，它又会怎样发育呢？我们俩都没有预期它被看成不只是娱乐的东西。我们本应该知道，每个人，更准确地说几乎每个人，对待小说都比对待事实更认真。试想一下，如果你想了解维多利亚时代英国的社会学，那么你可以读马克思的作品，他是第一个社会科学家。但是，更有可能的是，即使你是一个马克思主义者，你也会读狄更斯的作品。1984 年，书出版后的几个月中，我们的第二本书引发了非常严肃的关注，这对于它轻松的笔调来说似乎是不应该的。针对在火星上建立第二家园的主题，召开了三次科学会议。在其中一次会议中，来自多伦多的一位杰出的遗传学家罗伯特·海恩斯（Robert Haynes）创造了单词"生态培育"（ecopoiesis），字面意义是"创造一个家园"（the making of a home），用来指把一个不适宜居住的环境转化成一个适合生命自然演化的地方的实践活动。我更倾向于把这种实践称为"外星环境地球化"（terraforming），在考虑对行星的行为时，这个词经常被用到。生态培育具有更普遍的意义，外星环境地球化却有与行星尺度的技术变革同义的意味，使人联想到推土机和农业产业化。

新的地球生理系统形成过程中关键的一步是单个有机体获得某些新奇的和可遗传的行为。由此推断，在火星的生态培育中，人类的第一个举动必须要由企业家做出，因为他们是人的尺度上最接近自私的基因的等价物。这就是为了获取个人私利的投机行为，较大群体的殖民行为会随后到来。我认为哥伦布不是殖民委员会的主席，但是，我猜测那些后来乘坐"五月花号"船[1]移居国外的人是该委员会的成员。

为了使火星成为一个适宜生命生存的家园，我们首先应该让这一星球适宜细菌生命生存。在那本书中，我们提出，这个不可能甚至令人吃惊的行为，即改变整个星球的环境，只能让一个有点为人所不齿的企业家来做。对于这种人，我们可以说："他做任何事情的时候都不违法，但是，需要立法去禁止他再次做这样的事。"需要这样一些人去触碰边界，做那些被禁止的事情，做那些成本过高或者由政府机构策划的企业出于善意的然而常常是不必要的谨慎而不可能实现的事情。

因此，《火星的绿化》一书的剧情包括一个名为阿尔戈·布拉斯博顿（Argo Brassbottom）的海盗。这个人物后来在生活上成功地进入到势利的上流社会，这促使他将自己的姓氏改为福克斯（Foxe）。他是一个做军火生意的商人，而且坚信可以通过处理大量囤积的过时的大型洲际弹道导弹（ICBMs）和其他军事火箭装备捞到好处。未来在政府的严格监控下，核弹头将会被回收，加工处理成铧犁头[2]或者未来武器。但是，充满固体推进剂的火箭壳体该怎么办呢？在不经过改装的情况下，它们就可以作为私人空间项目的重要组成部分。布拉斯博顿通过接触东西方民用和军用公共机构，很快发现处理这些废弃的火箭确实可以赚钱。于是他想到了另一个好主意。他的主营业务是一种工厂的清道

---

1 ——"五月花号"（Mayflower），是英国第一艘载运清教徒移民驶往北美殖民地的船只。1620
　　年9月离开英国，12月到达马萨诸塞州的普利茅斯，之后在北美建立了第一块殖民地。
2 ——指将核炸药用于非军事用途。

夫，即人粪甲虫，这种甲虫通过处理我们不常注意的有毒垃圾和其他有害产物从中获益。他想，为什么不用火箭把有毒垃圾送到地球之外呢？外层空间能够作为安全的垃圾堆放处。

走访了世界上所有的黑市之后，他认识了那些不择手段的科学家，他们愿意有偿为政治狂热分子或者罪犯提供技术。最近关于臭氧层现状引起焦虑的评论之一，已经导致政府从法律层面禁止使用氯化烃气溶胶推进剂。也许在大型加压罐昂贵的外壳内，才会有这些物质剩余。这些气体在排放到地球家园中的化学物质中属于完全无害并且良性的。它们不具有可燃性，既无毒也无害。它们被禁止使用是因为它们存在于大气层中会消耗平流层中的臭氧。布拉斯博顿想，为什么不把这些气体排放到外层空间，以从中牟利呢？不久之后，就有另外一个科学家提出要把这些气体送到火星上去。在火星上，氯氟烃类物质的温室效应作用要比二氧化碳高 10 000 倍，这种特性可以使冰冻的大气层漂浮起来。在获得开发火星的许可权方面，布拉斯博顿具有足够的商业头脑。他意识到如果火星有了适宜的气候，并且因此成为潜在的栖息地，那么他的火星开发公司的股票就会暴涨。最后，在联合国机构朋友的帮助下，他说服了位于印度洋上新阿尔斯特小群岛（the small archipelago of New Ulster）的新政府参与进来，在暂时休眠的克罗斯马格伦火山岛（Crossmaglen）上建造一个火箭发射基地。这预示着一个欠发达世界的太空计划的到来。一些严谨的科学家坚持认为我们的科幻小说的剧情并不新颖，只是对以前老套情节的再现，并向我指出，这些剧情是不可能实现的，因为氯氟烃类物质在太阳光紫外线的照射下会迅速地分解，应当提议用不会分解的四氟化碳来替代。也许他们是正确的。

当你在脑海中构建想象的世界时，一些烦琐的细节，诸如行星基地的牢固，上升的潮气或者干腐是否出现，都会被忽视。重要的是对领土的定位以及跨越尚未开发的领地的宏大图景。迈克尔·阿勒比和我都没有意识到我们幻想的世界一定程度上会被当作真实的地产。因此，在我们失去自制之前，有必要回过头来，重新审视我们的书，好像它是一个详细的计划书而不是一部科幻作品。如果想要避免（即便只是想象的）关于不正当欺骗的控告，我们就要在书中附上一个由独立调查员草拟的关于火星状态的报告。按理说这件事应该是由"海盗1号"和"海盗2号"这两个火星探测器做的，但是令人悲哀的是，它们的主管痴迷于另一个虚幻的梦想，也就是在火星上发现生命。它们原本应该做的必要的事情（尽管枯燥无味），就是去测量表面岩石中轻元素的丰度、大气层中氢和重氢的比率，以及火星表层的结构。相反，它们很少关注这些，而是狂热而不得要领地去寻找火星上的生命。

那么我们了解火星什么呢？对宇宙飞船在轨道航行或者在火星表面着陆时所收集到的信息，最好的、可读性最强的总结，是迈克尔·卡尔（Michael Carr）那本很棒并且带有精美插图的书《火星表面》（*The Surface of Mars*）。其中包括许多从轨道上运行的宇宙飞船上拍摄的照片。与地球相比，火星更像月球。火星表面布满了凹凸不平的碰撞坑，这些碰撞坑向我们展示了火星自诞生以来经受的无数次撞击的历史记录。在这一点上火星与地球完全相反。在那里，地壳的无休止运动以及风雨的侵蚀使其面容永葆鲜亮干净。火星不同于月球的是它有大气层，尽管它的大气层可能很薄。火星上也有火山，形式上类似于夏威夷群岛上的火山，但是要更大一些。火星上还有峡谷和海峡，以及干涸的河道系统，这意味着很久以前火星上曾经有过流水（图 8.1）。火星上有随着季节而改变范围的极冠（pole caps），在火星稀薄的大气层中还有云雾和沙尘暴。

火星似乎是干燥的，但是在这颗行星的历史进程中，很多水以气态从内部释放出来，总的水量大概有 1.2 亿到 2.5 亿立方千米（0.26 亿到 0.52 亿立方英里）。如果火星是一个光滑的圆球，这么多的水量足够形成一个深 80 米到 160 米、遍布整个火星的海洋，如果是像地球上这种

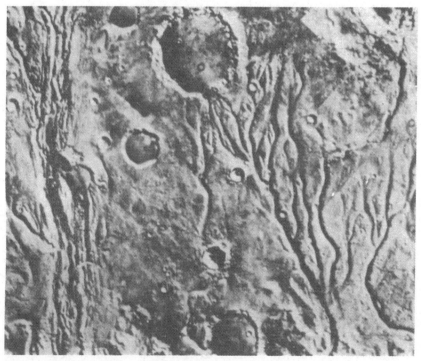

图 8.1　火星表面的水道。从太空拍摄的图片展现了水道的痕迹，这表明在火星的早期历史上，水曾经沿着水道流淌。

陆海分布就会形成约 200 米深的海洋。

哈佛大学的迈克尔·罗伊（Michael McElroy）早已搜集了有关火星大气层中氧元素同位素构成的数据，声称尽管火星上重力较轻，但是，只有少量的水流失到太空中。当将此相同的论证应用到氮元素时，令人惊奇的是，却得出"火星上大部分的氮气已经流失到太空"的结论。有强大的证据表明，大规模的洪水和充足的水曾形成近 1000 公里长的河域，但是，这是在遥远的过去。这些水现在去哪里了呢? 根据迈克尔·卡尔对可用的证据的总结，绝大多数的水现在可能进入了地下一两千米深的永久冻土层中。冰点低达 –20℃的盐水层（layers of brine），可能位于冰层下面。另外，极地区域可能覆盖着穹顶状的冰层。

以上是目前科学家形成的关于火星的共识。那里可能看起来有大量的水，但是，由于各种原因，这些水与澳大利亚沙漠的地下水一样，无法为寻找栖居地的生物群利用。另外，要融化和蒸发地表深处的水，热量必须从上面传递过来。热量透过表面的尘土层传递的速度惊人地缓慢。如果局限于简单的扩散过程，将要花数百万年的时间来融化地下冰。这可能是一个悲观的结论。弗雷泽·法奈尔（Frazer Fanale）和他在喷气推进实验室的同事指出，二氧化碳气体穿越岩粉的运动将发挥冲刷作用，由此将水转移到表面。源于二氧化碳的冷凝和蒸发的大气压力的变化是该运动的驱动力。但是，在人类的时间尺度内，让火星产生生命的生态培育行为，仍然是难以容忍地缓慢。

在我们采取激烈的一步变卖我们地球上的"家园"之前，我们更需要比"海盗号"火星探测报告所提供的更多的关于我们未来"家园"的丰富信息。我们需要知道等待着我们的最坏情形是什么，更确切地说，火星作为一个生态培育场所，对它自身来说最坏的情形是什么。

如果你再观察火星上与月球类似的表面，你将会看到河道和流动的系统，这有力地表明远古时期确实存在水。几乎所有的证据都指向3.5宙前的那一时期，那时小行星撞击比较频繁。火星可能有一层较厚的大气温室，有更暖和的气候，而且也可能从撞击中获得热量。4宙以前，太阳的光度至少比现在低25%。如果火星现在冻结了，那么，当时它就需要一层厚厚的覆盖层去维持大气层和流动的水。自这些遥远的时代以来，太阳一直在变暖，也出现过更多大尺度的行星撞击，尽管这样的撞击没有早期那么频繁。尽管如此，如今并没有看到还有水流存在的迹象。现在主流的观点设想存在一片100米深的冰冻水的海洋，这可能是错误的。它没有充分考虑这样一种可能性，即火星像地球一样，在早期存在很多化学物质，这些物质与水反应形成氢，而氢会散逸到空间中。水可能曾经存在，但是氢的逸散只留下了氧，这些氧不是游离氧，而是存在于硫酸盐、硝酸盐和氧化铁中。

设想一下3.5宙前火星的状态。小行星像雨一样猛烈地撞击火星，并且变成覆盖在火星整个表面厚达2千米的岩石和尘土。行星学家含糊其词地称这个过程为"造园"（gardening）。那时地球正在发生还原反应，环境中到处是铁和硫的化合物，它们有足够的能力与氧发生反应。没有理由相信火星与此不同。另外，这些早期的岩石有相当强的与二氧化碳发生反应的能力。来自基性玄武岩的2千米厚的粉状岩石，能与约600米深的水和二氧化碳（在压强为3巴的情况下）发生反应，这足够使得火星表面的大气压力超过现在地球上的3倍。这能够阐释现在火星上大气的稀薄和荒芜吗？3.5宙前大量流动的水与岩石粉尘中的亚铁反应，使水中携带的氢释放出来并散逸到太空中。可以这样认为，风化性的气体—固体反应是如此之慢，以至于它没有消耗太多的氧和二氧化碳。这是火星目前的真实状况。但是如果游离水存在，大量的亚铁和硫化物将被水溶解，或者分散成为悬浮液，加快了自身的反应速度和岩石分解风化过程。目前火星表面的氧化状态（致使火星表面呈深红色）或许只是表面的。但是在另一个考察者，比如"海盗号"探测器，到达那里并且测定深处的岩石之前，我们都不能确定那里是否有大气和水在等着我们。最近科学家用红外线望远镜对火星进行观察，表明那里留下的水很少，也表明写于 1987 年的令人沮丧的预测是正确的。

值得提醒我们自己的是，地球如何避免同样的命运以及为什么到现在也没有干涸。最初大气中的二氧化碳，几乎全部形成了石灰岩和碳质沉积岩。大量的硫化物和亚铁物质被氧化了，通过这种方式保存下来的氧很可能原来是与水中的氢结合在一起的。地球用自身存储的大量水以及生物的存在（它的生存行为起到了保持水分的作用）来避免被蒸干。火星可能很快就失去了它最初那点贫乏的水。这可能就是为什么那些水道那么古老，却鲜有证据表明近期产生过大量水。火星的干涸也许无法救赎，被留下的少量水也许存在于地表深处的地下蓄水层，就像死海中的水那样既咸又苦。对于大部分有机生物来说，有饱和的盐水几乎并不比没有水更好。

我必须承认一种个人的直觉，那就是火星接近于荒芜的状态。我不可能轻易地想象火星是某个可能有丰富的资源但却深度休眠的美丽星球，等待着由地球吹来的生命气息。但是童话般的故事总比干涸且布满尘埃的火星图景更令人愉快；那么让我们接受当前科学的共识，预言有大量的水和二氧化碳等着被解冻，并且让我们利用这一合人心意的模型去激励我们的生态培育殖民者。留下来的问题仅仅是我们如何迁居，以及我们应该做什么去准备好用于种植的花园。

如果你打算在温暖的夏日下午，在与布宜诺斯艾利斯或者墨尔本相对应的纬度到达火星，你可能会对温暖的气候感到惊奇。白天的温度会高达 21℃。要是空气是可吸入的多好啊，那会是一种凉爽的环境。而在其他的日子里，温度可能在冰点以下。而且当太阳下落后，温度将会以令人恐惧的速度下降，在午夜达到 −84℃，冷到足够使固态二氧化碳在谷底或洼地上形成一层干冰构成的霜面。

你脚下的地面看起来像地球上的沙漠。但是这只是幻觉，因为地球上几乎任何地方都没有无生命的沙漠。地球上几乎各处的沙漠，都有一层薄薄的细菌生长层，叫作"沙漠砾石层"（desert pavement）。火星上没有土壤，只有一种无生命的混合物，由各种大小的岩石组成，从尘土到卵石都有，它有一个念起来刺耳的名字："风化层"（regolith，见图 8.2）。然而，火星并没有做好迎接生命的准备。它不仅对于任何形式的生命而言是不可居住的，而且对有机物质也是有毒的和破坏性的。火星表面的空气和地球平流层的大气化学状态相似。如果能在不改变组成成分的情况下压缩我们头顶以上 10 英里高的空气，我们也不可能吸入它。那里的臭氧浓度是 5ppm。臭氧可以保护我们防止紫外线照射，但是这个浓度的臭氧是有害的，吸入后会很快致死。火星在其行星生涯中暴露在这样一种大气层中，表面富含多种有毒化学物质，比如过硝酸，它能很快地破坏种子、细菌，或者确切地说几乎是所有的有机物质。火星不是适合种植的场所。

图 8.2 从"海盗号"登陆器上拍摄的风化层。火星上没有土壤——土壤是一个有生命的星球上结构化的活跃表层，风化层是散布在无生命星球上的砾石。

现今火星表面被高度氧化了，这意味着生命不可能在那里自发地形成。不像太古宙的地球，在这里生命物质的有机先驱没有机会积累和组合。对我们来说生态培育的唯一路径首先是改变环境，使之适合生命，然后，或者是让它自发演化，或者是在星球上播种。即使我们在火星上达到那种成熟的环境，我也无法相信我们有耐心去让火星自身孕育生命。只要有机会，人们就将会在其上播种生命。

行星的生命需要一个像"盖娅"一样的运作系统，否则环境的任何变化都会使它岌岌可危。这种环境变化或者作为星球自身演化的结果发生，或者作为外界的灾难如小行星频繁撞击的结果发生。我不相信只存在于星球上极少几个绿洲上的稀少的生命，就可以自行地生产发育。这样一种系统是不完备的，不能够控制它的环境，也无法去抵抗不可逆的变化。结论是，即使我们在行星表面的每个角落喷撒上各种微生物，我们也不能给"阿瑞斯"带来生命。一些有机体可能存活下来，甚至会短暂地生长，但是不会有入侵，不会有感染，也不会有生命快速扩散从而接管并控制这个星球。我发现不可思议的是，像 NASA 这种原本能力很强的组织，在非常清楚火星本身就是一个强大的消毒器时，还竭尽所能地努力去给它们的飞船消毒。他们也很清楚相同的飞行器在未杀菌的情况下降落在更舒适的南极冰盖或者澳大利亚荒漠上时，携带过去的少量微生物乘客是没有机会在那里建立起永久家园的。

现在，在阳光明媚的下午，火星的部分区域可能有平和的温度，但是这并不意味着只需做很少的事情就能使它富有生机。当生命出现在地球上的时候，它从太阳获取的热量要比现在火星所获得的热量高出60%。地球上丰富的水资源和足够稠密的大气层提供了舒适的气候环境。火星上唯一可取的是它比地球更黑，从而能够吸收更多的落到其上的太阳光。但是这一优势仅仅是就其现在的状况而言的，水一旦释放出来，它就会蒸发形成云和雪覆盖，那时就不是这样了。火星的反照率将会增加，从而将本应获得的热量反射到太空中。火星本身可能从来都不能提供产生并维持生命所需要的条件，甚至在 10 亿年后，当太阳更热，火星上剩下的空气和水都已经逃逸的时候，生命也不可能存在。

那么，我们究竟能做什么去启动火星的演化过程，最终将它带到一个像现在地球这样的状况，并且成为我们的第二个家园呢? 第一，火星的环境必须被充分改变以便允许微生物自发地生长和扩散至星球表面的大部分区域。乍看行星工程的概念，即行星的生态培育，好像是毫无根据的奇思妙想。但是如果火星是一个只需要解冻的深度冻结的行星，这一想法就不是毫无根据的了。此外，那些行星科学家已经达成共识，他们报告称，多达 2 个大气压的二氧化碳和足够以 100 米的深度覆盖火星的水，在过去的 4 宙，已经从火星内部以气态的形式释放了出来。如果我们接受这个结论，那么我们可以认为火星已经盘旋于环境稳定性之峭壁的边沿；很小的一个推力就足以改变它，使之达到一个更加适合生命生存的状态。

　　在迈克尔·卡尔关于火星的书里，他讨论了液体水存在于行星表面地下含水层中的可能性，以及这样的水可能是咸水的可能性。经常被人忘记的是，氮元素的稳定状态是以硝酸根的形式溶解在水中的。在地球上，硝酸根由大气中持续的高能量过程（火、闪电，还有核辐射）形成。它通过降雨很快地到达地面，紧接着生物群同样快速地以氮气的形式将氮元素返还给大气层。火星上没有生命。我常想，是否大部分的氮以溶解在盐水中的硝酸盐的形式存在。或许那里有大量的盐沉积物——盐膏层，在远古水流流过并且干涸后留下来。锁定于这些沉淀物中的硝酸盐和亚硝酸盐，能够阐释目前火星大气层中氮的相对缺乏。

　　让另外一艘"海盗号"飞船去寻找这些问题的答案吧。至于现在，我们只能猜测，如果要将目前贫瘠的火星转变成行星生命的温床，必须发生什么变化。那就是我和迈克尔·阿勒比选择将我们的火星生态培育的故事写成小说的原因，也是我们计划用地球上富余的氯氟烃来加热火星的原因。关于这些充足有力的温室气体是否能够被送达，我有我的怀疑，但是，这个观念的初衷是激发那些想要通过其他方式改变火星的人的想象，而不是作为一项严肃的工程计划。在我作为发明者的实践中，我经常发现，一个包含些许错误的或者不完整的发明，比既成事实的发明（fait accompli），更能吸引工程师。无论如何，人们更渴望去尝试一个项目中合适的部分以外的那些东西，也更渴望从其他人那里获得机会，去运用他们的特定技能和技艺。

与我们在书中提议的花大成本通过外空间运输装置将氯氟烃类物质传送到火星上不同，一些人可能会设计一种自动化工厂，在火星上就地取材来制造它们（氯氟烃类物质）。如果火星上存在盐水并且能够被抽取，那么用海水中的盐和大气中的二氧化碳做原料，去合成碳氟化合物和其他可能的温室气体如四氟化碳，应该不是什么太难的事。这需要一个中等规模的核电厂。相比在地球上核电站的选址，环保主义者也许更乐意看到核电站被运到火星上。如果硝酸盐和亚硝酸盐存在于盐水溶液中，那么它们就能方便地提供当地的氧和氮资源。虽然这不足以改变大气成分，但对早期的探险家和技术人员来说，足够在封闭的居住地进行呼吸了。

我们已经提出了通过把温室气体输送到火星上来使其升温的建议。这可行吗？温室效应的基本机制看起来足够简单，但要计算一定的二氧化碳浓度的增加对应的温度增加，就远非易事了。在行星的尺度上，许多其他的因素都必须考虑进来，包括云与冰盖对太阳光的反射，空气流动和水的蒸发与凝结导致的热量传输，以及大气和海洋的结构。这些计算需要有效的大型计算机的帮助，而且，即使如此，这些计算也不充分。这一点并不令人惊奇。到目前为止，就我所知，还没有哪个模型包含了来自生物群的动态反馈。火星的温室效应可能更容易计算——或者说至少在第一阶段，在充足的水分蒸发产生云覆盖、积雪层和水汽之前，会比较容易。云和冰都是白色的并能反射太阳光。一般说来，冰与二氧化碳的作用相反，导致降温；云则依据它们的结构与海拔高度，要么有加热作用，要么有冷却作用。使问题进一步复杂化的是，水汽会吸收红外线，并且它的存在会放大二氧化碳的升温作用。

通过将氟氯烃引入大气来升高火星温度的想法，依赖于一系列的有利条件的共存。首先，在温室中要有一个破窗（broken pane），无论是二氧化碳还是水汽，都不能有效地吸收 8 至 14 微米波段的红外线。而从行星表面和大气散发到空间中的大量热辐射都处于这个波段。氟氯烃在这个区间吸收很强烈，而它的作用就像一块新的玻璃板，仍然能够让太阳光透过，但是挡住了之前从缺口处透过的红外线。其次，温室气体有一种放大彼此效应的办法。在气象学领域之外，人们通常并不知道二氧化碳温室效应主要依赖于水汽对红外线的吸收。二氧化碳的确吸收红外辐射，但与水汽所吸收的红外线的波长和强度都不同。二氧化碳增加将导致某种程度的升温，这反过来会增加空气中的水汽含量。水汽的增加则使升温加剧，因此放大了二氧化碳导致的较小的效果。在火星上，也将有双重的放大。氟氯烃会让火星表面稍微升温，这将释放二氧化碳并因此增加升温效应，而升温效应反过来会蒸发水分并进一步温暖星球。这就是为什么在实践中使用一定量的这些奇怪的化学品，就能够改变整个星球的气候。直到建模完成，我们才能确定将会需要多少氟氯烃类物质。可能少至 1 万吨，多至上百万吨。如果是后者，那么布拉斯博顿的壮举是不能成功的。然而，这仍然处在一家被送上火星、目的在于使用火星本地材料合成温室气体的自动化化工厂的能力范围之内。自从第 1 版中写到这些内容后，美国国家大气科学研究中心（NCAR）的科学家们已经计算出了解除温室效应所需的碳氟气体的量，并且发现数量接近 10 万吨。只要人们觉得值得，这就绝不是一件不可能的事情。

火星生态培育的成与败，很可能取决于有多少处于可用形式的二氧化碳和水。在二氧化碳浓度很高，2 巴甚至更高的大气层下，一种可耐受的气候是可能的。在二氧化碳较少的情况下，则更多依赖于水的分布以及雪和云对行星反照率的影响。在其他科幻小说的场景中，水已经可以以冰状小行星（asteroids of ice）的形式，从它们远离太阳的寒冷轨道上被输送到火星上。简单的计算表明，如果没有令人难以置信的新动力，这一想法并不可行。现在认为火星上的水量相当于直径为 200 英里的纯冰小行星的水量。这样一来，没有几个人愿意签订合同去把它送到那里。

当氟氯烃类物质完成了将大气层从先前冰冻的表面释放出来的工作之时，我们会拥有怎样的世界呢？我们想象一下，一开始我们拥有一个星球，其大气层的气压在 0.5 巴至 2 巴之间，并且几乎完全由二氧化碳组成。按照地球的标准，那里的气候仍然是寒冷的，但日间波动已经不再那么极端；在低纬度的热带区域，夜间霜冻也不再那么频繁或者严重。最重要的是，足够的水汽蒸发使得一些地区有足够的降雨量。行星表面仍然风化但不再高度氧化，有害的过硝酸和其他同温层的氧化剂已经在大气层中向上移动到那些高空区域，也就是在地球上这些物质所处的地方。

对于能够在这种环境中存活的生态系统，我只能够猜测。它很可能不包含或者至少最初不包含陆地植物和动物。地球上的第一批生命是原核微生物，它们的后裔仍然活跃在土壤中。我们的第一个目标，是引进一种可以将风化层转化为表层土壤的微生物生态系统，同时引入居于地表的能够进行光合作用的细菌。这样就可以为处于地表下的大量生态系统提供食物、能量和原材料。如果我们能够将光合作用者安排成黑色，它们就能够吸收太阳的温度，从而比周围环境更温暖。在区域范围内，这种情形就像"雏菊世界"中的黑色雏菊所具有的优势，它可以促进它所从属的生态系统在火星表面扩张。如果这种情形真的发生了，那么气候可能趋于内稳态，从最初的区域尺度扩展到最终的全球尺度。

对于生物群体而言，除了控制反照率，还有许多其他有效的方式来调节气候。最重要的可能是对大气中气体成分的调节。生态培育的第一步行动，是建造一个由氟氯烃类气体构成的人工温室，其中氟氯烃类物质在大气中的含量为十亿分之几。在"阿瑞斯"的早期生活中，控制来自人类殖民者的氟氯烃排放将仍然是可行的。如果大气中的二氧化碳明显减少，或者如果雪和云增大了行星反照率，那么，这一点可能特别重要。有两种途径或许可以大量转移二氧化碳。第一种途径是，如果生命的扩散很成功，那么它就能够将大量二氧化碳气体转化成含碳有机物和游离氧。第二种途径是，通过二氧化碳和硅酸钙岩石之间的反应形成碳酸盐和硅酸。第一个反应会释放出游离氧，使其在大气中积聚。风化层的岩石和火星海水中包含的相当一部分物质——如以亚铁形式存在的铁元素——可能会消除活性氧。不管怎样，最初出现在大气中的氧可能太稀薄，以致由光合作用产生的过剩的有机物难以再次被氧化。死亡的光合作用者躯体上过剩的碳，会被以风化层中的硫酸盐和硝酸盐作为氧化剂的细菌生态系统中的其他生物体再次氧化。这将使二氧化碳、氮气和氧化亚氮回到大气中。然而，很快，火星的土壤将趋向这样一种状态，那里没有足够的氧化剂作为不可再生资源去维持含碳物质的再氧化，以及二氧化碳向大气中的回归。当太古宙的早期地球达到这种状态时，它开启了一个利用过剩有机物的巨大商机。我想，就是在那时，产甲烷的细菌演化出来，侥幸获得了利用光合作用者的这一馈赠的优势。这样做时，它们将有机物转化为甲烷和二氧化碳的混合物。甲烷也是一种温室气体，并且，本可能发生的具有潜在危害的降温也避免了。

在这个简短的讨论中，我们已经假定对光合作用者、硝酸盐与硫酸盐还原剂以及产甲烷菌的需要。在地球上几乎任何地方的土壤样本中，它们都是常见的居住者。喜氧生态系统和厌氧生态系统在各自的领域和平共存，同时在垂直方向上彼此分离。这种状况使得耐氧菌生活在土壤表面，而厌氧菌则生活在土壤的最深处。土壤是错综复杂的集合体，其上的生物种群也各不一样。在火星风化层中成功地建立土壤细菌生态系统，并不是一个发现或是通过遗传工程制造出能在那里生长的物种的问题。它是关于火星改造的问题，即改变火星，使之达到一种状态，地球上的微生物生态系统能够在其上繁荣，并将风化层转化为土壤。但是，这还只是个开始，因为，如果火星要成为一个能够自我维持的系统，生物及其环境就必须转变为一个紧密耦合的系统，就像在地球上那样。行星控制的获得，只能源于生命及其环境的共同生长，直到它们成为一个不可分割的单一系统。

在一个聚居地中，一户家庭并不能构成一个村庄，更不用说构成一个带有自我维持设施的城市。同样地，对于行星的内稳态，也需要生物群达到一种临界规模，其规模主要取决于维持内稳态所需做出的努力，以及可能发生的扰动的大小。由"雏菊世界"推演出的简单模型表明，一个稳定的系统，如果要经受住通常的扰动，行星表面至少需要20%的覆盖率。阳光的强度、小行星的撞击，以及对环境造成不利影响的物种演化或者某些重要资源的枯竭引起的内部扰动，都会造成变化。作为与"盖娅"对等的系统，"阿瑞斯"如果要有效地运动，需要被覆盖的面积将不止火星沙漠上的几块绿洲。

在浪漫的爱情小说中，让人兴奋的情节总是安排在婚礼之前。这对于娱乐消遣是很好的，但对于成功的婚姻生活没有指导作用。对于生态培育，也是一样。火星上的物理和化学转换，会是一个令人难以置信的工程壮举，一个伟大而不朽的传奇。相比之下，对初期行星生命的培育，虽然充满希望，但似乎有些无趣。不懈的培育工作和对新生的行星生命的日常引导，都需要付出极大的耐心和爱心，直到新生的行星生命能够自身维持内稳态。

"盖娅"思想将永远与空间探索和火星联系在一起，因为在一定意义上，火星是这种理论的发源地。拉塞尔·施威卡特（Rusty Schweickart）和他的宇航员同伴与我们分享了他们从遥远的月亮回望地球时的发现，他们意识到地球是他们的家园。以一种规模较小，但仍然重要的方式，我们通过"旅行者号"和其他宇宙飞船卓越的视角对太阳系中各大星球的间接体验，已经触动了我们的心灵，并且推动了地球科学的发展。

杨爵士（Lord Young）致力于使英国大学国际化，并在这一领域做出了突出贡献。他被"赋予火星以生命"的想法所震撼，以致已经形成了阿尔戈冒险计划（the Argo Venturers），并朝向这一目标去思考和行动。他相信，即便是在最终完成之前，或者说就算最终没有成功，殖民火星的愿景也是强大的灵感源泉。我认同他的想法，并且认为，反思赋予"阿瑞斯"以生命所面临的重重困难，可以帮助我们更好地理解如此损害"盖娅"的可怕后果：我们必须承担永无止境的责任，使地球成为适合生命居住的地方，而这项服务现在是免费提供的。

9　上帝与"盖娅"

我歌颂盖娅，万物之母，最古老的神灵。

她是世界创生的稳固基础，哺育了所有地球生灵。

如此多的生灵在璀璨的大地上迁移，在海洋中游弋，

从天际飞过，受到她丰饶的滋养。

夫人，我们子孙后代的繁衍和收获都源于你的恩赐，

你拥有生杀予夺的力量。

——唐纳德·休斯（J.Donald Hughes），

《"盖娅"：我们星球的古老图景》(*Gaia:Ancient View of Our Planet*)

　　照片，像传记一样，常常更多地展现的是摄影师而非那些对象自身。也许这就是为什么通过机械操作长镜头得到的护照上的照片看起来如此缺乏生命力。仅仅一架机器怎么能抓住它所关注的对象的灵魂？这一对象只是僵硬地坐着并凝视着相机的盲眼。在努力写作"上帝与'盖娅'"这一章的过程中，我同样具有"机械相机"的一些局限性，而且我知道，本章将更多地展示我自己而非我所关注的对象。既然如此，为何我还要去做这一尝试呢？

起初，当我着手写关于"盖娅"的第一本书时，我根本没想到它会被看作一本宗教类的书籍。虽然我认为那本书的主题主要是关于科学的，但毫无疑问，许多读者却发现了除此之外的其他东西。有 2/3 的信件，包括已经收到的以及正在收到的，都是关乎宗教信仰背景下"盖娅"的意义。这种旨趣并不局限于普通信徒。最有趣的一封信来自蒙特弗洛尔（Hugh Montefiore），他那时是伯明翰的主教（Bishop of Birmingham）。他问我，生命和"盖娅"谁先形成。我为了努力回答这一问题，就写成了一封通信，发表在他的《上帝的可能性》（*The Probability of God*）一书的一章中。我想，一些宇宙学家也会遇到类似的造访和询问，那些询问者想象他们至少与上帝有一面之缘。我太天真了，竟然认为一本关于"盖娅"的书会被人仅仅看作科学。

　　那么，我在宗教上的立场如何？当我还是个学生的时候，一个基督教公谊会（Society of Friends）的成员曾经严肃地问我是否有过宗教体验。我当时不明白他的意思，认为他指的是一种显现或神迹（manifestation and miracle），所以我回答说："没有。"回顾这 45 年来的时光，我现在更倾向于认为那时我应该回答说："是。"生活本身就是一种宗教体验。然而，在那时，这一问题几乎是没有意义的，因为它意味着将人的生活分裂为神圣的和世俗的两个部分。我现在认为不可能有这样的分裂。在任何关系中，既有欢乐的最高点，也有隐藏在满足的巨大乏味中的重重陷阱。对我来说，当纽约圣约翰大教堂（Cathedral Church of St.John）的主管吉姆·默顿（Jim Morton）牧师邀请我去参加宗教庆典时，就是一次欢乐的高点。我依然记得自己满怀欣喜，穿着中世纪的服装，和吉姆·默顿及其他神职人员一起，成为多姿多彩的仪式的一部分。教堂唱诗班唱诵的那首美妙的赞歌"天亮了",在那神圣的氛围中似乎呈现出一种新的意义。这是一种感官的体验,但是对我来说它的宗教性并未减少。

我孩童时关于宗教的思想主要源于我的父亲和我所认识的那些乡民。那是一种奇怪的混合体,其中包括女巫、山楂树以及新教公谊会的主日学校(Sunday school)的贵格会教徒(Quakers)所表达的观点。圣诞节更多的是一个表征季节至点的盛宴,而不只是基督徒的节日。作为一个大家族,我们已经步入当下的新世纪,但是仍令人惊讶地存留着迷信的色彩。我童年时期受到的关于神秘力量的熏陶是如此根深蒂固,以至于在之后的生活中,它作为一种积极的意志力量敦促着我,告诫我遇到危险时不再通过祈求命运来克服困难。基督教与其说是一种信仰,还不如说是一系列引领人们走向美好的合乎情理的指导。

当我第一次在心中想象"盖娅"的形象时,感觉就像一名宇航员踏上月球时回望我们的家园地球时体验到的一样。随着新理论和事实证据不断证实地球可能是一种更宏大的生命状态,这种感觉更加强烈了。这样来思考地球,使得它看起来似乎处于幸福的时光和恰当的场所,就好像整个星球都在庆祝一个神圣的典礼。生活在地球上同样会带来特殊的欣慰感,那种感觉同任何宗教庆典相关,只要它是合乎礼仪的,而且适合人们去接受。这不妨碍我们使用思维能力。

那只是我对"盖娅"的感觉。关于上帝又怎样呢?我是一名科学家,没有信仰,但是,我也不会成为与有神论者对立的无神论者。我赞同威尔逊(E.O.Wilson)的观点,他认为我们现在的状态也只是部落食肉动物碰巧演化到文明形成的时刻。想象我们能够达到我们自己的智力极限，是过于自大；认为我们将最终解释宇宙中所有的事物，这很荒唐。因为这些原因，我对宗教信念和科学无神论，同样感到不安。

我过于坚信科学的思考方式，以至于每当在基督教堂念诵信经或主祷文时都会感到不舒服。"我相信上帝是全能的天父，天地的缔造者"，似乎是去麻痹人们的惊异感，就好像一个人只能遵守宇宙的律条规定单一的思考路线。如果仅仅将这看作一个隐喻似乎也是不准确的。但是，我尊重那些确实相信这一信条的人的直觉，我也被那些典礼和音乐，尤其是圣经中言词的辉煌所打动，在我看来，这些言词最接近于我们语言的完美表达。当无神论的科学能够激起与巴赫的《马太受难曲》一样令人感动，或者与索尔兹伯里大教堂一样庄重的东西，我将敬重它，但不会参与其中。事实上，在我的心扉一角，我已经对此存疑很长时间了。既然现在我着手写作此篇章，那么我必须尝试以某种方式给我自己和你们解释一下我的宗教信仰是什么。很高兴听到这样的想法：宇宙有一些使得生命和"盖娅"必然产生的属性。但是，我对这一断言的回应是，宇宙是按照这一目的被创造的。它或许本来就是这样，但是，宇宙和生命是如何开始的，却是妙不可言的问题。

最近在伦敦举行的一次会议上，睿智的唐纳德·布拉本（Donald Braben）博士问我："你为什么只把讨论停留在地球这一领域上？你难道就没有考虑一下太阳系、银河系甚至整个宇宙是否也是自组织的系统？"我马上回答道，地球作为"盖娅"的观念是易处理的。我们知道，在太阳系中没有其他的生命，距离最近的恒星也是极其遥远的。肯定有其他的"盖娅"们围绕着其他温顺且长寿的恒星旋转，然而尽管我可能会对它们和宇宙感到好奇，但是这些都是难以捉摸的——属于理智的概念，而非感官的概念。如果宇宙其他地方出现过生命，在它们探访我们之前，我们都必须彼此隔离。

我猜测，很多人都有过这种相同的心路历程。无数将圣母玛利亚置于心中重要位置的基督徒们可能也会做出同我一样的回答。对我们来说，遥远的、全能全知的耶和华的概念是令人惊恐且可望而不可即的。甚至感觉到一个更现代的上帝，一种安静的、从内心发出的微弱的声音的存在，可能也不能满足那些需要和外面世界沟通的人。圣母玛利亚是亲近的且可交谈的。她是可信任的也是温顺的。信仰圣母玛利亚的意义可能就在于此。

"盖娅"既是科学的概念，也是宗教的概念，而且在这两个领域中，它都是可操作的。神学也是一门科学，但是如果按照其他科学门类所遵循的法则来裁决，就不会有宗教信仰或信条存在的空间。说到这里，我的意思是，神学不应该断言上帝的存在，然后去探究上帝的本性以及上帝与宇宙、活的有机体之间的相互作用。以往神学的研究思路往往是约定俗成的，即先假定上帝的存在，然后将人们的注意力引到这样一些问题上：如果没有上帝，我们的世界将会变成什么样子？我们应如何使用上帝的概念来审视世界和我们自身？我们应如何使用"盖娅"概念作为理解上帝的方式？对上帝的坚信是一项信仰活动，而且始终都是一项信仰活动。同样的，试图证明"盖娅"是活的也是多余的。反过来，"盖娅"应该成为我们审视地球、我们人类自身及我们同其他生灵相互联系的一种方式。

一个科学家，如果他是一名自然哲学家，他的一生可以是虔诚的。

好奇心是爱之过程内在的部分。对自然界的好奇和探究，在人和自然界之间培养出了一种友爱的关系。这种关系非常深奥，以至于无法明确表达出来，但它仍然是好的科学。那些富有创造力的科学家，当被问及是如何做出伟大的发现时，通常都会说："我是凭直觉知道它的，但为了向我的同事证明它，却工作了几年。"对照一下这种说法与19世纪的哲学家和心理学家威廉·詹姆斯（William James）在《宗教经验种种》（*Varieties of Religious Experience*）一书中的陈述：

> 事实上，在形而上学和宗教领域，只有当无法明确表达的实在感造成支持同一个结论的印象时，能够清晰表述的理由才对我们具有说服力。确实，我们的直觉和理性共同起作用，统治世界的宏大体系，如佛教或天主教哲学，就可能出现。我们受情感驱使的信念建立真理的原初框架，而我们那些能用言语明确表达的哲学思想，只不过是华丽地将其翻译为公式。非理性的、即刻直觉性的相信是我们内心深处的东西，而理性的论证只是一种表面的展示。本能率先指引，理智只是跟随本能之后。

这就是18世纪詹姆斯·赫顿时代的自然哲学家所遵循的思想方式，也是至今许多科学家一直沿用的。科学可以容纳视地球为超级有机体的观念，也可以好奇于宇宙的意义。

我们是如何到达世俗的人文主义者的世界的呢？在人类尺度上的古代时期，追溯到最早的人工制品被发现的时代，那时人类膜拜地球，把它当作一位女神，并且相信它是活的。关于这位伟大母亲的神话是早期宗教信仰的一部分。这位母亲是一位富有同情心的女性形象，她是一切生命的源泉，是生殖力和慈爱之心的来源。但她也是严苛无情的死亡之源。正像奥尔德斯·赫胥黎（Aldous Huxley）在《人类体验》（*The Human Experience*）中回忆的那样：

在印度教的教义里，"时母"[1]一度是无限和蔼、充满爱的母亲与令人恐惧的毁灭之神的合体，她有一串颅骨项链，并通过颅骨来吸食人类的血液。这一画面具有深刻的现实性：如果你给予生命，那你就必须同时带去死亡，因为生命总是结束于死亡，也在死亡中得以更新。

顶多在几千年之前，有关遥远的主宰神，即"盖娅"的监督者的想法，就已经根深蒂固。一开始，这个神可能是太阳，但随后，它便呈现为我们现在所看到的形式，即一个无限遥远，但是对个人而言却是无处不在的宇宙统治者。在《绿色政治的精神维度》（*The Spiritual Dimensions of Green Politics*）这本感人且通俗易懂的书里，查伦·斯普瑞特奈克（Charlene Spretnak）把人们最初对地球女神"盖娅"的摒弃，归因于入侵印欧语系部落的那些膜拜太阳的武士对一个更早期的以地球为中心的文明的征服。

把你自己设想为具有决定性的历史时刻的见证者，即生活在古代欧洲那种和睦、精巧、女神主导的文化中的居民。（不要认为这

---

1 —— Kali，为印度湿婆神妃帕尔瓦蒂的化身。

一定是母权制社会！或许它是母系社会，但没有人知道，而那也不是重点。）在公元前 4500 年，你沿着一条高高的山脉行走，越过平原向东方望去。远远地，你看见很多骑手驾着一些怪异而有力的动物朝你飞奔而来。（在欧洲，马的祖先已经灭绝了。）这些骑手中几乎没有女性，他们采用首领管理体系，只有一种原始的烙印技术呈现出来的两个标志物——太阳和松树。他们首先迁移到欧洲的东南部，然后进入希腊，横跨整个欧洲，甚至到达中东和近东地区，以及北非和印度地区。他们带来了一种天空之神，一种武士崇拜和父权制的社会秩序。我们今天仍然生活在那里——在一种印欧语系的文化氛围中，虽然技术有了很大的进步。

从这些骑手演变为驾驭着无数更加强大的毁灭性机器踏上我们在"盖娅"上的那些伙伴的栖息地的现代人类，似乎只是一小步。我们其他人，过着舒适、安逸、堕落的都市生活，很少关注他们的所作所为，只要"盖娅"能继续供给我们食物、能源和原材料，我们能一如既往地开展人类内部互动的游戏。

在古代，相信地球是活的与相信宇宙是活的是一回事。人们认为，天与地是紧密相连的，都是同一整体的组成部分。随着时间的流逝以及通过诸如望远镜的发明而获得的对时空广阔距离认识的增长，人们理解了宇宙，上帝的位置逐渐后退，直到如今退隐到大爆炸理论（the Big Bang）的后面，据说，一切都是由大爆炸开始的。与此同时，随着人口的增长，有相当一部分人被迫过上与自然脱离的都市生活。在过去的两个世纪里，我们几乎每个人都成为了城市居民，而且似乎已不再关注上帝和"盖娅"的含义。正如神学家基思·华德（Keith Ward）在 1984 年 12 月的《泰晤士报》上写道：

> 并不是说人们知道上帝是什么，而且已经决定放弃这一信念。其实似乎甚至很少有人知道，犹太教、伊斯兰教和基督教共同认可的上帝的传统主流观念是什么。对于上帝这个词的含义，人们没有一星半点的看法。
>
> 对人们来说，上帝在他们的生活中已失去了意义和可能的位置。反之，他们要么发明根本没有实际含义的关于宇宙力的模糊概念，要么诉诸一个不断干预着自然机械法则的长胡子超人的被遗忘了一半的画面。

我怀疑这是否是感觉缺失的结果。当我们无法透过繁杂的交通噪声听到鸟儿歌唱，也无法闻到新鲜空气的甜美时，我们又怎能敬畏这个活的世界？当我们因为城市的灯光而从来没有看到过星星时，我们又怎能深思神和宇宙？如果你认为这太夸张了，你不妨回想一下你最后一次躺在草地上沐浴阳光、闻到芬芳的百里香，以及听到和看到百灵鸟歌唱和翱翔时的情景。你也可以回顾一下，你最后一晚仰望碧蓝色天空，清楚地看到银河和我们的银河系璀璨的群星。

城市的吸引力是具有诱惑性的。苏格拉底曾说过，城市之外没有什么值得关注的事情发生（nothing of interest happened outside its walls）；很久之后，约翰逊博士（Dr. Johnson）将他对乡村生活的看法表述为"所有的农田都一个样"（One green field is like another）。我们大部分人现在被困于城市的世界中，那里总是持续上演着肥皂剧，而在大多数时候我们只是作为观众而不是表演者。偶尔有像大卫·艾登堡（David Attenborough）先生这样敏锐的评论员将自然界中森林和荒野的图景搬到了我们城郊房间的电视荧幕上。但电视荧幕只是一扇窗户，它无法让人们足够清晰地看到外面的世界，它绝不能把我们带回"盖娅"的真实世界中。城市生活巩固和加强了人文主义的异端思想，即仅为人类利益服务的自恋思想。爱尔兰传教士肖恩·麦唐纳（Sean McDonagh）在他的《关爱地球》（*To Care for the Earth*）这本书中写道："200亿年以来，上帝创造性的爱要么仅仅被视为世人得救的历史剧得以开展的舞台，要么被看作本身从根本上罪孽深重并且需要转变的东西。"

现在，各大宗教的核心地带是乡下存在的最后的堡垒和热带地区的第三世界。在其他地方，曾经与人们紧密相连并受人尊重的神和"盖娅"，现在被隔离开并且无人关注。作为一类物种，我们几乎放弃自己作为"盖娅"上一名成员的资格，把环境管理的权力和责任交给了我们的城市和国家。我们努力去喜欢城市生活的人情世故，但是同时仍然渴望拥有自然世界。我们希望能自由进入乡村或田野而不会因此造成污染和破坏，得其利而无其弊。这种渴望或许是人之常情，也是可理解的，但却是不合逻辑的。我们的人文主义者关注着市中心区和第三世界国家的穷人，并且，死亡、灾难与痛苦对我们造成近乎可憎的困扰，就好像这些本身就是罪恶——这些想法将我们的注意力从对自然界恶劣和极度的主宰中转移出来。贫穷和灾难不是上天安排的，它们是我们所作所为的结果。痛苦和死亡也是正常和自然的，我们不可能期望没有它们而长久生存下去。的确，科学有助于技术的产生。但今天，当我们一边开着私家车，一边听着收音机发布的关于酸雨的消息时，我们有必要提醒自己，其实我们自身就是污染者。是我们，而不是什么幽灵，购买了私家车，然后开着它们污染了空气。所以，我们自身应该对光化烟雾和酸雨造成的树木破坏负责任，我们要对蕾切尔·卡森所预言的"寂静的春天"负责任。

有许多种方式可以与"盖娅"保持联系。个体性存在的人类是密集的细胞种群和共生体的集合，但是很显然也具有各自的身份特征。个体与"盖娅"在元素循环以及气候控制中的相互作用，就像单个细胞与整个身体的相互作用一样。通过一种对自然界的好奇感和归属感，你也可以在精神上或灵魂上与"盖娅"产生个别性的互动。在某种意义上，这种互动就像身心的紧密耦合。另一种联系是通过人类交流和群体迁移的强大基础设施来实现的。相对于人类出现之前"盖娅"上所有的生物而言，作为一类物种的人类更大规模地转移了地球上的一些物质。人类的交谈声是如此之大，以至于在宇宙深处都能接收到。和"盖娅"内部其他更早期的物种一样，整体的发展源于少数个体的活动。都市的安乐窝、农业的生态系统，无论是好是坏，都是由一个有创造力的个体的行为引起的快速正反馈造成的结果。

人们对我关于"盖娅"的见解的一个经常性的误解是，我赞成无所事事，也就是说我主张系统的反馈总会保护环境免受人类可能施加的任何破坏。有时候，更粗暴无理地表达为"拉伍洛克的'盖娅'为肆意的工业污染开了绿灯"。事实几乎是截然相反的。"盖娅"，正像我理解的：她并非溺爱孩子而容忍所有不正当行为的母亲，她也不是面临冷酷人类威胁的脆弱而纤巧的少女。她是严厉和坚强的，她总是为那些遵守法则的人创造温暖而舒适的环境，但她对于那些越轨及破坏法则的人也会冷酷无情。她的无意识的目标就是一个适合生命的星球。如果人类妨碍这一目标，那么，我们将被无情地消灭，就像微型制导系统控制的洲际弹道核导弹全速射向它的靶子时那样。

到目前为止我所写的一直是围绕"盖娅"观念构建起来的一条论证。我一直试图去展现上帝与"盖娅"、神学与科学，甚至物理学与生物学，都并不是分离的，而是同一的思维方式。尽管我是一个科学家，但是，我是作为一个个体来写作的，因此，我的观点很可能与我愿意去想的没有多少共同点。所以，现在让我来告诉你科学共同体在这一主题上不得不说的话语。

在科学上，发现的东西越多，为探索打开的新路就越多。科学上常有这种情况，当事物变得模糊不清时，探索之路就像醉鬼走的"Z"字形路径。当我们发现迷糊的脑子弄错了道，重新折回来时，我们跨越正确的路径，迈向几乎同样错误的、相反的一边。如果进展不错，我们对正道的偏离度会缩小，路线向正确的方向靠拢，但却永远不会绝对重合。这让我们对古老的警句"酒中有真言"（*in vino veritas*）有了新的领悟。这种发现真理的方式是很自然的。我们经常以这种方式给计算机编程，让它们按照同样的试错法（trial-and-error），去重复那种摇摇摆摆、跌跌撞撞的步骤，解决一些对我们而言太烦琐无味以至于不能解决的问题。这种科研过程被称为"迭代"（iteration）[1]。这使其显得崇

---

1 ——"迭代"是重复反馈过程的活动，其目的通常是为了逼近所需目标或结果。每一次对过程的重复称为一次"迭代"，而每一次迭代得到的结果会作为下一次迭代的初始值。

高并让人迷惑，但方法是相同的。而唯一的不同之处在于，它的运行如此之快，以至于肉眼永远不能看到那些笨拙的摸索过程。

我们已经失去了对生命是什么以及我们在"盖娅"中的地位等问题与生俱来的理解力。我们定义生命的行动很大程度上处于醉汉走路的阶段。过去20年里，一方是分子生物学家，另一方是新兴的热力学学派，两者之间展开了一场精彩的哲学争论。这场争论清楚地阐释了两条表征迭代极端的相反路线。雅克·莫诺（Jacques Monod）的《偶然性与必然性》（*Chance and Necessity*），尽管初版于1970年，但是，却最清楚漂亮地表达出明晰、有力、严谨地研究可靠科学的进路，这一进路牢固地建立在唯物主义和决定论宇宙观的信念基础之上。另一边的倡导者以埃里克·詹奇（Erich Jantsch）等相信自组织宇宙的那些人为代表。他们关注非稳定态的热力学，耗散结构如火焰、漩涡及生命本身都是其中的例子。虽然这场争论的参与者都是知名人士，且在讲英语的世界受到尊重，但是这场精彩的争论大部分已经流传到了法国，所以我们许多人已经错过了这场辩论带来的乐趣。

这场辩论的实质就是重演古代整体论者和还原论者之间的争论。正如莫诺提醒我们的：

> 或多或少有意识地或糊里糊涂地受到黑格尔影响的那些流派，质疑对如有机体般复杂的系统采取分析进路是否有价值。整体论学派就像凤凰一样，在每一次更新换代中获得新生，按照他们的观点，分析的态度（还原论）注定要失败，因为它总是试图将复杂组织的特性还原为部分特性之"和"。这是非常愚蠢和具有误导性的

责备，它仅仅表明整体论者完全缺乏对科学方法以及分析在其中所起的重要作用的理解。如果一位火星工程师试图理解地球上的计算机，但他又从原则上拒绝拆分执行命题代数操作的电子元器件，他能走多远呢？

这些强烈的话语出现在 1970 年版的《偶然性与必然性》中。如今或许没有人持有那么极端的观点了，但是这很有利于表达那种思想，它过去是，现在也依然是科学的重要支持者。

如今已经没人怀疑，是朴素的还原论科学，特别是那些关于带有细胞遗传信息的有机大分子的科学，让我们揭开了宇宙的许多秘密。但是尽管还原论可能是明晰、确凿和有力的，它自身却不足以解释生命的事实。考虑一下雅克·莫诺的火星工程师。贸然拿着成套设备分析他所发现的计算机是否明智？还是首先打开计算机，然后将其视为一个整体的系统来探究更好呢？如果你对这一问题的答案有所疑问，那么就考虑一下这种想法：假想的火星工程师是一台智能计算机，并且，它检查的对象是你。

作为对照，1972 年伊利亚·普里高津（Ilya Prigogine）写道：

不是不稳定性，而是一系列的不稳定性，允许我们跨越生命与非生命之间的无人地带。一开始我们只能分清某些阶段。生物秩序的思想，自动地导向对偶然性与必然性地位更加模糊不清的理解，而偶然性和必然性又使人们回想起雅克·莫诺那本名著的标题。允许系统偏离接近热力学平衡态的状态，这种涨落代表了事物变化中随机的一面。这部分是靠偶然性发生作用的。反之，环境的不稳定性，涨落将不断增加的事实，都代表了事物变化的必然性。偶然性与必然性相互协作而不是彼此对立。

我完全同意莫诺所说的科学方法的基石就是"自然是客观的"这一预设。真正的知识绝不能通过将"目的"（purpose）加诸现象而获得。但是同样，我也坚决地否认系统总是部分之和的观点。在这场争论中，"盖娅"的意义在于"她"是最大的生态系统。"她"既可以作为一个整体系统来分析，又可以按照还原论的方式，作为部分的集合来分析。这种分析既不会干预"盖娅"的隐私，也不会干预"盖娅"的功能，至多就像一个共生细菌在你的鼻子表面运动。

普里高津并非第一个意识到平衡态热力学（equilibrium thermodynamics）不足的人。在他之前还有许多杰出的前辈探讨过稳定状态下的热力学，其中有物理化学家吉布斯（J.W.Gibbs）、昂萨格（Onsager）和登比（K.G.Denbigh）。而那位真正伟大的物理学家玻尔兹曼（Ludwig Boltzmann），指出了通向以热力学的视角来理解生命的道路。20世纪60年代早期，通过阅读薛定谔的《生命是什么？》这本书，我才第一次意识到，行星生命是通过死寂行星大气的近平衡状态和地球充满活力的非平衡状态之间的对照揭示出来的。

当我们穿越清晰明朗的真实世界进入可怕的耗散结构领地时，我们从中学到的东西，会使下一步跟跄的前行比之前犯的错误少一点吗？从普里高津的世界观里，我的收获就是证实了一点质疑，即"时间作为一个变量（参数）被大大地忽视了"。尤其是，如果从时间维度而不是空间维度来看，在那些处于两个思想流派之间的许多明显的矛盾似乎都能解决。我们已经通过耗散结构从简单分子的世界演化成更加持久的实体，也就是活的有机体。我们离现在越远，无论是回到过去还是走向未来，不确定性都将越大。达尔文避而不谈关于生命起源的思想是正确的。正如杰罗姆·罗思坦所说，热力学第二定律的限制在任何时候都会妨碍我们认识宇宙的开端或终结。

在我们人类及其他动物的下消化道中，太古时代的生命世界仍然存在着。在"盖娅"中，在生命之前的那些具有耗散结构的古代混沌世界也仍然存在。最近，一项相对不太为人所知的科学发现是，从黏滞性到天气等各个尺度上的涨落都是混沌的。在宇宙之中，没有完全的决定论，许多事情就像完美的轮盘赌一样无法预测。我的同事，生态学家霍林（C.S.Holling）已经观察到大尺度生态系统的稳定性依赖于其内部混沌的不稳定性的存在。更大的、稳定的"盖娅"系统中的这些混沌的集合，可用于探究由生命的物理限制设定的边界。通过这一方式，生命的机会主义得到了保证，所有的生态位均已呈现。例如，我生活在四周被养羊人环绕的乡村地区。令人印象深刻的是，年幼的小羊通过持续探究我所设的树篱边界，能够找到进入我这边更富饶且没有被放牧过的土地的道路。年轻人的行为没有什么不同。

我在整体论和还原论这两派之间的战场上徘徊，是因为想要说明科学自身的两极化。让我对上述偏离主题的讨论做个总结，回到本章的主题"上帝与'盖娅'"。我首先要提醒你回顾"雏菊世界"——一个既是还原论的，同时也是整体论的模型。这一模型是为了回应人们对"盖娅"的目的论的批评。对还原简化的需要的增加，是因为生长在地球上的数万亿计生物和岩石、天空及海洋等环境之间的关系，永远不可能完全通过一系列数学方程式详细描述。显著的简化是需要的。但是，带有自身封闭环控制论结构（closed loop cybernetic structure）的模型也是整体论的。这种情况同样适合我们人类自己。试图弄清楚构成我们身体细胞的所有原子之间的关系，是没有意义的。但是，这并不妨碍我们成为真实的、可识别的生物，并且拥有至少70年的寿命。

我们也处于一场"盖娅"的支持者和人文主义的支持者之间的对手赛中。在这场战争中，有政治头脑的人文主义者给"还原论"一词赋予了贬义，以此败坏科学的名声并贬毁科学方法。但是，所有的科学家一定程度上都是还原论者，没有还原论，科学活动在某些阶段就无法开展。甚至对于整体性系统的分析者来说，当面对未知的系统时，他们也会做实验，例如干涉这一系统并观察其反应，或者制作关于此系统的模型，然后还原这个模型。在生物学中，即使我们希望避开还原方法，也是不可能的。生物的组成和关系从现象上看非常复杂，以至于只有当生物群体能够被看作一个可辨识的实体，就像一个细胞、一株植物、一个鸟巢或"盖娅"那样存在时，才能形成整体论的观点。无疑，通过少量干预就能对这些实体本身进行观察和分类，但是好奇心迟早会促使人们去挖掘这些实体的构成及其运行方式。无论如何，认为单纯的观察是中立的，这种观念本身就是错误的。有人曾经说过，宇宙正在停止运转的原因在于上帝一直在注视着它并因此简化还原它。如果真是这样，那么几乎不用怀疑的是，一个自然保护区，一个野生生物园，或者一个生态系统，就都在依照我们和我们的孩子通过观看而干预野生生物的时间长短成比例地缩减。

在《自组织宇宙》（*The Self-Organizing Universe*）一书中，詹奇强烈论证道，自组织趋势是无处不在的，以致生命的产生并非偶然事件，而是不可避免的结果。詹奇的思想是建立在先驱者提出的"不稳定状态的热力学"理论之上的，这些先驱者中包括艾根、普里高津、温贝托·马图拉纳（Humberto Maturana）、弗朗西斯科·瓦雷拉（Francisco Varela）及他们的继承者。随着关于这一深奥主题的科学证据的积累以及理论的形成，把"活的宇宙"作为隐喻或许是可能的。关于上帝的直觉能够被理性化，上帝的某些属性可以变得如"盖娅"一般为人熟知。

目前，我对上帝的信仰停留在积极的不可知论阶段。因那种真挚的信念，我深深地忠于科学。同样地，我在精神上无法接受的是由纯粹事实构成的唯物主义的世界。艺术、科学似乎彼此内在联结又相互促进，它们和宗教也是如此。"盖娅"的概念既具有精神的意义又具有科学的意义，这对我来说是非常令人满意的。从各种信件和谈话中我了解到，人们对地球这一超级有机体的感情一直存在，而且许多人觉得有必要将这些旧有的信念融合到他们的信仰体系中，这不仅是为了他们自己，而且是因为他们觉得地球正处于威胁之中，而他们自己是地球的一部分。无论如何，我绝不会视"盖娅"为一个有感知能力的存在，一个上帝的代理者。

哲学家格利高里·贝特森（Gregory Bateson）以自己特有的方式表述了这种不可知论思想：

> 个体的心灵是内在固有的，但它不仅存在于躯体内。在躯体之外，这种心灵的路径和信息也是内在固有的。而且，还存在一个更

宏大的心灵，个体的心灵只是它的一个子系统。这一更大的心灵体系可类比于神，或许就是一些人意指的上帝，但是，这一心灵体系依然内在固有于彼此紧密联系的社会系统和行星生态学中。

作为一个科学家，我相信自然是客观的，但我也意识到自然并非预先决定的。由物理学家海森堡（Werner Heisenberg）提出的著名的测不准原理，是对决定论的清晰结构的首次重击。如今，混沌也被揭示具有有序的数学规范。这种新的理论理解给天气预报活动提供了指导。在以前，人们就相信——正如法国物理学家拉普拉斯（Laplace）曾经提到的——只要有足够的知识（在这个世纪，主要是指计算能力），他们就能预言任何事情。令人感到激动和震撼的是，人们逐渐发现，有许多真正的、明明白白的混沌堂而皇之地散布于宇宙之中；人们也开始理解为什么在这个世界从来都不可能预言某个具体的时空是否会下雨以及诸如此类的事情。作为秩序的对等物，真实的混沌就在那里。决定论被还原为一堆碎片，就像是落在一盘沥青表面的宝石。

科学有自己的研究方式，而其中一种能够保证不断激发研究兴趣并创造新的研究方式的是对异常状态的探索。健康远没有疾病令人感兴趣。我清晰地记得自己作为学生参观伦敦卫生与热带医学学院的博物馆（the Museum of the London School of Hygiene and Tropical Medicine）的情景，那里陈列着许多与罹患热带疾病的原物大小一样的模型。尽管制作得不够精良，但这些模型都显得异常怪异和恐怖，相比之下，杜莎夫人（Madame Tussaud）蜡像馆里那种精心营造的恐惧都变得平淡无奇了。看到象皮病或麻风病患者的原尺寸模型，以及想象他们受难时的场景，对我这个尚处于青春期的学生来说，所引起的痛苦是无法忍受的。类似地，当代科学也着迷于一种数学上的异常状态。我们之前已经讨论过，理论生态学更关注病态的而非健康的生态系统研究。相对于气候的长期稳定，天气变幻莫测的性质更令人感兴趣。面对大爆炸的终极异常，稳衡态宇宙论（continuous creation）[1] 从来就没有机会。

对科学异常状况的兴趣与宗教有着奇妙的联系。数学家和物理学家似乎毫无意识地陷入了魔鬼学（demonology）之中。他们在不知不觉地调查研究"灾变理论"和"奇异吸引子"。随后，他们从其他科学领域的同事那里寻找能匹配他们制作的奇特模型的异常状况的案例。或许我应该解释的是，在数学领域，一个吸引子就是一种稳定的平衡状态，就像光滑碗底的那个点——圆球总会自然停止在此处。吸引子可以是线条、平面或立体，也可以是点，它们是系统趋于稳定下来的位置。奇异吸引子是具有分形维数的混沌区，起到黑洞的作用，将方程解拖向它们那未知的奇点区域。各种自然现象，例如天气、疾病及生态系统的破坏等，都由存在于它们的数学钟表发条上的奇异吸引子来体现。奇异吸引子作为不稳定性、周期性涨落和平常的混沌的先驱，像"定时炸弹"一样潜伏着。

那些实际存在的、健康的生命有机体的显著特点是，它们有能力控制或限制不安定因素造成的各种影响。由耗散结构组成的世界，受到各

---

1 —— 基本观点是宇宙在大范围内稳定不变；不仅物质在空间上的分布是均匀的和各向同性的，而且宇宙状态在时间上也是稳定不变的。该学说主张宇宙是在膨胀的，并认为，由于宇宙膨胀，物质密度变小，同时新物质从虚无中不断创生，使密度变大。

种突变的威胁并为奇异吸引子所寄生，看起来似乎就是生命和"盖娅"的史前世界，也是现在依然存在的地下世界。物理环境和处于前生命阶段的自创生实体紧密耦合的演化，造就了一种新的稳定秩序；这一状态与"盖娅"以及所有健康的生命形式相联结。生命和"盖娅"基本上都是永恒的，即便它们由实体构成，其中至少也包含了耗散结构。我发现在奇异吸引子、数学构建的想象世界中的其他成员，以及古老宗教信仰里的魔鬼之间，有一种奇妙的相似性。这种相似走向深处，就产生了一种与疾病而非健康，饥荒而非充裕，风暴而非宁静的联系。在这个趣味无穷的数学分支里，法国人波努瓦·曼德勃罗（Benoît Mandelbrot）可以称得上是一位圣徒。从他的分形维数表述，有可能创造出各种各样自然景象的图解说明，例如海岸线、山脉、树木和云朵，这些都具有令人惊奇的现实性。但是，当将曼德勃罗的科学艺术应用于奇异吸引子时，我们会看到一个形象生动且鲜艳亮丽的魔鬼或龙的形象跃然于画面上。

相对于这些奇异事物，"盖娅"理论似乎显得枯燥无味。有些事物，就像健康，只有当它失去时才会被重视。这可能就是几乎没有多少科学家和神学家对这一理论感兴趣的原因。他们更加喜欢探索的是生命或者是宇宙的起源，而不是此时此地围绕着他们的自然世界的起源。我发现，要向我的同事解释为什么我更喜欢在乡村深处独自生活和工作，是很困难的。他们认为我一定失去了探索带来的所有激动。其实，我更喜欢与当下此刻的"盖娅"一起生活，我也喜欢回顾"盖娅"那部分可知的历史，而不是去追问"盖娅"诞生之前可能是什么样子。一个朋友曾经问过我，如果是这样，那么我为什么还要在这本书中，花如此多的笔墨去阐述地球的历史呢？我发现，用一个寓言来解释我这种明显的不一致是最简单的。

　　想象一下，一座海岛坐落在一片温暖的蓝色海域上，海岸有沙滩。前景中茂密的森林逐渐让位于小小的多石山峰，这些山峰就像远处的地平线一样尖锐而清晰可见。岛上并没有人类或其他动物居住的迹象。起先望上去像白石小屋组成的小山庄，靠近观察，则更像是一块白垩岩露出地面的尖头，在太阳光下像激光一样闪闪发亮。它看起来很怪异，尽管你因为光太亮而眨眼，但你仍会再次观察它。这并不是幻象，树林不是绿色的，而是一种深蓝色的色调。

　　这一景象中的岛屿是距今 50 亿年后的地球上的某个地方。确切的细节是无法预测的，对这次游历而言也是无关紧要的，但是我们可以肯定，这个地方比今天地球上任何一处海岸都要热，那里的海水温度将接近 30℃，而且，在荒漠内陆地区，温度将达到 60℃。那时，空气中的二氧化碳或者很少或者没有。但是，除此以外，它有很多方面与现在相同，例如它提供适量的用于呼吸的氧气，但是氧气量也不是太多，不至于使得大火无法控制。当时已经发生了一次巨大的中断（punctuation，即长期稳定中的短期突变），生活在大地表面的占支配地位的生命形式，具有我们这个时代的植物学家和动物学家无法认识的结构。

　　在临近海岸的小块草地上，一群哲学家因为一个科学学会举办的文明会议而聚在一起。这是一次留下了充分的时间去游泳、散步以及懒散地聊天的研讨会。其中一位参与者提出了一种理论，即他们的生命形式——与海洋中许多有机物以及微生物极其不同——并不单单是演化而成的，而是由生活于遥远地质年代的一种有感觉能力的生命形式加工制造出来的。她的论证是基于哲学家们，以及总体来说还有陆地动物的神经系统的本质属性。这些神经系统是直接由电沿着有机聚合链的传导来运行的，而海洋生物的神经系统则是通过长细胞（elongated cell）——当然，我们会将这些细胞视为神经——内的离子传导来运行的。相对于海洋生物的极性系统，哲学家们的大脑需要靠半导电性来运行。在这种新的生命形式中，雄性并不作为具有灵活感知力的机体存在，只是作为一种植物形式，为遗传信息提供必要的分离路线，以便在基因重组时减少错误的表达。婚姻仍然代表一种终生的关系，但是因为雄性像植物一样扎根于土壤中，这种关系更像是充满爱意的园丁与花朵之间的关系。这位哲学家指出，这样一种系统绝不可能起源于偶然，它一定是在过去的某个时刻被制造出来的。结果并不出乎意料，她的理论没有被人们好好接受。这不仅是因为这一理论超出了那个时代的科学范式，而且是因为神学家和神话诗人发现，这一理论与她们所认同的"活的星球纯粹自发起源"的观点相矛盾。重拾创造论者的异端学说，是无法被接受的。

未来的亚特兰提斯[1]的居住者对于演讲或写作没有需要。电子神经系统的拥有使演说成为多余，她们能够使用射频直接传播一系列丰富的图像和观点。尽管她们拥有这么多的优势和更高的智慧，但就像今天的鲸一样，她们既不擅长操作机械，也不热衷于各种机械。由于这样一种存在状态，把像大脑或神经系统一样复杂的东西像人工制品一样制

---

1 —— 亚特兰提斯，又译阿特兰蒂（提）斯，传说中拥有高度文明的古老大陆，最早的描述出现于古希腊哲学家柏拉图的著作《对话录》，据称其在公元前1万年左右被史前大洪水所毁灭。2011年时，一支考古队声称他们已在西班牙南部的泥滩之下找到了亚特兰提斯的位置。2013年12月，在葡萄牙西边海域发现海底金字塔，疑似亚特兰提斯遗迹。此处指上文中想象的那片大陆。

造出来的想法，就超出了她们的理解范围，因此，在她们看来，也超过了过去的一种生命形式所具有的能力。

这则寓言旨在论证，为了理解"盖娅"和我们自身的演化，没有必要弄清有关生命自身起源的复杂细节。类似地，对生前或死后那些遥远的地方——天国和地狱——的沉思，也可能与发现一种适当的生活方式无关。我们很可能得益于宇宙制造混沌的本质属性，在冥古宙的某个河岸上，自发地演化成我们祖先的生命形式。我们似乎不可能来源于外来者植入的一种生命形式；也不可能依附在某块来自外太空的彗星残骸上到达地球。我倾向于认为，达尔文之所以拒斥探究生命的起源，不仅是因为在他那个年代可用的信息非常匮乏，对生命起源的研究不得不保持在猜测阶段，而且是因为他意识到，要表述物种的自然选择演化，没有必要弄清关于生命起源的细节，这更令人信服。当我把"盖娅"作为一个概念，一个可以操作的概念来谈论时，我大脑中所想到的也正是这一点。

10 1988 年以来的"盖娅"

生物学家兼作家路易斯·沃尔珀特（Lewis Wolpert）在他的《科学的不自然本性》（*The Unnatural Nature of Science*）一书中，提醒我们：科学是一项艰难的、不自然的事业。如果你想要成为一名科学家，首先你必须完全摒弃迷信。我说的不仅仅是不去想你是狮子座或天蝎座，也不仅仅是不再相信神迹。你必须禁止再说"老天保佑"以及其他所有深深嵌在我们的日常用语和思维中的异教俗语。你也不能再像一个信徒那样虔诚地向上帝求助，也不能真的有信仰。这就是科学的方式，很艰难。我清楚地记得在 20 岁的时候，为了抛弃一切迷信，我不得不做出有意识的努力。不过，作为一名科学家自律的一部分，这种努力是有必要的。这是一种不自然的做事方式，因为我们演化成的状态，就是从不完备的知识来做出坚定的选择。我们的生存依赖于这种方式，犹豫是自由主义者的奢侈品，在我们的自然选择中没有立足之地。这可能就是为什么我们很自然地去确信某些仅仅是有可能的事物。对此，社会学家称为"认知失调"（cognitive dissonance）。他们说，这解释了我们为什么会坠入爱河，为什么会确切地知道其他部落成员都是野蛮的。作为这种风格的人类，科学家们很容易忘记他们那"永远客观"的誓言，也很容易把一位如马克斯·普朗克（Max Plank）这样杰出的科学家的工作，视为必然的，而不只是偶然的。在生物学中尤其如此。生物学没有物理学那样悠久的历史。物理学的历史，从阿基米德开始，经过牛顿和爱因斯坦，一直到量子现象的奇异世界。在这段历史中，每一位伟大的物理学家描绘的世界都很有说服力，以致很长一段时间里好像是个确切的真理。然后，突然间，后继者证明那个描述即使没有错，在视野上也是有限的，而从新的山峰，看到了一道更加遥远的地平线。

一则悖论式的谚语说："衡量一个科学家杰出程度的标准，是他或她支撑本领域前行的时间长度。"如果需要证实查尔斯·达尔文的杰出，那么这个衡量标准提供了依据。在达尔文去世100多年后，达尔文主义仍然是生物学伟大的启蒙之光。然而，达尔文的狂热信徒把他的话看得犹如天启，而不只是当作一个科学家的思想。这些人为生物学确立教条，从而阻碍了生物学自然的发展。科学不像宗教，并不沉溺于必然之事或真理，我们科学家只是在寻找具有最大可能性的解释。我们试图遵循皇家学会的创立者们在300年前选用的格言：不盲从权威（*nullius in verba*）。

现在，我们看到了达尔文视野的局限性。我们开始明白，生物不只适应于一个得到了位于校园另一侧的楼房里的地质学家证实的世界。我们再也不把"适应"这个词看作一个被动的动词，而是一个主动的动词。生物能够，而且几乎总是能够去改变它们的环境，并且适应环境。为了描述有着多姿多彩生命的行星，必须考虑生物和它们所在世界之间紧密耦合的关系。这绝不意味着达尔文的观点是错误的，也并不意味着当爱因斯坦把相对论作为一种更好地看待事物的方式提出来时，牛顿的理论就是错误的。但是直到最近，生物学家们才不情愿地涉足到新达尔文主义有序的景观之外。当从中产生了像分子生物学这样辉煌的东西，而且似乎完全解释了演化之时，生物学家们为什么还要去超越它令人舒适的视野呢？毫无疑问，有物理学家发现量子理论与牛顿物理学不相容，而且渴望牛顿物理学的理性世界。甚至爱因斯坦也说："上帝不掷骰子。"生物学家不可能永远忽略在他们的前沿领域之外（有时就在内部）的混沌和复杂性。内省思考带来了风险，生物学家们对间断演化思想的回应表明了这一点。当古尔德和埃尔德里奇依据古生物学的证据提出假说，声称演化并非达尔文所说的渐进式的，而是间断式的，他们便被视为离经叛道者。他们的想法是，物种长期共存，在多样性或数量上只有微小变化。然后新的生物突然出现，并形成新的稳定状态，这一稳定状态一直持续到下一个间断点。他们对达尔文著作中绝对真理的信仰是如此地坚信，以至于这一无害的思想被视为异端。复杂性新科学的出现，才使得间断式演化受到重视。斯图亚特·考夫曼（Stuart Kauffman）在他的《秩序的起源》（*Origins of Order*）一书中，论证了这样一种可能性，即生物群落通过自然选择演化确实会产生突变，达到新的稳定状态。

在如此近乎宗教偏执的氛围中，"盖娅"假说从来都没有立足之地也就不足为奇了。在20世纪70年代早期这个理论被陈述时，许多生物学家认为它太离谱，有些人甚至认为它对科学本身是一个威胁。"盖娅"假说似乎复活了死掉的万物有灵论和活力论的怪兽，以及关于生命物质具有魔法特征并因此区别于宇宙中其他物质的信念。相信"盖娅"

信仰会被视为是一个邪教，这个邪教将会劝导新兴的环保运动改宗，并且败坏费力建立起来的理性的科学文化。

我承认，"盖娅"假说首次被提出的时候所用的措辞不好。它源于化学证据，这一证据表明，地球的大气层远远偏离作为一个无生命行星应有的平衡态。我们知道，这种非平衡态是由生命的存在造成的。我们也知道，活的有机体影响到大气中除惰性气体之外的所有气体。某些气体，如氧气，直接就是生物的产物。而且生物改变了其他气体如二氧化碳的浓度。我们不明智地将"盖娅"假说表述为"生命或生物圈调节环境以保持舒适"或"生物圈通过自身，也是为自身维持环境"。我们应该说："活的有机体与其物质环境紧密耦合。耦合系统是一个超级有机体，并且随着它的演化，产生了一种新的属性，也就是自我调节气候和化学的能力。"我们花了10年时间，用一个数学模型"雏菊世界"，去定义"盖娅"这个超级有机体。

在"盖娅"中，一些人看到了拉马克演化论的再生。这一理论看到了在亲代的一生中获得的特征会遗传给后代。与强调个体适应环境的自然选择的达尔文主义相反，这一理论强调了环境对演化的影响。"盖娅"理论无论如何也不是拉马克式的，它完完全全是达尔文主义的。这一理论有别于先前通过观察获得的学说，即生物能够以某种方式改变物质环境，并将这种特征传递给后代。然后，随着生物数量增多，环境变化的范围也随之扩大。如果这一变化增加了后代的数量，那么环境变化和生物总数都要增加。反过来也是如此，生物负面地改变环境，倾向于使自身走向灭绝。换句话说，生物碰巧使游戏规则发生对自身有利的变化，通常会胜出，使规则发生对自身不利的变化，则会输掉。正是生命生长与其环境影响之间紧密的耦合，产生了自我调节机制。

　　但是，对于生物学家来说，"盖娅"出现在错误的时间。它所受到的不是建设性的批评，而是来自诡辩而非科学的谩骂和论证。在1988年关于"盖娅"的查普曼研讨会上，最令人难忘的是来自詹姆斯·基什内尔（James Kirchner）的广为流传的争辩，他有效地推翻了老的"盖娅"假说。1973年当我们首次发表一系列论文时，他的尖刻批评可能还是受欢迎的。但是，在1988年，"盖娅"已经受到实验的检验，这一攻击已无关紧要，而且歪曲了这次会议的目的。到了1988年，"盖娅理论"已经通过发起一项新的关于地球大气和气候的研究证明了自身的价值。这是一项关于海洋藻类和它们制造的硫化合物、云团以及气候之间关系的研究。在"盖娅理论"的检验过程中，它已经开启了几个新的研究领域，每个领域都有属于自己的文献。体现它价值的，正是这些标准，而不是关于它是对还是错的论证。

　　舆论氛围一直在改变。1994年，在牛津召开的第二次有关"盖娅"的科学会议上，没有基于信仰的或教条的争论，而是一种友好的跨学科的观念和数据的分享。我们仍远未了解地球生理学能在何种程度上描述地球，但是，"盖娅"的生理学和新达尔文主义之间的分歧变小了。新达尔文主义者如斯图亚特·考夫曼对复杂性的新理解，以及数学家如彼得·桑德斯（Peter Saunders）对演化的新认识，都起到了帮助。

　　这本书的第1版已经出了6年。首版时，很少有地球化学家意识到对空气中的二氧化碳具有关键意义的长期的库（long-term sink）——即岩石的化学风化——受到岩石上和土壤中存在的生物体的影响。现在科学家注意并认识到，因为生长依赖温度和水分，因此有合理的理由将温度、大气组成以及有机体联系起来。发现地球自我调节气候的程度将需要更长的时间，但是现在人们正在进行研究。过去 6 年中地球生理学的其他进展，是在生物多样性的数值模拟以及海洋科学内部的研究基础上取得的。让我们先来看看生物的多样性。

第 3 章中描述的"雏菊世界"已经演化成为实验性的行星，生物学家可以由此探索生物的多样性。这些模型行星自我调节其气候和化学成分，并且成为探悉物种丰度和气候之间相互作用方式的便捷之地。在这些桌面式的"雏菊世界"中，我们做一个假想的实地考察，寻找如频率制约选择（frequency dependent selection）[1]这样罕见的生态学主题。在"雏菊世界"中，我们看到的是完全不同于此前的生态学模型的事物，即一颗通过生物和它们的环境之间的耦合来保持稳定的行星。生态学家蒂尔曼（Tilman）也把环境纳入他的模型中，但是除了他的工作，主流的生物学中没有任何类似的东西。地球在多大程度上像"雏菊世界"？我们可以猜测，将太阳光反射回海洋藻华上空的白色海洋层云，是浅色雏菊；北温带地区暗色的针叶林，是深色雏菊。通过添加一层厚度渐增的二氧化碳温室，我们自己已经作为一种新的深色雏菊进入到这一场景中了。让我们姑且假设"雏菊世界"是一个公平的模型，并用它来研究物种的丰度和多样性。

我们发现迄今为止可以生活在"雏菊世界"中的物种数量没有限制。甚至在模拟生态系统中选几个营养级，也仍然能够调节气候。在一次模型实验中，随着来为行星供暖的恒星的热通量逐渐增强，演化出

---

1 —— 种群中每一种行为对策所得到的报偿都受种群中其他行为对策的制约，各行为对策在种群中所占的比例是互相牵制的。

了一个包括 30 种有色植物、12 种食草动物和 3 种食肉动物的生态系统。面临这种干扰时，需要一个稳健的系统来继续调节并保持稳态；即使没有干扰，雏菊、兔子和狐狸之间的和平共处也是值得注意的。在这个模型行星中，当温度适宜时，不同物种的数量最大；当处在演化的开始和结束时期的极端气候时，物种的丰度会下降。这就像地球上物种的多样性一样，在山坡上随着海拔的增高而减少，或是从赤道到两极随着纬度的增加而减少。

普利茅斯海洋实验室的琳达·马多克（Linda Maddock）发现，具有丰富的物种并且因为有来自恒星的稳定的热量输入而保持着舒适状态的"雏菊世界"，多样性在慢慢地减少，向一种仅有不超过两种物种栖居的平衡态前进。我发现，如果这样一个处于平衡态的世界，受到小幅度的温度增减的轻微干扰，那么物种丰度会猛增。产生这一效果所需的气候变化，对于地球来说，对应于从冰川期到像现在的间冰期的变化。变化越快，效果就越明显，但是在扰动之后，当气候再次稳定时，相比个体生物的世代时间（generation time）[1]，物种的丰度需要很长一段时间才能再次降至低值。当一切正常，而气候发生了快速却无害的变化时，在"雏菊世界"中生物多样性达到最大。在应力（stress）[2] 几乎

1 —— 世代时间亦称发生时间。指某世代起到下一世代止平均所需的时间。这一术语适用于群体、个体和细胞等各级水平。从细胞水平来说，是指由这一次细胞分裂起到下一次细胞分裂开始为止的（一个细胞周期）平均所需时间。从个体水平来说，根据一定时间内生物个体的增殖数量可以计算出繁殖的代数（n），并以增殖时间除以繁殖代数求得每繁殖一代生物所需的时间，称为世代时间。

2 —— 物体由于外因（受力、湿度、温度场变化等）而变形时，在物体内各部分之间产生相互作用的内力，单位面积上的内力称为"应力"。

失效或者在很长一段时间舒适且没有应力的情况下，生物多样性是最小的。

　　这对于我们现在的环境意味着什么？我们通常把热带地区的许多物种和生物多样性视作令人满意的自然状态。相反，我怀疑这种巨大的生物多样性的到来，是因为地球受到了扰动。最可能的扰动是气候的突然变化，也就是从冰川时期的冰冷到间冰期的温暖。这发生在仅仅1万年前。如果这种观点是正确的，那么物种丰度则是一种健康状态期间突变的征兆。对于生计而言，重要的似乎不是如此丰富的生物多样性，而是潜在的生物多样性，即当需求出现的时候，一个健康的系统通过增加物种来进行回应的能力。在亚马孙河和其他遭受威胁的地区，毁坏自然林将减少明显过剩的物种或珍稀物种的储藏量。其中有些物种可能在下一次扰动发生时维持森林的繁茂。生物多样性的丧失很少独自发生，而实际上是将自然生态系统转换为农田的破坏进程中的一部分。这是一个整体性的过程，物种丰度的丧失以及区域维持自身的能力的丧失，使得对热带森林的清除成为一种非常不靠谱的行为。我乐于想象亚马孙森林的生物多样性就像是一个青年女子脸颊上的红晕。当我们为难她时，她脸红了，这是一个健康和良好状态的信号。如果受到猛烈攻击，我们不会脸红；如果我们年纪大了，脸也不会太红。

　　这些新的"雏菊世界"不仅仅是易处理的生态学，也是简单的气候模型，它们表明了在潮湿的热带森林中多样性与气候之间的一种联系。热带地区的自然林对区域起到空气调节的作用，而且可能需要丰富的物种来作为这一过程的组成部分。要同样维持亚马孙森林的空气调节和水分供应功能，我们花费的能源成本每年将达到数百万亿美元。

这远远超过了农民在林地上种植任何替代物所能得到的收益。幸运的是，一些地区的热带森林不那么容易被清除。气候学家安·亨德森－塞勒斯（Ann Henderson-sellers）警告我们，对于热带森林，一定不要过多规范。某些地区，像亚马孙流域的森林，也可能还有赤道非洲的森林，它们调节着那个地区的气候，也可能因毁林开荒而永久受损。其他地区，如东南亚森林，则更能忍耐侵扰，并且将会再生，就像温带森林在树木被砍伐后再生一样。

陆地地球生理学

1988年，没有几个地球化学家打算承认活的有机体在决定空气中氧气和二氧化碳丰度的过程中起着积极作用。虽然他们承认氧气只能来自少部分植物光合作用生成的含碳物质的掩埋，但是他们否认了生物群体在对这部分被掩埋的碳的选择中起到的作用。地球化学家的看法（在迪克·霍兰德的著作和论文中有很好的表述）是：被掩埋的光合作用碳的比例最终由无机世界的力量独自决定。6年来，地球化学和"盖娅论者"的观点越来越接近了。充当调停者的是磷元素，霍兰德的研究表明，它对决定海洋环境中的碳沉积至关重要。我和李·坎普赫仍然认为，地表火生态学在精细调节氧气方面有某些作用，这或者是通过灰烬携带磷酸盐的形式来使磷流通，或者是通过调整森林生态系统产生的木质素的量。木质素是一类天然化合物，不能被生物降解，因此，它包含了最终被埋藏的绝大部分的碳。

仅仅在6年前，对于气候和化学现象来说都很重要的二氧化碳气体，还被认为完全是由硅酸钙岩石的化学风化作用调控的。安德鲁·沃森、麦克尔·维特菲尔德和我于 1983 年曾辩称，按照"盖娅论者"的观点，岩石风化不仅仅是一个简单的无机过程。我们坚持认为，所有尺度的生物，从微生物与蠕虫，到穴居动物与树林的存在，都是风化过程中的一部分。因为生长对于温度和二氧化碳的丰度是敏感的，我们提出了岩石风化，即唯一长期的二氧化碳库，与植被生长和气候之间的一种关联。在整个 20 世纪 80 年代，这一观点很大程度上被忽视了。然后在 1991 年，施瓦茨曼和沃尔克证明，岩石风化的速率在有生物存在的情况下，要比在没有生物存在的情况下快 1000 倍。现在，包括吉姆·卡斯汀、李·坎普赫、罗伯特·伯纳和迪克·霍兰德等在内的地球化学家，已打算将那样一种可能性纳入他们的模型中，即岩石风化和碳储藏的速率，都会因为土壤和岩石中活的有机体的存在而改变。过不了多久，我们就可以知道地球生理调节的范围，以及我们是否可能居住在一个能自我调节的星球，即"盖娅"，或者说就是地球上。第 4 章和第 5 章的模型中预设了这类调控过程的存在。

海洋地球生理学

地球表面 70% 是海洋，对应于陆地上的植物，海洋中的初级生产者是被称为藻类的微小生物。我们现在很少直接遇到它们，因为现在的洲际旅行是通过航空，而不是航海。乘船横渡大西洋的游客会惊奇地看到，墨西哥湾流湛蓝的水域和临近纽芬兰的寒冷而不透明、汤质般的北部水域之间有种突然的转变，如同在海面上画出的一条线一样明显。现在这种在欧洲和美洲之间通行的客船几乎已消失，只有当藻类有毒，像甲藻水华（dinoflagellate bloom）的赤潮，或是有害，像经常糟蹋欧洲海滩的棕囊藻属[1]的臭泡沫一样，我们才会听说藻类。藻华的真实威力和范围影响程度，从太空中能很好地看到。海洋生物学家帕特里克·霍利甘（Patrich Holligan）通过这种方式展示了，颗石藻（cocolithophores）的藻华能覆盖数百万平方公里的海洋表面。直到最近，我们仍忽视海洋科学，特别是海洋生物学，而热衷于更容易的大气研究。这种忽视与其潜在重要性不相称，我现在将试图说明为什么会如此。

海洋中微藻类的生长，至少能以 5 种方式来影响气候。记住地球表面有多少是海洋，那么下面提到的一些，可能是地球自我调节方式中的一部分。

1. 安德鲁·沃森和他的同事冬季到北冰洋进行了一次考察，指出硅藻的早期藻华能有力地降低空气中二氧化碳的含量，致使地球降温。硅藻是那些复杂多变的微小藻类，具有多孔的蛋白石外壳。

2. 随后，在海洋生物的生长季节，颗石藻大量出现，而且将一些二氧化碳气体释放回空气中。它们通过将海洋中的碳酸氢钙转化为组成自己外壳的碳酸钙，释放出二氧化碳并使之逃逸到空气中。这是一个增温效应，和我们燃烧化石燃料致使二氧化碳增加的行为一样。帕特里克·霍利甘观测到，气候越暖，由颗石藻释放出的二氧化碳就越多。

3. 颗石藻藻华是白色的，这就增加了海洋的反照率，因此倾向于通过将太阳光反射到太空之中而起到冷却作用。

---

1 —— 原英文是"phyocystus"，疑为"Phaeocystis"的误写，译作"棕囊藻属"。

4. 藻类生长对气候的另一个影响，来自于这些微生物在水里分布的方式。在温暖的热带海域，藻类均匀地分散在海洋温跃层中，这使得海洋变得透明，阳光能穿透到深处。这导致表层水变暖的影响减少，海洋中太阳能的分布更为均匀。

5. 最后的也许也是最重要的，几乎所有的藻类都产生一种奇怪的化学物甲基磺基丙酯，以保护它们免受海水的盐渍化。当它们死亡之后，这种物质进入海洋，并在那里分解，释放出二甲基硫化物（dimethyl sulphide）气体，其中有一部分从大海中逃逸出来。这个过程的细节，已经在第6章讨论过了，与此同时还讨论了"盖娅论者"探寻海洋中的二甲基硫化物并推测其在生成云凝结核的过程中所起到的作用（没有云凝结核就没有云）的理由。在20世纪80年代，搜寻二甲基硫化物和云凝结核对"盖娅"是一个检验。现在，这已经成为全世界数百名科学家的日常工作。但是，他们中没有几个人关心做第一批测验的原因。他们现在正深入研究大气含硫气体化学、藻类生态学和云物理学的复杂细节。我们仍远未理解海洋藻类生态系统对气候的影响和反应，但在过去的6年里，我们已经学到了足够多的东西以得出一些初步的结论。

从全球海洋获取的数据，加上从格陵兰和南极冰层得到的历史证据，提供了将过去的与现在的气候同远在两个冰川周期以前的大气化学联系起来的手段。保存在深度冻结的冰川冰层中的记录表明，气候与大气中的气体和微粒的丰度紧密相关。特别是二氧化碳和甲烷的丰度，在寒冷时期明显地远远少于温暖时期。相反地，同样是在这段时间里，冰层中甲烷磺酸的丰度，在冰川期更大，而在较暖和的间冰期则减小。甲烷磺酸尤为重要，因为它确凿无误是来自海洋藻类的二甲基硫化物在空气中的氧化产物。

大多数气象学家和大气化学家仍不愿接受地球的生理调节。他们通过对从南极冰核得到的证据进行阐释来巩固他们的怀疑态度。在最近的冰川作用中，按体积计算，二氧化碳减少到了180ppm，而同时在极地冰层中硫酸和甲烷磺酸的沉积物增加了。二氧化碳含量降低和硫酸沉积增加，意味着更大的云量覆盖，从而会维持并增加冰川期的寒冷。这些事实指向一种对气候变化（无论是升温还是降温）的正反馈。它们和自我调节所需要的东西，也就是负反馈，是相对的。因此，这些科学家认为，假定的地球生理气候调节并不存在。

在1988年关于"盖娅"的查普曼研讨会上，当这个观点首次被提出时，我声称也许"盖娅"喜欢寒冷。尽管在这次会议上李·克林格提交了一篇论文，他从证据出发，而不仅仅是基于直觉，论证了同样的道理，但是，我的回答被视为对一个严肃的问题纵然幽默但也没多大价值的回应，一种试图对批评置之不理的行为。事实上，正如我现在要表明的，这种说法是严肃的。来自冰核的证据，远远不能反驳自我调节，恰恰很容易作为支持的证据。

现在的气候系统就调节云和二氧化碳的自然过程而言似乎呈现正反馈，我并不反对这一点，但是，由此就得出结论说这种正反馈的状态是不存在活跃的自我调节系统的证明，也是错误的。你可能还会问，有什么能够证明这样一种认为地球具有自我调节功能的理论是合理的，因为明明看起来不是这样的。你可能会继续说，正反馈无疑是"盖娅"

并不存在的证据，而且正反馈证明气候完全只由地球的物理力量决定。事实远非如此。正反馈的周期并不稳定，甚至运转状态混乱，这显示了运转中的控制系统以及活的生物体的特征。死物比活物更稳定，更接近最终的平衡状态。请回想一下你最近一次发烧的情形。开始的时候你会觉得冷和颤抖，皮肤变得干热。在高烧中，尽管我们能极好地自我调节，但还是进入到正反馈状态。颤抖能增进新陈代谢，而皮肤干燥是当我们冷的时候所能采取的反应，但是在发烧的时候却常常相反。把间冰期温暖的间歇想成类似于短暂的发烧，在烦扰着一个在其他方面调节得很好的地球。我们仍然需要问，随着热量的增加，为什么二氧化碳温室会变得更厚，为什么制冷云（the cooling clouds）会消失？答案可能来自于对植物生长的理想温度更好的理解。实验室实验表明，陆地植物和海洋藻类生长的最佳温度大约为22℃，远高于地球的平均气温15℃。因此，进一步增温本来应该导致更多的生长，结果却对温度产生了负反馈。事实并非如此的原因是，超级有机体"盖娅"的温度不同于植物生长的理想温度，而是更低。当海洋表面温度在10℃左右时，海洋藻类生态系统生长得最好。不一定是因为海洋生物在对温度的反应上不同于陆地植物，而可能是因为出于地球物理学原因，当热通量增加时，海洋表层往往形成一个稳定的逆温跃层。实际上，当海洋表层温度超过10℃左右，温跃层就形成了。当这种情形发生时，温跃层下更冷的、营养丰富的水体无法混入表层海水，生物就挨饿了。

有什么证据能表明地球的海洋藻类生长受到这类限制呢？用来描绘表层水温、藻类密度和云量的卫星视图，揭示出密集藻类的生长仅限于表层水温接近或低于10℃的海洋区域；这些区域也是最大云量覆盖的区域，参见法尔科夫斯基等 1992 年提供的例子。热带海洋和温暖的温带海洋在我们看来是美丽、蔚蓝的海水，但对于海洋生物，它们相当于极地海域，也就是荒漠。在最近一次冰川作用中，浮冰在冬天扩展到大西洋，南至北纬 30° 的加那利群岛（Canaries）。冰核的数据显示，在那个时期，有比现在多 5 倍的甲磺酸沉积物。这意味着更活跃的藻类生长，很可能还有云层导致的更强烈的冷却作用。在冰川作用期间，二氧化碳的注入和云量反照率的增加，都起到调节和维持冷却状态的作用。从这个角度来看，目前的间冰期就像一次发烧，一种通过正反馈凸显出来的异常状态。

卫星观测证实，浓密的藻类生长只限于冷水域。有类似的证据将植物的蓬勃生长和陆地表面较冷的地方关联起来吗？我认为是有的。介于北纬 30° 和南纬 30° 之间的陆地，因为存在着广泛的沙漠和干旱地区而非常显著，甚至那些有浓密的植物生长的地方，比如潮湿的森林，也可能是森林生态系统具有维持较低温度的能力带来的结果。当然，热带森林的清除往往是不可逆转的。倘若全球温度的进一步增加导致出现更多的沙漠，由岩石风化带走的二氧化碳量就会减少。必须牢记，即使有生命参与的岩石风化，也是一个缓慢的过程。在目前的间冰期到来之前，二氧化碳的突然增加可能并不归因于风化速度的减小。正如 1991 年李·克林格所提出的，这更有可能与海洋藻类生态系统的衰落，以及泥炭沼泽生态系统的变化有关。但是，从长远来看，风化是唯一的二氧化碳库，而且必然决定着这种气体在空气中的丰度和气候。短期来看，表层温度高于适合生长的理想温度，对海洋藻类生态系统而言是 10℃，对陆地植物而言也许是 20℃以上，似乎就会导致地球生理气候调节的正反馈。

不难建立这样一个"雏菊世界"，居住在其中的海洋生物最适宜的理想温度为10℃，陆地植物的最适温度为18℃。假设海洋生物影响反照率，它们的生态系统面积越大，反照率就越大。假设陆地植物会抽吸二氧化碳，以致当陆地植物更繁茂或更活跃时，二氧化碳含量水平下降，温度也跟着下降。

在1994年发表于《自然》杂志上的一篇论文中，我和李·坎普赫描述了这样一个模型。在该模型中，来自太阳的热量输入增加，从小于目前的1%到超过1%。当藻类生态系统繁盛时，平均表面温度停留在接近12℃；但当藻类生态系统因为海洋已经变得太热而失调时，平均表面温度跃升至25℃。藻类衰竭后，温度继续由地表的植物生长调节到25℃。在藻类生态系统失调后，系统从负反馈变为正反馈，当植物生态系统仍然发挥功能时，则返回到负反馈。

轨道卫星对表面温度、藻类生长和云层覆盖进行了测量。从上方观察，可以看到密集的生长只出现在表层温度接近或低于10℃的海洋区域，同时也能看到这些区域被云层覆盖。热带和温带海洋呈现为美丽湛蓝的水体，但对生活在极地水域的海洋生物来说，它们就像沙漠。当营养供应充足时，藻类在较温暖的水中能生长得很好，但这种有利的区域倾向于出现在小范围内，在那些地方，富含养分的冷水沿着大陆的边缘上涌。

地球是球形的，这意味着在过去和将来可以预见的某个时刻，对一些相对舒适的区域而言将会过热，另一些地区又太冷。在两极附近藻类密集生长的区域，生态系统将对当地温度形成负反馈。在较温暖气候带，能抽吸二氧化碳的陆地生态系统也会产生负反馈。但是，当把全球平均地表温度与植物、藻类的最适生长温度进行比较时，就会给人一种错误的印象：整个系统是在做正反馈，没有发生气候调节。

在上一次寒冷期，冬天浮冰在大西洋中扩展，南至北纬30°的加那利群岛。与此同时，极地海冰中藻的硫沉积比现在多5倍。从这种含硫化合物雨量的增加，我们可以猜测是由于云的冷却作用，藻类的生长规模也相应地更大。在持续100 000年之久的寒流中，二氧化碳的涌入和云体反照率的增加，都起着调节和维持冷却状态的作用。从这个观点来看，目前的间冰期就像一次发烧，一种通过正反馈凸显出来的异常状态。

有机体通过生长不可避免地影响到物质环境，哪怕仅仅是通过吸收和释放大气中的气体。地球现在由人类造成的人口过剩，使得我们的每一个行为都具有全球意义。我们不仅以日常活动中生产的温室气体使地球升温，而且通过工业和农业硫气体的排放，使地球，或者说至少是北半球降温。我们现在排放到空气中的硫是其他生物排放的3倍。这些污染物排放局限于北半球的陆地表面，出于几个原因这些排放物比海洋藻类的排放物降温效果相应更差。我们的硫排放给地球降温，但是不像二氧化碳那样产生全球性的气候影响。硫排放，无论是自然的还是人为的，都只有局部的影响。这是因为无论硫气体还是形成云凝结核的酸性产物，在空气中都只有短暂的寿命，并且降落在离最初的产地不远的地方。1993年，法尔科夫斯基和他的同事在《科学》杂志上的一篇论文中，记述了他们对海洋藻类的生长及其上空的云反照率的观测。他们发现在北大西洋的上空，云反照率与藻类生长密切相关——

尽管这片海域邻近正受到污染的欧洲和北美大陆。在大陆上空，化石燃料燃烧产生的巨大硫排放也会产生冷却云。我的同事罗伯特·查尔森对我说，人类硫排放对气候造成的影响，相当于使全球平均温度下降2℃。在人口较少和工业化程度较低的南半球，根据澳大利亚科学家艾尔斯和格拉斯的观点，藻类主导了硫气体的产生及其对气候的影响。

当从冰核数据得出关于地球、大气和气候的状态的结论时，我们应提防人类中心主义的偏见。目前的间冰期看来是正常的和受欢迎的，然而，事实上它只占据更新世整个时间跨度的10%，因为地球90%的时间处于冰川期。这就有了更好的理由把冰川期作为地球更倾向于达到的状态。含量水平更低的二氧化碳和更大产量的二甲基硫化物，都意味着一个更强盛的生物群。

在零维模型(zero dimensional models)[1]中，失败是最后的结果。在更复杂的系统如一只哺乳动物或者地球中，一种温度调节系统的失调通常会导致一种新的稳定调节模式。基于这种新的模式反思之前的系统，最常见的初期失调症状就是正反馈。

早先提到的模型是这些零维平面地球中的一个。这样一个模型，如果过于认真地接受它，那么它倾向于发出的警告比它所明示的更多。这让我想起我作为一个科学家在一生中所犯的最大的错误。1972年，在"沙克尔顿号"考察船上，我除了发现二甲基硫化物，还发现了氯氟烃的全球分布情况。在论文中我描述了这一发现："这些化合物的存在并不代表有任何可以预想到的风险。"我之所以这样写，是因为氯氟烃

1 —— 零维度空间是一个点，无限小的点，不占任何空间，点就是零维空间。据此构建的模型称为"零维模型"。

和已知的致癌物三氯甲烷、四氯化碳具有化学相似性。我当时担心我的发现会导致错误的结论，即由于吸入了存在于空气中的氯氟烃，我们都处于癌症的威胁中。回顾过去，如今我很疑惑，当舍里·罗朗（Sherry Rowlang）拿走我的数据并将其用在一个零维模型中，提出他著名的臭氧损耗假说时，他是否犯下了几乎同样重大的错误。有人引用他对他妻子说的话：他的研究进展顺利，但看起来好像世界很快将要终结了。

经验表明，简单的世界模型在其早期阶段，往往会预测即将来临的灾难。从我们想象的模型出发，对恶性温室的一瞥，必定存在类似的夸张。但是，如果地球生理学的看法是正确的，那么我们就是在一个系统本身可能功能失调了，并且我们行动的后果会被出现故障的系统产生的正反馈放大的时期增加温室气体，破坏自然生态系统。我们还须记住自然的地球物理和地球化学的正反馈促成过热。

我们应该怎样评价生态系统服务？

市场的主流政治哲学使得理解"盖娅"所提供的服务的价值更容易。如果藻类生态系统确实能制造云，陆地植物确实能控制岩石风化，那么它们的价值就如同生命本身一样伟大，大到无法用价格来衡量。一个小型的生态系统，如潮湿热带地区的森林，价值依然巨大，但是它是可控的，考虑起来较为容易。我们正以无情的脚步破坏这些森林。我们知道这是错误的，但是主张保持热带森林的理由，即森林是稀有植物和动物的家园，其中有些植物甚至包含能够治疗癌症的药物，却是无力的。热带森林可能确实如此，它们甚至也可能对减少空气中的二氧化碳有些许帮助。但是它们所做的比这要多得多。通过蒸发出大量的水蒸气，通过产生气体以及充当云凝结核的颗粒，森林有助于保持所在地区的凉爽和湿润。森林还通过戴着白色反射云形成的遮阳伞和引来供养自身的降雨来做到这一点。通过衡量提供同样的空气调节和灌溉服务所需要的能量来计算热带森林的价值，是很容易的。这类价值远超过将森林土地用作农田的价值。它每英亩的价值约为1.5万美元，就全球热带森林而言，每年的价值约450万亿美元。然而，每年我们烧掉的森林面积相当于一个英国，我们还常常用粗放的养牛场来取代森林。不像温带地区的农场，这些农场上的土地会迅速变为低矮丛林或荒漠。当这一切发生时，农民会砍倒更多的树木，而且，在大地表层烧荒的行为一直在延续。当超过一定程度后，这一过程会变得不可逆转。当热带森林生态系统只剩下20%~30%时，它再也不能保持自己的气候，也就崩溃了。以目前的清除速度，热带森林不久后将不再具有作为自我维持的生态系统所需要的临界规模。当热带森林消失的时候，在那些地区，亿万穷人将在严酷的气候中面临供给缺乏的处境。这是一个规模堪比全球核战争的威胁。人类的苦难，难民，犯罪，以及这一事件带来的政治后果，克里斯平·蒂克尔（Crispin Tickell）爵士[1]都已经描述过了。当身处第一世界的我们与因为毁林造成的额外的升温加剧了的温室效应带来的惊恐和灾难做斗争之时，这种情况将会发生。我们将会变得很无助。

---

1 —— 克里斯平·蒂克尔爵士，英国前外交大臣、环境学家、学者。出生于英国名门，父亲是著名作家爱德华·杰拉德·蒂克尔（Edward Jerrard Tickell），母亲则来自名声显赫的赫胥黎家族（Huxley Family），是英国生物学家、比较解剖学家托马斯·亨利·赫胥黎（Thomas Henry Huxley）的曾孙女。1977年到1990年间，蒂克尔先后担任了欧洲委员会主席的内阁大臣首席顾问（1977—1980）、英国驻墨西哥大使（1981—1983）、英国海外开发署（后更名为英国国际发展部）常务秘书长（1984—1987）、英国驻联合国大使以及常驻联合国安理会代表（1987—1990）。

前面有什么危险

即使我们立即进行变革，我们也将仍然看到地球的变化，而我们，作为地球上的第一种社会性的智能物种，享有既是肇事者也是观看者的特权。气候上迫在眉睫的变化，与从上次冰川期到现在之间的变化一样大。

要理解即将到来的变化的尺度，可以回头看看数万年前上一个冰川期的深度。那时，冰川向南延伸至北美洲的北纬 35° 和欧洲的阿尔卑斯山脉。海洋比现在低 100 米，因此有一个面积和非洲一样大的陆地区域露出水面，能够长出植物。那时的热带地区就像现在温暖的温带地区。总之，这是一个宜居的世界，而且有更多的土地。作为我们人类出现至今的结果，接下来将要发生的变化，规模如同从最后一个冰川期到大约 100 年前这一期间所发生的变化。

想要了解什么已经开始了以及下个世纪将会形成什么，请想象一下炎热时代的到来。气温和海平面会爬升，时断时续，直到最后，世界将变得炎热，不再有冰，一切都面目全非。在这之前是一段漫长时光，而且也可能永远不会达到那种程度。我们现在必须做的是准备应对气候变化事件，而这才刚要开始。这些可能是惊奇之事，即使是最细节化的大科学模型也不能预测到。想想臭氧空洞吧，这是一个真实的惊奇之事，对地球臭氧层进行建模和监测的最昂贵的计算机，也不能够看见它或预测它。它是由使用简单工具观望天空的观察者看到的。惊奇之事可能以极端气候的形式出现，像凶猛的风暴，或者意外的大气层事件。自然是非线性的和不可预测的，在变化时期尤其如此。

这是一个我们不能向"盖娅"求助的场合。如果目前的暖期是一种行星尺度上的高烧，那么我们应该期待地球自行舒缓下来，进入正常舒适的冰川期。这样的舒适可能无法实现，因为我们一直在为了耕地忙着移除它的表皮，取走作为其恢复手段的树木。我们还为这个已经发烧的病人添加了一条温室气体形成的巨毯。"盖娅"更有可能会剧烈颤动，然后进入一种新的稳定状态，适应于一种不同的、更顺服的生物群。它可能会更热，但无论它是什么样，都已经不再是我们知道的那个舒适的世界。这些预言并不是虚构的末日情境，而是令人不安地接近确定。在最近的地质历史中，我们对大气的改变已经达到前所未有的程度。我们倒像是在肆无忌惮地冲下斜坡，撞进一片大海，而大海正在上升，即将淹没我们。

考虑到我们自身的利益，我们必须认识到，我们的星球至少和我们一样重要。如果我们出于狭隘的自身利益，继续污染和破坏地球，我们可能会带来更新世的终结以及一个新的热地球的开端。未来取决于当下关于食品和能源供应的决策。我们必须有节制地去追求人类的权利，开始认可地球上的其他生命。因暴露于核辐射或化工产品中而引发个体癌症的风险，就个人而言是重要的，但不应该是我们最紧迫的问题。我们首先要想到的，是需要避免去扰动那个似乎不稳定的、正在衰落的超级有机体。总而言之，我们不要去扣动那个跳跃到并非我们想要的新的稳定气候状态的扳机。

把我们自己当作地球太空船的管家是没有用的。管家的职位意味着当代科学能够完全解释地球，意味着人们愿意而且有能力共同努力让地球成为适于生命生活的健康舒适的场所。E.O. 威尔逊在《纽约时报》上一篇感人的文章中提醒我们，人类只是碰巧具有智识的食肉动物。有人相信这些倾向于导致部落种族灭绝的动物，会通过思想改变他们的本性，然后成为明智温柔的园丁和管家，来照顾我们星球上所有的自然生灵吗？即便我们把自己想象成地球的管家，也是极大的傲慢。实际上，我们中甚至没有几个人能够照顾好自己的身体。我们真的想要承担管理地球这个遥远且无比艰巨的任务吗？我们真的想要为它的健康负责吗？比起期望人类成为地球的管家，我宁可期望一只山羊成为一个称职的园丁。征召人们去完成这样一个绝望的任务，也就是让他们为气候的平缓运行承担责任，没有比这更糟糕的命运了。这个任务要让他们为海洋、空气和土壤的化学负责。这样一些东西，直到我们开始拆毁地球之前，都是我们从地球上36亿年的生命那里继承下来的。

因为强调地球需要照看，我在写作时似乎是作为一个冷酷超然、漠不关心人类需求的科学家。这根本不是我所想要的。我希望我的子孙继承一个对他们而言有前途的世界。为了确保这一点，我们首先需要认识到，只讲人类的权利是不够的，为了生存，我们必须还要关心地球。在这个星球上，任何人，乃至任何一个物种都没有占有权。

后记

我绝不停止信仰的征战

更不会让我的剑在手中沉睡

直到我们在英格兰常青而欢快的土地上建起耶路撒冷

——威廉·布莱克（William Blake），《米尔顿》（*Milton*）

在各种信件和谈话里，人们经常会问："我们应该怎样与地球和谐相处？"我很想回答："为什么问我这样的问题？我所做的一切是以不同的方式理解地球，而这并不足以使得我有资格为你们准确设定一种生活方式。"确实，在经过将近 15 年对"盖娅"的写作和思考后，看来仍然没有任何在地球上居住的训令，只有结果。意识到关于如何与地球相处的问题是严肃的，并且意识到这样的回答既失礼又没有帮助，我将努力向大家说明与"盖娅"相处对我来说意味着什么。然后，或许提问者会发现我们共同认可的一些东西。

作为一名科学家中的隐士，我的生活方式几乎没有人能适应。大多数人都喜欢社交，他们喜欢在人群密集的酒吧、教堂和聚会等社交场合活跃地畅谈。即使是作为一个家庭单元，同大自然独自相处的生活也不适合他们。因此让我带你来参观一下我们在北德文郡（north Devon）的住处，当我们散步时，我会努力解释为什么我们更喜欢过我们这种生活。那时，或许你就会明白你自己与地球相处的方式。

在同我的第一任妻子海伦住到库姆磨坊后不久，我们收养了一只雄孔雀和一只雌孔雀。我们回忆起来总有一种处在豪宅的错觉，因为这两只孔雀总是安详地大摇大摆地走着，尽情地展示着靓丽的尾巴。实际上，库姆磨坊是一个小屋，有着泥土和稻草混合筑成的墙以及石板房顶，这种房屋在英国比比皆是。不过，我们一开始有 14 英亩的土地，现在已经扩展到 35 英亩。距离最近的邻居也远在约 1 英里之外，地方足够我们将这两只吵闹的孔雀安置在那里。或许它们很吵闹，但是对我们来说，它们交配时那欢欣鼓舞似喇叭的声音让人听了还是很舒适的，就像引领春天的主旋律。在一年的其他季节里，它们有丰富的词汇，从柔和的咯咯叫声或呼噜声，到像驴子嘶叫般的呼喊声。当野狗流浪到我们的土地上时，它们就用尖锐的嗷叫声来发出警告，这太常见了。海伦是一位认真的园艺工作者和我们周围环境的护理者，她将孔雀称为移动的灌木丛。在过去几年里我们都很享受这两个美丽同伴的陪伴。要说对它们有什么不满的，那就是或许是出于友谊，或许是因为想要一些点心，它们习惯于聚集在门外的走道上。那里留下了它们的臭粪。当我不小心踩到或不得不打扫这些臭粪时，我常常咒骂它们。但是，随后我就意识到，我错了，它们是对的。那些从事生态保护的鸟群正在尽其所能将过道上无生命的混凝土恢复为有生命的土壤。还有什么能比每天拉屎施加营养物质和细菌更好地分解混凝土呢？

我们为什么需要 35 英亩的地方来居住呢？我们不是农民。我认为，买这样一所带有大花园的房子，是因为受到我们之前居住的那个村庄所发生的变化影响。那个村庄名叫博沃查克（Bowerchalke），在东边约130英里处。在那里生活的20年里，我们亲眼目睹这个富有生气的村庄乡民离散，乡村腹地的景色被破坏。这是一场悄无声息的蹂躏和劫掠，没有什么来自丘陵地带的野蛮部落的践踏。那些年的破坏是通过成百上千个小的变化发生的，直到我们的乡村所应该有的模式与现实不再匹配。对于一个临时的游客来说，这个村庄可能看起来还像以前一样漂亮，但是随着时间一年一年地流逝，农场逐渐蜕变成了农业工厂。在夏季，田野曾是威尔特郡的荣耀，谷物中间夹杂着鲜红的罂粟，但逐渐变成了整齐划一的、无杂草的大麦地。牧场曾经是开满野花的花园，也逐渐被开垦并种上了单一的高产量的草。当我们搬家时，我们决定要找一个地方，那里的环境不会再发生如此剧烈的变化。要实现这一目标，最好的方法似乎是找到一座周围土地足够多的房屋，以便让我们控制发生在它身上的事情。

在1936年学校暑假期间一次穿越英格兰南部的自行车旅行中，我第一次发现了博沃查克这个地方。当我在肯特州和康沃尔之间旅行时，经过的所有地方中，没有一个地方像博沃查克一样给我留下如此长久而美好的记忆。我当即就下定决心，将来某一天，这里要成为我的家。我在旅行前已经像一心一意奔赴战场的将军一样规划了我的旅程。我也像他一样查看军用地图，图上一英寸代表实际的一英里。这些地图是如此细致，上面几乎标出了每一座房屋和每一棵树木，那些精心刻画的等高线则表达了土地的高低起伏。我在冬季夜晚的大部分时间都在想象着我即将到达的一些地方。那时候汽车的数量很少，而在我规划要经

盖娅时代——地球传记

过的小路上几乎根本没有汽车。在这些军用地图的帮助下，通过村落间彼此相连的蜿蜒小路所构成的网络，我找到了一条旅行路线。途中的每一个乡村都有它自己的建筑风格和方言。我的整个旅行大约有500英里远，延续了两周的时间。当时英国的那趟出行所耗费的时间、精力如同今天的人做一次澳大利亚远征考察。这不是贬低我们，正是缓慢的、更多人的探索的步伐扩展了这个世界。

作为科学家队伍中的一名新手，我对野生植物，尤其是像天仙子、乌头和致命的龙葵这样的有毒植物，很感兴趣。我曾经在实验中咀嚼其中一种植物的叶子，从惨痛的经验中知道硫酸阿托品中毒的难受。化石也具有一种吸引力，在我旅途经过的多塞特郡和德文郡的海岸线上，化石如砾石般躺在海滩上。我是被威尔特郡和多塞特郡村庄各种奇怪的名字引到博沃查克这个地方的。一路上，我需要弄清楚 Plush、Folly 以及 Piddletrenthide[1] 这些地方看起来像什么。我也必须发现赛德林·圣·尼古拉斯（Sydling St Nicholas）是什么，并且听听威特彻奇·惠特彻奇村（Whitchurch Canonicorum）铿锵的声音。地图显示，为了到达这些村庄，我必须顺着沿缓慢上升的斜坡流经博沃查克村庄的艾伯（Ebble）峡谷前行，到达多塞特郡的高地丘陵。唯一一处等高线密集的地方，标示着一座陡峭的山峰，是峡谷的开端，恰好在博沃查克那一边，这是一条骑自行车旅行的理想线路。

我还记得从博沃查克过来的那条路，左边有水田芥苗床，当我穿过这条路，转过一个拐角，眼前是博沃查克小小的茅草屋村庄，长满绿

1 —— Plush 和 Folly 字面意思分别为"长毛绒""旧时乡间豪宅花园中的装饰性建筑"，Piddletrenthide 常译为皮德尔特伦泰德。

色灌木丛的小山丘围成圆形剧场一般的场景。我大约是在 7 月一个晴朗的周末下午 4 点到达那里的。我当时非常渴，但很不同寻常的是，村舍外并没有提供茶饮的指示牌。在那些日子里，路上的步行者和骑自行车的人还是很常见的，村民们顺便销售饮料也能赚点钱。但是，这个地方如此偏僻，游人如此之少，以至于这样的努力只会带来很少的回报。我问一名路过的男子，是否有人能满足我的需求，他说道："是的，那边白色小屋里的格利佛（Gulliver）太太有时会提供茶饮。"她确实给了我一杯茶。这是对当时博沃查克宁静祥和氛围的回忆，那时整个乡村和乡民们都浑然天成，远离了城市的纷扰。这种回忆一直萦绕在我脑海里，让我在大约 20 年之后回到这里安家。

最近，人们对英格兰乡村的破坏，是近代史上无可比拟的野蛮行为。一个世纪前布莱克就看到了那些黑暗邪恶的工厂带来的威胁，但是他没有想到将来的某一天这些黑暗工厂会蔓延开来，直到整个英格兰变成一个工厂车间。人类和自然已经共同演化，形成一个能够维持丰富的物种多样性的系统。正是这一系统激发了诗人们，甚至是达尔文的灵感，达尔文在《物种起源》中写到了"树木交错的河岸"的奥秘。这是如此地熟悉，如此地被视作当然，以致我们在它消逝之前从来没有注意到它正在离去。如果有人建议通过关闭索尔兹伯里大教堂来建造一条新的马路，那么反响将是直接的。但是，农民们拿了国家农业部的补偿去仿造北美大草原，在那些人造的荒漠里，除了谷物什么也不长，除了农民和他们的牲畜也没有其他生物在那里生活。由于沉重的大型机器常年碾压和除草剂、杀虫剂的广泛使用，除了少量具有抗药性植物和昆虫物种存活之外，其他所有的生物都被清除了。那些采用旧有方式耕种的农民不能接受这种务农方式，将土地留给了年轻的农学专业的大学毕业生。这些大学生像城市机构的管理者那样工作。一位老农对我说："我以前并不像工厂中的机器那样务农。"但是，这种农业工业化的生产方式确实高效，英国生产出的粮食很快就远远超出了需求。

破坏仍在继续。即使在德文郡这个地方，各种矮树篱和杂树林也面临着被链锯和挖掘机破坏的威胁。蕾切尔·卡森在《寂静的春天》中令人沮丧的预言是正确的，但是，这不只是由她所想到的杀虫剂毒害所致，也是与农夫天敌的全线作战造成的。鸟类需要一个地方去筑巢，没有地方比树篱更好了，而这些树篱就是曾经将田地分隔开来的奇妙的分界林。政府听从一些疏忽大意的公职人员的建议，向农民发放大量津贴，要求他们彻底清除矮树篱，直至野生生物和鸟类被杀死。其效率之高，就如同喷洒杀虫剂一般。环境保护论者，本来应该看到了正在发生的一切并在事情还未到不可挽回的地步之前提出抗议，但是，他们却过于忙着打城市战役，或者在核电站外面游行示威。他们的战斗，不管宣称的是什么，与其说是拯救乡村，还不如说是反对以庞大的电力供应董事会为代表的权威。他们有时也会关注毒喷雾事件，因为那些毒药是令人憎恶的跨国化学工业的产品。但是，几乎没有人真正作为土地的朋友去抗议这种农业工业化生产的耕作方式，或者注意到这种机械化的挖掘机和切割机部队的运行使得土地变得贫瘠，不适于来年种植谷物。没有什么可以为他们的疏忽开脱。马里恩·修德（Marion Shoard）在她那本感人的畅销书《乡村的盗窃案》（*The theft of the Countryside*）中，叙述了我所说的所有内容，而且不仅于此。

对于那些从人类社会和权力组织之间的冲突这个角度来审视世界

的人来说，我对乡村景象变化的个人观点，一定显得荒谬和无关紧要。不管在什么地方，他们都是人群中的绝大多数，无论是在第一世界国家装有空调的舒适的郊区家庭中，还是在像棚户区这样肮脏的地方。

到底谁最应该对那些破坏性后果承担责任？毫无疑问的是，正是科学家和农学家的工作使得农业生产有效率。"二战"时期那次接近饥荒的经历，强有力地刺激英国在食物上实现自给。他们的意图是好的，只是他们不可能预见到后果。我之所以知道，是因为我是其中的一小部分。凭借我的发明创造，我曾在20世纪40年代帮助过在埃文河畔的斯特拉福德（Stratford-upon-Avon）附近草地研究机构工作的朋友和同事们。他们专注于提高这片小规模英国农场的粮食产出。我还记得他们当时向年轻农民说教时的情形。他们指出，矮树篱会影响机械在田野中自由运行，效率很低。他们还指出，将草地留作永久牧场是很浪费的，相比之下，单一种植意大利黑麦草产量更高。我们从来没有想到，这些言论会如此顺利地被人听取，政府竟然被说动了，通过立法去清除这些树篱并培育工厂化农业。我们也没有想到，大多数年轻农民以及各地的青年男性，都喜欢那些机械玩具。我们，以及受到我们影响的政府，资助他们去购买并且发放执照让他们去使用一些人类曾经使用过的最危险的破坏性武器。与农民的天敌战斗的武器，所危害的还有除了庄稼之外的所有生命：牲畜、帮工和农民的家人。

如果有人认为我弄错了，声称这又是一个代表资本家的政府为了几个跨国公司的利益而施行无情剥削的例子，我想提醒他们，这些破坏性行为开始于20世纪40年代末战后工党政府执政的时期，那是一个崇尚力量、自信而且崇信社会主义的政府。对村庄的破坏行为是独立于政治的。它的施行源于好意，公务人员采用通过补贴实行正反馈或者通过税收实行负反馈的倾向，也提供了援助。农民工作的利润率很低。他们或许会拥有价值高达百万英镑的土地，但是他们的回报，相对于单纯的投资所获得的收益而言，则少得多。一点微末的补贴会将轻微的损失转化为令人满意的利润。英格兰大部分地区的村庄已经消亡了，而西方乡村残存的少量村庄也正在消失，因为政府持续给农民发放一笔足够的补贴，值得他们作为村庄的破坏者而不是园丁去行动。在过去的几十年里，销毁矮树篱发放的少量补贴，已经使得超过10万多英里的矮树篱消失。同样少的一笔政府补贴，就能使它们恢复原状，尽管要花上几代人的时间，使矮树篱再次像过去那样作为乡村的线状生态系统和富有美感的风景特征发挥作用。

相反，我们应该做些什么呢？我对未来英格兰的憧憬，就像布莱克所说的在这片常青而欢快的土地上建起耶路撒冷。这将包含向人口密集的小城市的回归，城市绝不会太大，距离乡村不超过步行或一个车程的范围。至少1/3的土地应该恢复为天然林地和荒野，即现在农民所说的荒废的土地。一些土地会开放供人们娱乐消遣，但是至少1/6的土地应该是"荒废的"，专门留作野生生物的栖居地。农业将在合适的地方进行集约化生产，混杂着小块不拿政府补贴的农场，留给那些有志于与土地和谐相处的人。最近这些年里，在整个欧洲经济共同体，包括英国在内，因为无节制的耕种而导致的食物的过度生产已经如此巨大，以至于事态已经使得我的幻景成为一项可行的乡村管理计划的基础。

在毫无幽默感的绝望中，我有时会听见绿党的约翰·贝奇曼（John

Betjeman）[1] 在接近"二战"开始时写的诗歌：

> 来，可爱的炸弹，请将斯劳城夷为平地！
> 让此地适于耕种。
> 卷心菜正要到来，
> 地球在呼气。[2]

再加上一句：

> 来，可爱的核武器，把他们击倒再炸毁他们不断蔓延的城
> 镇……

　　即使对于那些处于绝望境地的人来说，这样一种邪恶的宣泄也是不必要的。顺其自然，"盖娅"会再次放松下来，进入另一个漫长的冰期。我们忘记了，北半球温带地区，也就是富裕的第一世界的家园，正在享受两个持续十万年之久的冬季之间短暂的夏季。甚至核武器也不会如此摧毁大地；"核冬天"即便发生，也不会延续足够长的时间来让大地返回典型的冰封状态。在过去 100 万年的大部分时间里，德文郡的自然状态一直是永久的寒冬。尽管靠近海洋，德文郡地区依然像现在北冰洋的熊岛（Bear Island）一样极其严寒和贫瘠。自库姆磨坊向北或向东仅仅 50 英里，就是"冰河时代"永恒的巨大冰川。这些冰川向前

1 —— 约翰·贝奇曼（1906—1984），英国诗人，其赞美英国乡村的作品常有怀旧情绪。
2 —— 原文大意为：来，可爱的炸弹，请将斯劳城夷为平地！／此地早已不适合人类居住。

推进的刀刃刮除了那些像现在这样在短暂的间冰期中繁荣昌盛的地表生命所有的残迹。

既然如此，为什么我要为乡村的衰败焦虑呢？这些村庄最多只有几千年的历史，而且很快就会再次消失。我之所以会担心，是因为英国乡村是一件伟大的艺术品，就像教堂、音乐和诗歌一样神圣。乡村还没有完全消逝，我要问的是：难道就没有人准备让它生存足够长的时间，去彰显人类和大地之间的和谐关系，彰显关于一小群人类如何在一小段时间里做到这一点的一个鲜活案例吗？

古老的英格兰留下的很少的那点东西，现在也仍然处于威胁之中。那些装模作样的景观监护者似乎并没有意识到这一点。他们是通过关于景观之美的浪漫主义观念来审视乡村的。在德文郡我所居住的地方，他们只关注达特穆尔的冻原，并将其视为不惜代价去保护的无价之物。冻原，即水涝的沼泽地区，因为非常潮湿和寒冷而不适于树木生长。这里也是极地地区和温带地区会合之地，记录着上一个冰期这个地区的样子。形成强烈对比的是，同样是这些监护者，对达特穆尔北部地区效率低下的小农场、丰富的野生物种以及自《末日审判书》[1]以来几乎没有改变的乡村社会，则视之为无关紧要的或可有可无的，是一个适于做出新规划的，例如规划水库、新的道路或者工业场址的地方。

我经常想，那些对乡村做出此类破坏行为的城市规划者，一定是被伟大的小说家托马斯·哈代误导了。他的作品深深地影响了我的母亲，她是个在城市土生土长的女人，总是喜欢从哈代扭曲的视角来看待乡

---

1 —— *Domesday Book*，是 1086 年"征服者"威廉为了掌握英格兰的土地占有状况而进行的调查报告。

村。尽管我的父亲也出生于哈代的故乡威塞克斯（Wessex），但他向我揭示出的现实是非常不同的。虽然哈代才华横溢，但他并不理解乡村，仅仅将它作为一个背景，来展示他自身关于人类状态的悲剧性的，甚至是病态的观点。

我儿童时代和青年时期所知道的英格兰非常漂亮，矮树篱和矮树林十分丰茂，小溪和河流哺育着鱼类和水獭。它激发了好几代诗人的灵感，使他们清楚表达出我们自身无法表达的情感。但是英格兰的景观并非一个自然的生态系统，它是一个国家大小的花园，受到精心的照看。今天，退化的农业单一栽培——牲畜和家禽圈养在肮脏的牢笼中，到处是丑陋的金属板建筑，以及轰鸣的、臭烘烘的机器——使得乡村似乎成了布莱克所说的邪恶黑暗工厂的一部分。我知道它现在看起来是这样，是因为我知道它过去的样子。来自城市和外国的游人来到库姆磨坊，并称赞它留存的少许光辉。他们和乡村的规划者并不理解，除非我们立即停止破坏生态的行为，否则蕾切尔·卡森关于令人沮丧的"寂静的春天"的预言将会成为现实，这并不是因为我们用杀虫剂毒害了鸟类，而是因为我们已经彻底摧毁了它们的栖居地，它们不再有任何生存空间。

作为一个地地道道的英国人，我并不指望"他们"，也就是现有体制阶层改变他们的处事方式。对他们没什么可说的，而对我们一家人来说，我们只能尽最大的努力处理好我们在库姆磨坊拥有的土地，使它成为工业化农业正在伤害的一些植物和动物的栖居地和避难所。这就是我们个人选择的与"盖娅"相处的方式。

我们只有三个人，但35英亩的土地并不比一片郊区花园更难管理。

花园里的草坪总是需要不断地修剪、施肥、浇水和除草，这是一项无休止的劳动，让其他人来做也是一项成本。而我们这片土地上有 10 英亩都是草地。它不像噩梦般的草坪那样需要一群园丁无休止的照料，它长成了草地，而且还哺育了许多野花和小动物。这些草地将种植的 20 英亩林地分隔开并形成一个背景，5 英亩多的荒地点缀其间。我们只需要享受，等草长高时每年割一次就行了。当地的农民很乐于过来割草，他们会将这些草用作饲料，并为此付费。维护 10 英亩草地的成本，相当于精心护理一个郊区花园所需。虽然树林需要更多的关注，但是对我们三人来说，无论如何还不构成负担。

凯里河将我们这片土地分割成大小相同的两部分，这就成了一个难题。这条河流从一座在以前的水磨旧址上盖的房子旁流过，河流的宽度大约有 60 英尺。不可能很容易地蹚过这条河，不久我们就发现，要到达我们那块新的土块要走 5 英里的路程。这条河上每座桥之间也隔得很远。两年前，为了更便于护理在凯里河西岸新植的 1 万棵树木，我们决定建造一座桥梁。作为隐喻来理解，"修桥"几乎成为陈词滥调。但是试试在实际生活中修一座桥梁吧，那是一种把隐喻还原成现实的个人体现。

你们会聚集在一起，而我们属于独处人群，并且也不太会和邻居融合在一起。但是在西德文郡，我们一来到这里就受到了欢迎，并且体验到比我们住过的其他地区更多的发自内心的热情和友好。我和海伦以及我们的儿子约翰身体上都有各种毛病，我们三个加在一起才能组成一个健康的人，不足以很好地经营这么大的一个地方。如果没有我们在村子里的朋友基思·萨金特和玛格丽特·萨金特（Keith and Margaret

Sargent）慷慨的关爱和帮助，我们这个地方也不会这样欣欣向荣。我们的家园和这片土地上其他的建筑，都是用泥土和稻草建成的，屋顶用石板铺成。它们本不可能经受得住冬季暴风雪的摧残，但是多亏了我在村子里其他的朋友，从前库姆磨坊的主人厄尼·奥查德和比尔·奥查德（Ernie and Bill Orchard）精湛的修理技术。不过，直到我们开始规划桥梁时，我们才真正体会到了我们浸入其中的这个团体所具有的全部力量。

当这些朋友知道我们的想法后，桥梁就开始形成了——一开始是想象中一个令人激动的方案，然后随着绘制草案、收集材料而逐渐稳固下来。他们朝气蓬勃、热情洋溢，具有去完成这一挑战性任务所需的技能，而这个艰巨的任务最初不过出自一个人一念之间。这以一种"盖娅式的"方式表明了，一个想法如何成为一个给个人，随后给地区都带来福利的行动。

我们的桥梁是用钢铁造成的。它是由吉尔伯特·伦达（Gilbert Rendle）铁匠建造的，无论从哪方面看，都是一种机械结构。对于机械这样的东西，我从来都不会感觉太舒服。我清楚地记得与朋友斯图亚特·布让德（Stewart Brand）以及加里·斯奈德（Gary Snyder）的谈话。前者以前是《协同演化季刊》的编辑，后者是一位诗人。当我说"链锯是一种比氢弹更邪恶的发明"时，他们都非常震惊和愤慨。对我来说，一把链锯就是某种在几分钟之内砍倒一棵上百年才能长成的大树的东西，它是毁灭热带雨林的工具。而对加里·斯奈德来说，链锯是一种良好的园艺工具。使用链锯，他可以像外科医生一样精心地移除林地里因管理不良而造成的疤痕。重要的不是你做什么，而是做事的方式；工具越强有力，恰当地使用它就越难。

噢，你或许会问，这些散漫的想法能告诉我们如何与"盖娅"相处吗？我可以用隐喻的方式做出回答。"盖娅"强调最多的是个体生物的重要性，始终是通过个体的作用，局部的、区域的以及全球的系统才得以演化。当一个有机体的活动有利于环境和它自身时，它的扩散就会得到支持。最终，有机体和同它紧密相联的环境变化就会变成全球范围的。反过来也是对的。任何危害环境的物种注定走向灭亡，但是生命依然延续。这对现在的人类适用吗？我们会由于破坏自然界而注定灭亡吗？"盖娅"并非有意识地反人类，但是，只要我们继续背离"盖娅"的偏好改变全球环境，我们就是在鼓励一种能更好地适应环境的物种来替代我们。

这一切取决于你和我。如果我们把世界视为超级有机体，我们只是其中一部分，而非拥有者、房客，甚至也不是乘客，那么，我们前面还有很长时间，人类这个物种将活过"配额寿命"（allotted span）。这需要我们在个人行动中采取一种建设性的方式。当前，农林业的疯狂行动造成了全球的生态破坏。这与相信我们的大脑至高无上，而其他组织中的细胞可有可无，并基于这种观念去行动一样愚蠢。难道我们会在皮肤上钻"井"提取血液来滋养大脑吗？如果同"盖娅"和谐相处是我们人类个体的责任，那么我们应该怎样与它相处呢？我们每个人各自都有解决问题的方式。肯定还有许多比我们在库姆磨坊所选择的方式更简单的与"盖娅"共处的方式。我发现思考那些在适度使用时无害而过度使用时有害的事物，是有用的。对我来说，这些事物是致命的三个C：汽车（cars）、牛（cattle）和链锯（chain saws）。例如，你可以少吃牛肉。如果你这样做了，而且如果临床医师是正确的，你的健康状况会得到改善，同时你会减少将湿热的热带丛林变成无比浪费的牛肉农场所带来的压力。

"盖娅"理论源于一种超然的、立足于地外的地球观念。它是如此地遥远，以至于与人类没有太多关联。令人感到奇怪的是，这并不是一种与人类关于友善、同情的价值观相矛盾的观念。实际上，它有助于我们在痛苦和死亡面前不必多愁善感，并且接受我们人类个体和整个人类物种注定灭亡的命运。带着这样一种想法，当海伦她还活着时，她希望我们的9个孙儿能居住在一个健康的星球上。在某些方面，我和桑迪现在能为他们想象到的最糟糕的命运，是通过医学变得长生不老——被判定居住在一个老年人的星球上，为了永久保持这个星球并让自己像我们一样生活，他们需要无休止地承担巨大的任务。死亡和衰朽是一定的，但是这似乎只是个体为了拥有哪怕短暂的生命而付出的些许代价。热力学第二定律指出，宇宙运行的唯一路径是走向热寂。悲观主义者是那些在黑暗中用手电筒来照亮道路，并且期望电池会永远延续下去的人。我们最好像埃德娜·文森特·默蕾（Edna St.Vincent Millay）所倡导的那样来生活：

> 我的蜡烛在两头燃烧
> 它终究撑不过整个夜晚
> 但我的敌人啊，朋友啊——
> 那烛光多么妖娆！

参考文献

Hutton, James. 1788. "Theory of the Earth; or an investigation of the laws observable in the composition, dissolution, and restoration of land upon the globe." Roy. Soc. Edinburgh, Tr., 1, 209-304.

Doolittle, W.f. 1981. "Is Nature Really Motherly?" *CoEvolution zuarterly* 29, 58-63.

Holland, H. D. 1984. *The Chemical Evolution of the Atmosphere and the Oceans*. Princeton, N.J.: Princeton University Press, 539.

Lovelock, J. E. 1972. "Gaia as Seen through the Atmosphere." *Atmospheric Environment* 6, 579-80.

Lovelock, J. E.; Maggs, R. J.; and Rasmussen, R. A. 1972. "Atmospheric Dimethyl Sulphide and the Natural Sulphur Cycle." *Nature* 237, 452-53.

Margulis, L., and Lovelock, J.E. 1974. "Biological Modulation of the Earth's Atmosphere." *Icarus* 21, 471-89.

Charlson, R. J.; Lovelock, J. E.; Andreae, M. O.; and Warren, S. J. 1987. "Ocean Phytoplankton, Atmospheric Sulfur, Cloud Albedo and Climate." *Nature* 326, 655-61.

Whitfield, M., and Turner, David R. 1987. "the Role of Particles in Regulation the Composition of Seawater." In *Aquatic Surface Chemistry*, ed. Werner Stumm. Chichester, Eng.: Wiley.

延伸阅读

CHAPTER 1

For an alternative view of the work at JPL, what would be better to read than *The Search for Life on Mars*, by Henry Cooper (New York: Holt, Rinehart and Winston, 1976)?

CHAPTER 2

A beautiful and entirely comprehensible book about entropy is P. W. Atkins's *The Second Law* (New York and London: Freeman, 1986).

The classic account of the problem of defining life is *What Is Life?*, by Erwin Schrödinger, written in Dublin during the Second World War (Cambridge: Cambridge University Press, 1944).

The lightest of Ilya Prigogine's books on the difficult subject of the thermodynamics of the unsteady state is *From Being to Becoming* (San Francisco: Freeman, 1980).

For a straightforward account of the evolution of the Earth from a geologist's viewpoint, there is no better book than *The Chemical Evolution of the Atmosphere and Oceans*, by H.D. Holland (Princeton, N.J.: Princeton University Press, 1984).

A similar book on climatology is *The Coevolution of Climate and Life*, by Stephen Schneider and Randi Londer (San Francisco: Sierra Club Books, 1984).

CHAPTER 3

Those interested in geophysiological theory should read Alfred Lotka's classic book, *Elements of Physical Biology* (Baltimore: Williams and Wilkins, 1925).

Autopoiesis, the organization of living things, and many other concepts helpful for understanding life as a process, are des cribed in *The Tree of Knowledge*, by Humberto R.M aturana and Francisco J. Varela (Bostion: New Science Library, 1987).

CHAPTER 4

For those interested in the synthesis of elements within stars and about the life of stars in general, there is a splendid account of these awesome events in Sir Fred Hoyle's *Astronomy and Cosmology* (San Francisco: Freeman, 1975).

In *Early Life*, Lynn Margulis provides a beautiful and clearly written account of the known and the conjectured of the obscure perion before and after life began, including a picture of the evolution of nascent life (Boston: Science Boks International, 1982).

If you are interested in the beginnings, then read *Origins of Life*, by Freeman Dyson (Cambridge: Cambridge University Press, 1986) and Origins: *A Skeptic's Guide to the Creation of Life on Earth*, by Robert Shapiro (New York: Summit, 1986).

A rare geological text that restores soul to the misty Archean world is E. G. Nisbet's book, *The Young Earth* (London: Allen and Unwin, 1986).

The work of some of the pioneers of the new field of biomineralization is recorded in *Biomineralization and Biological Medical Accumulation*, by P. Westbroek and E.W.de Jong (Dordrecht: Reidel, 1982).

For those interested in the evolution of eukaryotic cells, there is a detailed account in Lynn Margulis's book *Symbiosis in Cell Evolution* (San

Francisco: Freeman, 1981).

A splendid account of the four eons of evolution from our microbial ancestors is in Lynn Margulis and Dorion Sagan's book *Microcosmos* (New York: Simon and Schuster, 1986).

CHAPTER 6

A fair amount of Gaia theory has come from evidence about the atmosphere and atmospheric chemistry. A book that summarizes the evidence of this subject in a readable way is *Chemistry of Atmospheres*, by Richard P.Wayne (Oxford: Oxford University Press, 1985).

For a professional account drawn from conventional wisdom, *The Planets and Their Atmospheres* by John S.Lewis and Ronald G.Prinn is to be recommended as an antidote to Gaia (Orlando, Fla.: Academic Press, 1984).

CHAPTER 7

The proceedings of the meeting in Brazil mentioned in the chapter are now published as a book, *The Geophysiology of Amazonia*, edited by Robert E.Dickinson (New York: Wiley, 1987).

An account of the battlefield scenes of the chlorofluorocarbon conflict is to be found in *The Ozone War*, by Lydia Dottoand Harold Schiff (New York: Doubleday, 1978).

Rachel Carson stands, like Marx, as the major influence behind a revolution, this time in environmental thought and action. Her seminal book, *Silent Spring* (Boston: Houghton Mifflin, 1962), must be included in any further reading of the topics related to this chapter.

Environmental affairs are in the realm of politics, and for a wise and understanding view from that perspective you should read *Climatic Change and World Affairs*, by Sir Crispin Tickell (Lanham, Md.: University Press of America, 1986).

An outstanding figure among environmental scientists is Paul R. Erlich, his book with Anne H. Erlich, *Population Resources Environment*, is essential reading to capture the heart and mind of the ecology movement (New York: Freeman, 1972).

A contemporary view of environmental problems is provided in *Sustainable Development of the Biosphere*, edited by William C. Clark and R. E. Munn (Cambridge: Cambridge University Press, 1986).

CHAPTER 8

If you really want to know what the surface of Mars looks like, then there is no better source than the descriptive writing and photographs in Michael Carr's beautiful book, *The Surface of Mars* (New Haven and London: Yale University Press, 1981).

CHAPTER 9

A theologian's view of Gaia is expressed in Hugh Montefiore's *The Probability of God* (London: SCM Press, 1985).

An unusual and very readable book is *God and Human Suffering*, by Douglas John Hall. Although it is not directly concerned with Gaia, I found it to be helpful and moving while revising this chapter (Minneapolis: Augsburg, 1986).

For me the most important book to connect with this chapter is *Angels Fear: Towards an Epistemology of the Sacred*, by Gregory Bateson and Mary Catherine Bateson (New York: Macmillan, 1987).

For an understanding of scientists'views of the Universe, perhaps the best summary is in *The Self-Organizing Universe*, by Erich Jantsch (Oxford: Pergammon, 1980).

A subject often linked with Gaia, but which is in fact very different, is *The Anthropic Cosmological Principle*, by John D. Barrow and Frank J. Tipler (Oxford: Oxford University Press, 1986).

GENERAL

For those who find the topic of Gaia entertaining, probably no one has written with more feeling than Lewis Thomas in his many books, in particular *The Lives of a Cell* (New York: Viking Press, 1975), and *The roungest Science* (New York: Viking Press, 1983).

No guide to the world would be complete with out an atlas, and the most appropriate would be *Gaia: An Atlas of Planet Management*, edited by Norman Myers (New York: Doubleday, 1984).

The evolution of the Earth from a geologist's viewpoint is clearly expressed and beautifully illustrated by Frank Press and Raymond Siever in *Earth* (San Francisco: Freeman, 1982).

For a physicist's view of the evolution of the cosmos and life, see Eric Chaisson's book, *The Life Era* (New York: Atlantic Monthly Press, 1987).

And for a mainstream ecologist's view of the Earth written at the same time but in great contrast to the views expressed in the first Gaia book, I strongly recommend Paul Colinvaux's book, *Why Big Fierce Animals Are Rare* (Princeton, N. J.: Princeton University Press, 1978).

The world of the scientists who have participated in the discoveries recorded in this book is captured in *Planet Earth*, by Jonathan Weiner (New York: Bantam Books, 1986).

索引

ecopoiesis: 生态培育

ecosystem services, value of, 生态系统服务的价值

Eigen, Max, 马克思·艾根

Eldredge, Niles, 尼尔斯·艾崔奇

The Elements of Physical Biology（Lotka），《物理生物学的要素》（洛特卡）

endogenic cycle, 内循环

endosymbiosis, 内共生

entropy, 熵

environmental evolution, 环境演化

environmentalists, 环保主义者

eukaryotes, 真核细胞

evaporite lagoons, 膏盐潟湖

evolutionary biology, 演化生物学

Evolution Now（Smith, ed.），《现今的演化论》（史密斯编）

The extended phenotype（Dawkins），《延伸的表现型》（道金斯）

Falkowski, 法尔科夫斯基

Fanale, Frazer, 弗雷泽·法奈尔

Farman, J.C., J.C.法曼

Field ecology, 野外生态学

fire, as oxygen regulator, 火作为氧气的调节者

fractional dimensions, 分维

free radicals, 自由基

Gaia（Lovelock），《盖娅》（拉伍洛克）

Gaian model, *see* Daisyworld 盖娅模型, 另见雏菊世界

Gaian Universe, 盖娅宇宙

Gaia science, *see* geophysiology 盖娅科学, 另见地球生理学

Gardiner, B.G., B.G.加德纳

Garrels, Rbert, 罗伯特·加雷尔斯

gas chromatograph, 气相色谱仪

genetic material as information about the past, 遗传物质作为关于过去的信息

geochemistry, 地球化学

geophysiology（Gaia science）, 地球生理学（盖娅科学）

Gibbs, J.W., J.W.吉布斯

glaciationss, 冰川作用

glycolysis, 糖酵解

Golding, William, 威廉·戈尔丁

Gould, Stephen Jay, 史蒂芬·杰·古尔德

Gras, 格拉斯

greenhouse effect, 温室效应

The Greening of Mars（Lovelock and Allaby）, 《火星的绿化》（拉伍洛克和阿勒比）

tectonics, plate, 地质结构，板块

Tellus,《忒勒斯》

Terraforming, 外星环境地球化

The theft of the Countryside（Shoard),《乡村的盗窃案》（里德）

theology, 神学

theoretical ecology, 理论生态学

Theoretical Ecology（May),《理论生态学》（梅伊）

theories in science, 科学理论

thermocline, 温跃层

thermodynamics, 热力学

The Thermodynamics of the Steady State（Denbigh)《稳定状态的热力学》（登比）

Thomas, Dr., 托马斯博士

Thomas, Lewis, 刘易斯·托马斯

thorium, 钍

Tickell, Crispin, 克里斯平·蒂克尔

Tilman, 蒂尔曼

Timescale（Calder),《时间标度》（卡尔德）

To Care for the Earth（McDonagh),《关爱地球》（麦唐纳）

tropopause, 对流层

Tyler, Stanley, 斯坦利·泰勒

ultraviolet radiation, 紫外辐射

uncertainty principle, 不确定性原理

Universe as Gaian body, 宇宙作为盖娅的主体

The Unnatural Nature of Science（Wolpert),《不自然的自然科学》（沃尔珀特）

uranium, 铀

Vairavamurthy, A., A.瓦瑞莫尔西

Varela, Francisco, 维若拉

The Varieties of Religious Experience（James),《宗教经验种种》（詹姆斯）

Venus, 金星

Vernadsky, Vladimir, 弗拉基米尔·维尔纳茨基

volcanic eruptions, 火山爆发

Volk, 沃尔克

Volterra, Vito, 维托·沃尔泰拉

Von Neumann, John, 约翰·冯·诺依曼

Wade, Roger, 罗杰·韦德

Walker, James, 詹姆斯·沃克

Warren, Stephen, 史蒂芬·沃伦

Water's presence on earth, reasons for, 地球上水存在的原因

Watson, Andrew, 安德鲁·沃森

图书在版编目（CIP）数据

盖娅时代：地球传记 /（英）詹姆斯·拉伍洛克著；肖显静，范祥东译. — 北京：商务印书馆，2017
（自然文库）
ISBN 978-7-100-12879-7

Ⅰ.①盖… Ⅱ.①詹… ②肖… ③范… Ⅲ.①地球—普及读物 Ⅳ.①P183-49

中国版本图书馆CIP数据核字（2017）第007325号

自然文库
盖娅时代——地球传记

〔英〕詹姆斯·拉伍洛克　著

肖显静　范祥东　译

商 务 印 书 馆 出 版
（北京王府井大街36号　邮政编码100710）
商 务 印 书 馆 发 行
北京新华印刷有限公司印刷
ISBN 978-7-100-12879-7

2017 年 7 月第 1 版　　　开本 787×960　1/16
2017 年 7 月北京第 1 次印刷　　印张 19 ¾
定价：58.00 元